古城记忆

质朴的气息迎面而来

夜色渐浓下的城市

安宁静谧

收割幸福

收获的喜悦

晴空万里

空灵明净

春暖花开

春天的气息扑面而来

撒网·生活

自给自足

蓝色魅影

充满神秘的气息

城市一角

高大、雄伟的建筑屹立江边，形成一种独特的美景

Yesterday is history. Tomorrow is a mystery. Today is a gift.
That's why it is called the present.

空间

简约现代风

秋意渐浓

散发出秋天的气息

海天一线

繁华中带着一丝宁静的气息

西藏高峰

高耸入云

调皮猴子

用无辜的眼神与你对视

西藏一角

心驰向往

留不住的花

依旧是那么美丽

赛场

充满着汗水与激情

奔袭而来

毫不畏惧

不一样的城市

充斥着陌生的气息

晨曦初开

打破黑夜，迎接新的一天

美好的未来

相 守 一 生

放飞自我

一 切 都 是 那 么 美 好

青檐一角

建 筑 凝 结 文 化

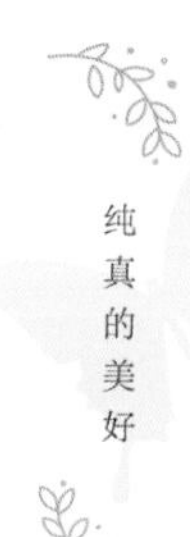

纯真的美好

奔腾的马

健 壮 有 力

勇往直前

人 生 要 一 步 一 步 走

夜幕下的大桥

宏 伟 壮 阔

行走在路上

一 场 说 走 就 走 的 旅 行

无尽的远方

共 享 甜 蜜 的 快 乐

最美夕阳红

爱 其 实 很 简 单

如花似玉

姿 色 天 然

霓虹光影

散 发 着 耀 眼 的 光 芒

郎情妾意

温馨而不失优雅

桥上风景

迎着清风，面对生活

时光 | TIME

Yesterday is history. Tomorrow is a mystery. Today is a gift.
That's why it is called the present.

渔夫

辛勤劳作，挥洒汗水

暖阳西下

努力绽放光芒

珠峰奇云

感觉触手可及的天空

绽放美丽

生态情怀

犹如人间仙境

浪漫时刻

时光在这一刻定格

满 目 苍 翠 的 盛 夏

婀·娜·多·姿

灯火璀璨

都市夜景

悄悄话

长情的陪伴

华灯初上

夜色迷人 灯火通明

童年的记忆

2018-4-8

出双入对

最美的不过是与你一起共赏这美好时光

零基础学

Lightroom CC 2018数码摄影后期处理

全视频教学版

华天印象 ◎ 编著

人 民 邮 电 出 版 社
北 京

图书在版编目（CIP）数据

零基础学Lightroom CC 2018数码摄影后期处理 : 全视频教学版 / 华天印象编著. -- 北京 : 人民邮电出版社, 2019.1
ISBN 978-7-115-49531-0

Ⅰ. ①零… Ⅱ. ①华… Ⅲ. ①图象处理软件 Ⅳ. ①TP391.413

中国版本图书馆CIP数据核字(2018)第227032号

内 容 提 要

本书以 Lightroom CC 2018 为基础，通过“案例＋技巧”的方式帮助读者快速学会软件使用方法，掌握摄影修图技巧。

本书共 15 章专题内容，通过 60 个经典案例、46 个专家提醒和 340 多分钟案例讲解视频，介绍了 Lightroom CC 2018 的基础知识、照片的导入与管理、调整照片构图、照片的快速处理、修复照片瑕疵、降噪锐化、修改照片影调、照片特效、不同风格照片的处理、输出照片，以及结合 Photoshop 打造后期精美大片等内容，同时，通过 4 个热门主题的综合实战，帮助读者学透 Lightroom 软件。

随书附赠全部案例的素材文件、效果文件，以及案例的操作演示视频。

本书适合 Lightroom 的初、中级读者阅读，包括数码摄影、广告摄影、平面设计、照片修饰等领域的相关人员。无论是专业人员，还是普通爱好者，都可以通过本书迅速提高数码照片处理水平。同时，本书也可作为各类计算机培训中心、中职中专、高职高专等院校及相关专业的辅导教材。

◆ 编　　著　华天印象
责任编辑　张丹阳
责任印制　陈　犇

◆ 人民邮电出版社出版发行　　北京市丰台区成寿寺路 11 号
邮编　100164　　电子邮件　315@ptpress.com.cn
网址　http://www.ptpress.com.cn
北京缤索印刷有限公司印刷

◆ 开本：700 × 1000　1/16
印张：15.5　　彩插：4
字数：500 千字　　2019 年 1 月第 1 版
印数：1-2 500 册　　2019 年 1 月北京第 1 次印刷

定价：69.00 元

读者服务热线：(010)81055410　印装质量热线：(010)81055316
反盗版热线：(010)81055315
广告经营许可证：京东工商广登字 20170147 号

前 言

写作驱动

随着 Lightroom 软件的不断升级，本书立足于 Lightroom 软件的实际操作及行业应用，完全从初学者的角度出发，循序渐进地讲解核心知识点，并通过大量实例演练，让读者在短时间内成为 Lightroom 应用高手。本书不是简单地将照片处理当作一件技能学习，更是将其作为一种过程，在原照片的基础上，通过 Lightroom 软件将一张普通的照片变得不普通，让更多的读者拥有一种创新意识，让照片不仅仅是作为一张供人们观看的照片，而是成为一幅艺术作品。

内容安排

- **基础入门篇：**第 1~2 章，讲解了认识 Lightroom 软件、Lightroom 的基本操作、使用 Lightroom 导入照片、使用 Lightroom 管理照片、掌握筛选和搜索照片的技巧等内容。
- **进阶提高篇：**第 3~4 章，讲解了运用 Lightroom 裁剪照片、旋转照片、调整照片白平衡、应用预设快速调整画面和快速批量处理等内容。
- **核心精通篇：**第 5~7 章，讲解了更改倾斜的画面、修正画面缺陷、还原画面色彩、修复变形的画面、减少画面噪点、使用渐变滤镜、使用径向滤镜、使用画笔工具和使用色调曲线等内容。
- **后期优化篇：**第 8~11 章，讲解了暗角艺术、分离色调、黑白艺术、修复人物瑕疵、设置预设、应用 Lightroom 制作幻灯片、应用 Lightroom 制作网络相册、应用 Lightroom 制作电子画册和快速打印数码照片等内容。
- **综合实战篇：**第 12~15 章，讲解了大型实例的制作，如打造富有层次感的山景、展现大自然的美丽风光、甜美人像写真、清新人像写真、田园风格人像写真、黑金风格夜景可爱宠物照片和迷人的树木景色等内容。

本书特色

- **5 个篇幅内容安排：**本书结构清晰，共分为 5 篇，分别为基础入门篇、进阶提高篇、核心精通篇、后期优化篇及综合实战篇，从零开始，帮助读者掌握软件的核心与高端技术，并通过大量实战演练，帮助读者提高水平，学有所成。
- **4 个综合实例操作：**书中最后设置了 4 种照片主题的综合实操，其中包括风景照片、人像照片、建筑夜景和自然生态等综合大型实例。
- **46 个专家提醒放送：**作者在编写时，将 46 个软件中各方面的实战技巧、设计经验，毫无保留地奉献给读者，方便读者提升实战技巧与经验，提高学习与工作效率。
- **60 个技能实例演练：**这是一本全操作型实用图书，书中对 60 个实例进行步骤分解，讲解细致，与同类书相比，读者可以省去学习理论的时间，快速掌握大量的实用技能。

- **340 多分钟视频播放：**书中的所有技能实例，以及最后的 4 大综合案例，全部录制了带语音讲解的视频，时间长达 340 多分钟，全程同步重现书中所有技能实例的操作，读者可以结合书本，也可以独立观看视频进行学习。

■ 学习重点

本书的编写特别考虑了初学人员的感受，因此对于内容有所区分。

- 进阶：带有进阶的章节为进阶内容，有一定的难度，适合学有余力的读者深入钻研。
- 重点：带有重点的章节为重点内容，是 Lightroom 实际应用中使用极为频繁的技能，需重点掌握。

其余章节则为基本内容，只要熟练掌握即可应对绝大多数工作中的需要。

■ 附赠资源

本书正文所需要的资源文件已作为学习资料提供下载，扫描右侧或封底的“资源下载”二维码即可获得文件下载方法。同时，视频部分也可扫描章首二维码在线观看。如果大家在阅读或使用过程中遇到任何与本书相关的技术问题或需要什么帮助，请发邮件至 szys@ptpress.com.cn，我们会尽力为大家解答。

资 源 下 载

■ 作者及服务信息

本书由华天印象编著，参与编写的人员还有彭爽等人，在此表示感谢。由于作者知识水平有限，书中难免有不妥和疏漏之处，恳请广大读者批评、指正。联系微信：157075539。摄影学习公众号：goutudaquan。

编 者

2018 年 5 月

目 录

核心精通篇

第05章 修复瑕疵：完美修饰照片的各种缺陷

视频讲解 19 分钟

第06章 降噪锐化：清晰呈现照片的画面状态

视频讲解 37 分钟

第07章 修改影调：快速调整画面，展现理想效果

视频讲解 23 分钟

后期优化篇

第08章 艺术创造：巧用Lightroom的特效技巧

视频讲解 22 分钟

第09章 照片技巧：不同风格照片的处理实操

视频讲解 19 分钟

第10章 输出照片：体现最佳劳动成果的效果

视频讲解 31 分钟

第11章 结合Photoshop：打造后期精美大片

视频讲解 42 分钟

综合实战篇

第12章 风景照片：打造精美的风光大片

视频讲解 24 分钟

第13章 人像照片：唯美的人像艺术写真

视频讲解 25 分钟

第14章 建筑夜景：五光十色的夜下景色

视频讲解 28 分钟

第15章 自然生态：展现自然和谐的画面

视频讲解 25 分钟

基础入门篇

第01章

入门必知：认识Lightroom的基础知识

Lightroom是一款图片处理软件，主要支持各种RAW格式的图像，此外还能用于JPEG、Tiff等格式的普通数码图像和数码相片的浏览、编辑、整理和打印等。相较于Photoshop，Lightroom更加适宜对RAW格式的图片进行编辑以及大批量图片的处理。

课堂学习目标

- 认识Lightroom软件
- Lightroom的基本操作

扫码观看本章
实战操作视频

1.1 认识Lightroom软件

Lightroom软件的应用是当今数字拍摄工作流程中不可或缺的一部分，它不但可以快速导入、处理、管理和展示图像，而且其增强的校正工具、强大的组织功能以及灵活的打印选项可以加快图片后期处理的速度，让摄影师将更多的时间投入拍摄。

1.1.1 了解菜单栏，认识软件重要命令

Lightroom中不同的模块提供了不同的菜单，便于满足不同的处理需求。当切换到“图库”模块时，菜单栏中提供了8个菜单，包括文件、编辑、图库、照片、元数据、视图、窗口和帮助，如图1-1所示。在Lightroom中能够使用到的命令都集中于菜单栏中，单击菜单就会弹出相应的菜单命令。

文件(F) 编辑(E) 图库(L) 照片(P) 元数据(M) 视图(V) 窗口(W) 帮助(H)

图1-1 Lightroom的菜单栏

1. “文件”和“编辑”菜单

“文件”菜单主要集中了一些对文件的操作命令，其中包括新建目录、打开目录、打开最近使用的目录、优化目录、导入照片和视频等操作。

“编辑”菜单主要对图像进行选择、取消选择、设置首选项和身份标识等。

01 单击“文件”菜单命令，即可展开“文件”菜单列表，如图1-2所示。

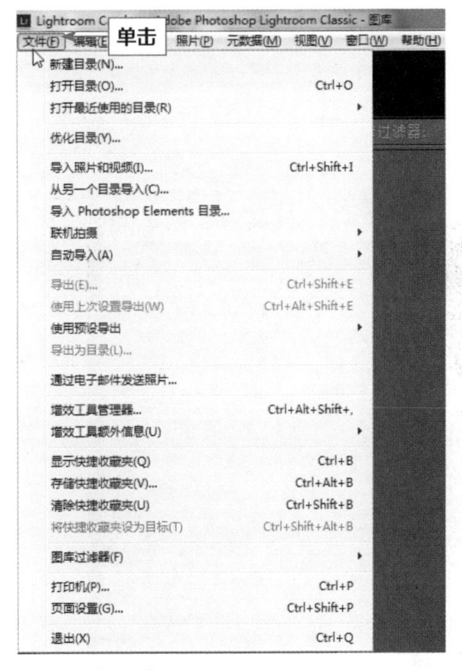

图1-2 “文件”菜单列表

专家指点

Lightroom与其他照片处理软件一样，都可以通过菜单栏中的菜单命令来处理、编辑图像。Lightroom中几乎所有的图像编辑都在“修改照片”模块中完成，这里的菜单栏介绍以该模块为例。在菜单栏中执行菜单命令后，就会弹出相应的对话框，或者是对图像执行相应的操作。

02 单击“编辑”菜单命令，即可展开“编辑”菜单列表，如图1-3所示。

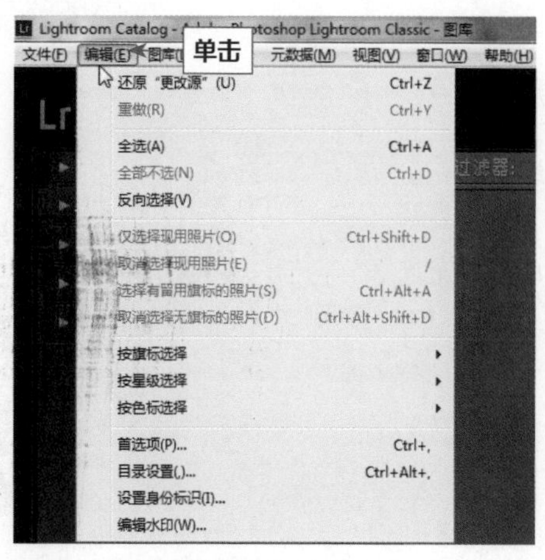

图 1-3 “编辑”菜单列表

2. “图库”“照片”和“元数据”菜单

“图库”菜单主要用于管理图库中导入的照片，包括创建收藏夹、查找照片、对照片进行评级和选择照片等，如图1-4所示。

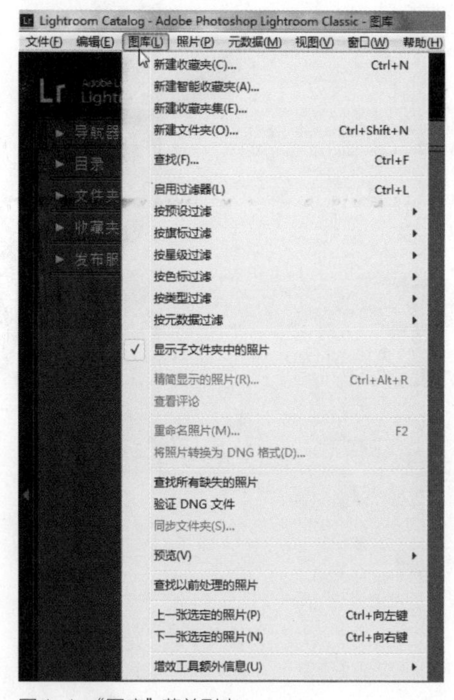

图 1-4 “图库”菜单列表

“照片”菜单主要用于对选择的照片进行一些简单的操作，如放大显示照片、翻转照片、为照片添加星级、设置关键字和删除照片等，如图1-5所示。

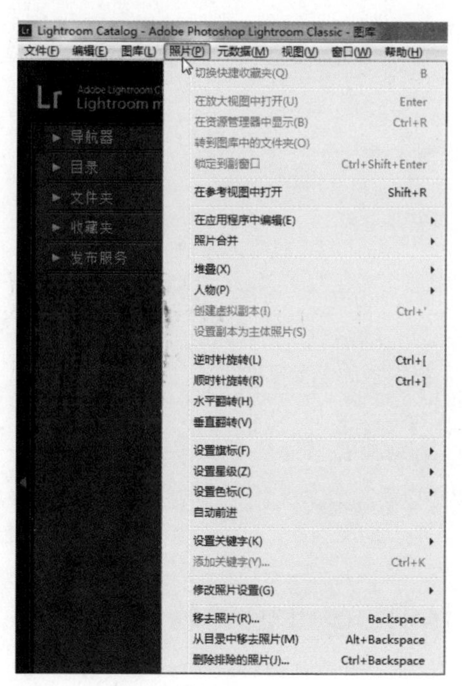

图 1-5 “照片”菜单列表

“元数据”菜单主要用于为选择的照片添加元数据、设置拍摄时间、添加导入或出关键字等，如图1-6所示。

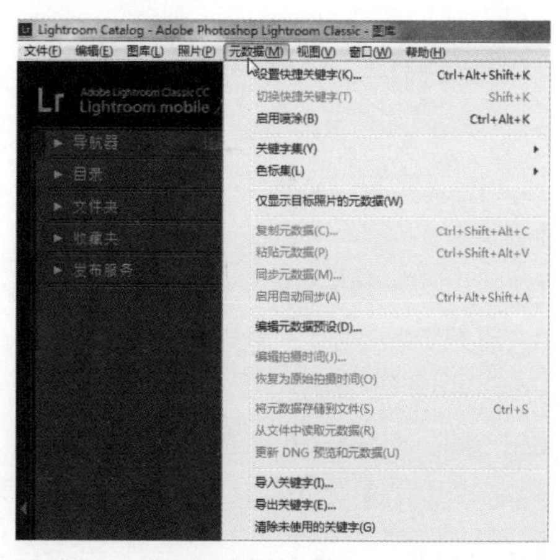

图 1-6 “元数据”菜单列表

专家指点

元数据最本质、最抽象的定义为“data about data”（关于数据的数据），是一种广泛存在的现象，在许多领域有其具体的定义和应用。元数据是软件特有的或者以 XMP 标准为基础的嵌入性数据，尤其常用在便于图像文件管理的图片数据库中。除传统的五星级评价外，它有可以自由设定的颜色编码、关键词以及文本框，这些数据都是为了便于对图像文件进行个性化的结构整理而创建的。使用数码相机拍摄的照片，都保存有一些“元数据”，这些数据记录了诸如相机品牌和类型、快门速度、光圈大小等信息，很多软件都可以把这些数据读取出来。摄影爱好者通过对照片和这些数据的研究，能够学习到很多拍摄技巧。

3. “视图”“窗口”和“帮助”菜单

“视图”菜单可以对图像的视图模式进行调整，包括放大、缩小视图，转到修改照片，设置网格以及添加布局等，如图1-7所示。

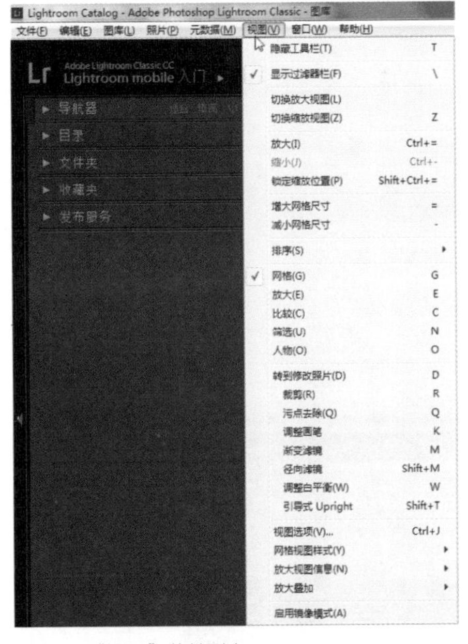

图 1-7　“视图”菜单列表

利用“窗口”菜单命令可以对工作区进行调整，如设置屏幕模式、背景光等。此外，在“窗口”菜单下还可以进行模块之间的切换，例如，单击“窗口”|“修改照片”命令，快速切换至“修改照片”模块，如图1-8所示。

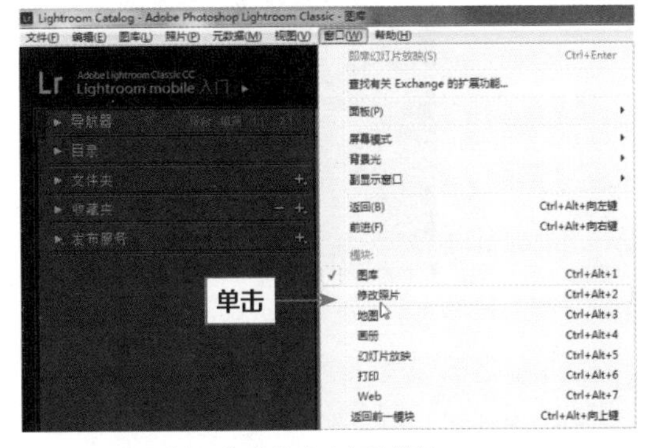

图 1-8　通过“窗口”菜单命令切换模块

“帮助”菜单可以帮助用户解决一些疑问，使用户更快地掌握Lightroom，如图1-9所示。

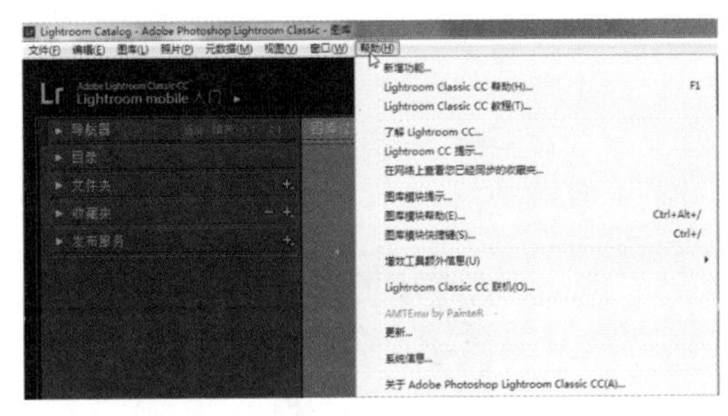

图 1-9　“帮助”菜单列表

1.1.2 了解各个模块，迅速上手Lightroom

Lightroom是一个供专业摄影师使用的完整工具箱，包含多个模块。每个模块都特别针对摄影工作流程中的某个特定环节：“图库”模块用于导入、组织、比较和选择照片；“修改照片”模块用于调整照片颜色和色调或者对照片进行创造性的处理；而“幻灯片放映”模块、“打印”模块和“Web”模块则用于演示照片。

Lightroom工作区中的各个模块都包含若干面板，其中含有用于处理照片的各种选项和控件。下面将对常用的“图库”“修改照片”“画册”“幻灯片放映”“打印”和“Web”这6个模块进行详细讲解。

1. “图库”模块

导入并管理照片是后期处理流程的第一步，在Lightroom中利用“图库”模块就可以完成照片的导入和管理操作。

“图库”模块是所有文件夹和图像的存储地方，在该模块中不但可以选择所有文件夹中的图像，还提供了关键字设置和标题输入区等，如图1-10所示。

图 1-10 “图库”模块

“图库”模块左右两侧的面板中，左侧面板包含了“导航器”“目录”“文件夹”“收藏夹”和“发布服务”5个设置选项；右侧的面板包含了“直方图”“快速修改照片”“关键字”“关键字列表”“元数据”和“评论”6个选项。

2. “修改照片”模块

“修改照片”模块是Lightroom中最重要的一个模块，是应用所有照片修饰功能的核心，照片的后期处理基本上都在该模块中来完成，可以说是“照片加工”的主要场所，如图1-11所示。

“修改照片”模块中包含了所有Raw格式照片设置，在该模块下除了可以对图像进行色调曲线设置和各种影调控制外，还可以通过灰度转换功能直接将彩色照片转换为黑白照片效果，通过色调分割来快速建立正片负冲效果等。

图 1-11 “修改照片”模块

3. “画册”模块

在Lightroom中，通过“画册”模块可以设置照片画册，并将其上传到相应的网站中，如图1-12所示。在Lightroom中预设了180种专业的画册布局，可以方便画册的制作。

对于制作完成的画册，可以将其存储为Adobe PDF文件，也可以存储为单个的JPEG文件。

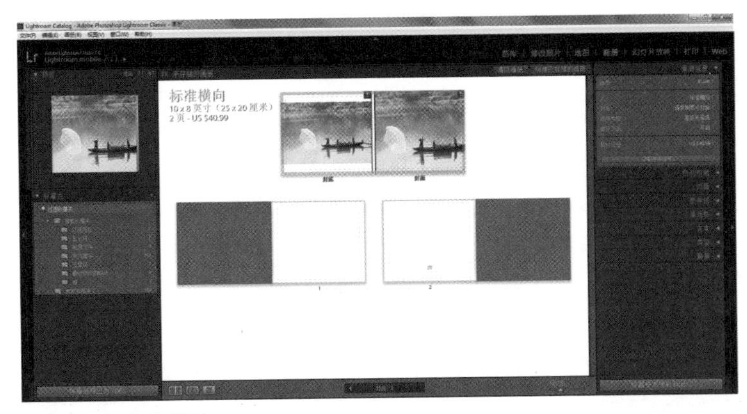

图 1-12　“画册”模块

4. “幻灯片放映”模块

在Lightroom的“幻灯片放映”模块下，可以将照片设置为幻灯片效果用于照片的浏览与查看。用户在操作时可以利用Lightroom中预设的布局模块来设置整个幻灯片的布局效果，也可以根据个人喜好自定义幻灯片的布局。单击“幻灯片放映”标签，即可切换至“幻灯片放映”模块，在此模块下可以开始幻灯片的制作，如图1-13所示。

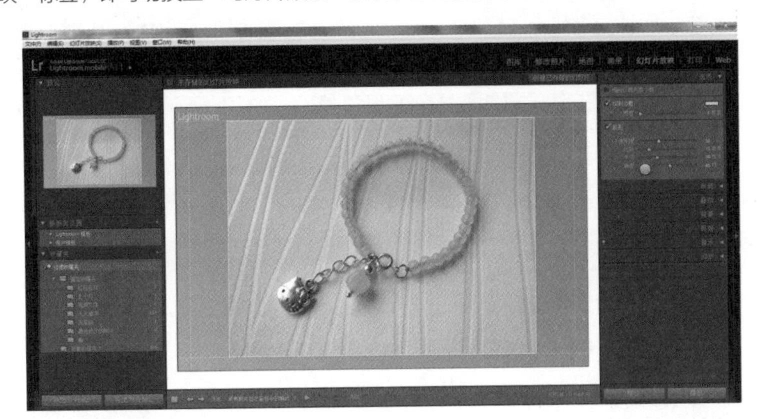

图 1-13　“幻灯片放映”模块

5. “打印”模块

在Lightroom中，通过“打印”模块可以对照片进行打印版面的设计。用户可以利用Lightroom中预设的打印页面的布局模板设置打印效果，也可以按照个人喜好来调整版面布局，如图1-14所示。

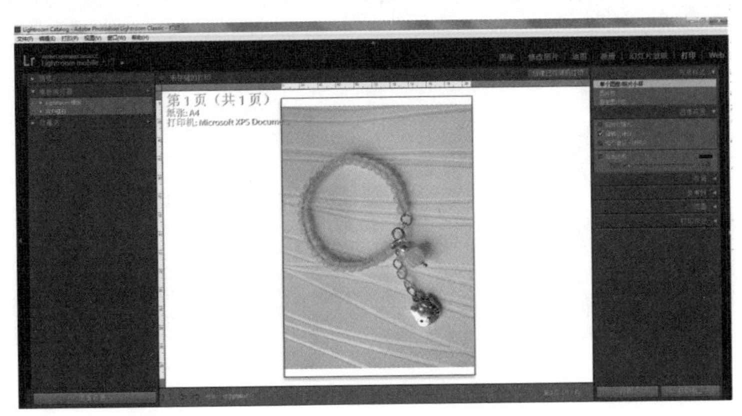

图 1-14　“打印”模块

专家指点

运行Lightroom后，单击工作界面右上角的模块按钮，可以在“图库”模块、“修改照片”模块、“地图”模块、“画册”模块、“幻灯片放映”模块、“打印”模块和“Web”模块间进行切换。同时，Lightroom还为这7个工作模块配备了相应的快捷键，用户按住Ctrl＋Alt组合键的同时按1～7中的任意数字，可以在7个模块间相互切换。

6. “Web”模块

在互联网盛行的今天，能够在网络上展示自己的作品是一件让人兴奋的事情。Lightroom预设了一系列的Web画廊模板，用户只需简单的操作几步，就可以制作出让人称赞的Web画廊，如图1-15所示。

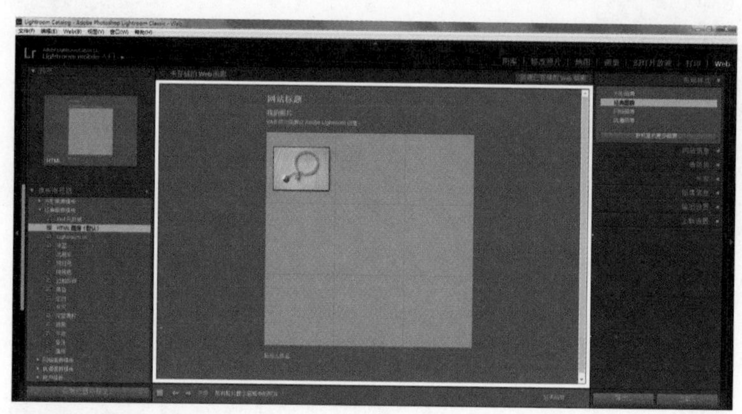

图1-15 “Web”模块

1.1.3 了解使用不同方式查看库中照片的方法

摄影师将拍摄的数码照片导入Lightroom，接下来就是使用Lightroom快速地浏览照片。Lightroom中提供了多种查看照片的方式，用户可以在“图库”模块中利用不同的“视图模式”查看和比较照片。

将照片导入“图库”模块，默认以“网格视图”模式显示所导入的照片，用户也可以单击下方的“放大视图”“比较视图”或“筛选视图”按钮，在系统提供的不同视图模式中进行切换，以方便图像的浏览。

1. 在“网格视图”下查看照片

在“图库”模块中，单击“网格视图”按钮▦，就会在Lightroom的视图窗口中出现已经导入的照片的缩略图，如图1-16所示。

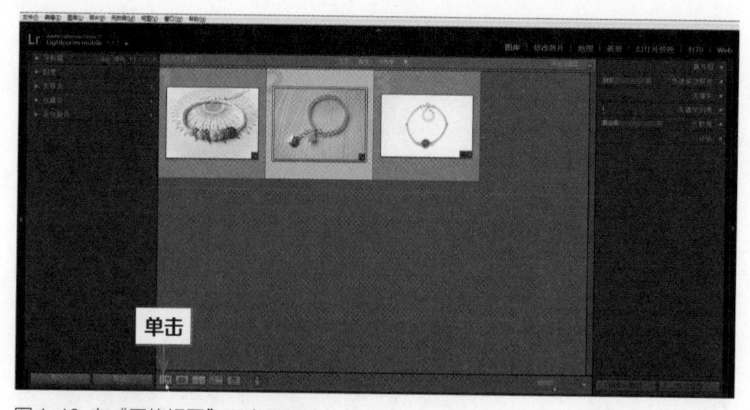

图1-16 在“网格视图”下查看照片

2. 在“放大视图”下查看照片

在“图库”模块中，单击“放大视图”按钮，或者在“网格视图”中双击照片缩略图，就可以在Lightroom的视图窗口中查看放大了的单张照片，如图1-17所示。

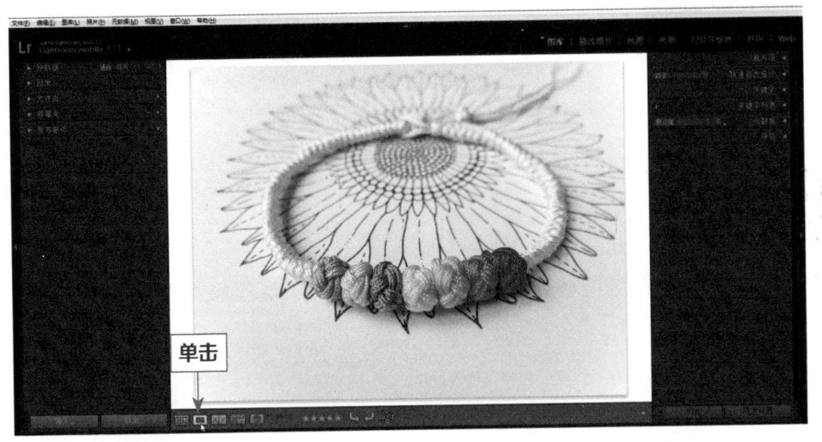

图 1-17 在“放大视图”下查看照片

专家指点

按 Ctrl + + 组合键，或者按 Ctrl + − 组合键，可以对当前选定的图像进行放大或缩小显示。

3. 在“比较视图”下查看照片

按住Ctrl键的同时，在“网格视图”中选中要比较的两张照片，然后单击“比较视图”按钮，即可在“比较视图”下显示选中照片的对比效果，如图1-18所示。

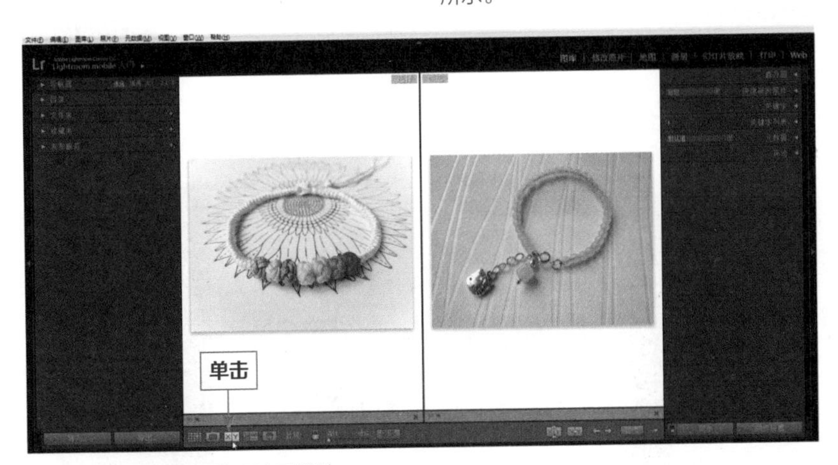

图 1-18 在“比较视图”下查看照片

4. 在“筛选视图”下查看照片

在“筛选视图”下不仅可以完成两张照片的对比，还可以同时对多张照片进行对比、查看。在“网格视图”下，按住Ctrl键的同时选中多张照片，然后单击“筛选视图”按钮，即可切换至“筛选视图”模式，如图1-19所示。

图1-19 在“筛选视图”下查看照片

1.1.4 简化工作界面，方便图像的浏览与查看

启动Lightroom后，通常都是以默认的工作区显示打开的图像，而在实际的操作过程中，用户可以将工作区中一部分不需要的面板隐藏起来，使工作界面更加简洁，方便图像的浏览与查看。

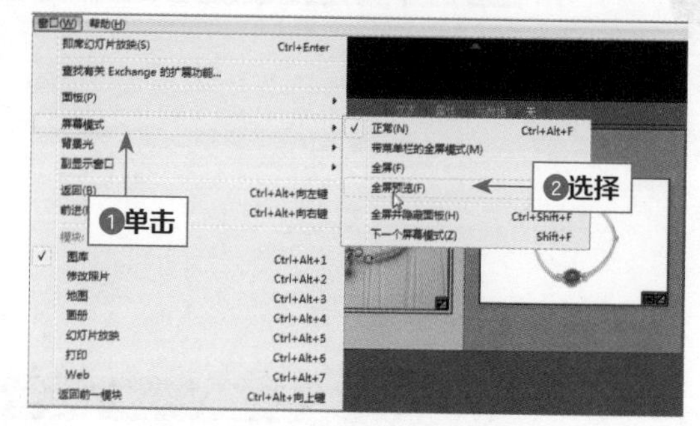

图1-20 单击相应命令

1. 更改屏幕模式

在Lightroom中，用户可以通过更改屏幕模式以隐藏标题栏，或者隐藏标题栏和菜单栏，还可以隐藏标题栏、菜单栏和面板。❶单击“窗口”|“屏幕模式”命令；❷在其子菜单中选择一个选项，如图1-20所示。

“全屏预览”模式，如图1-21所示。

图1-21 “全屏预览”模式

“带菜单栏的全屏模式”，如图1-22所示。

按Ctrl＋Alt＋F组合键，可以从“带菜单栏的全屏模式”或“全屏”模式切换到“正常”模式。按Shift＋Ctrl＋F组合键可以进入“全屏并隐藏面板”模式，此时会隐藏标题栏、菜单栏和面板。处于“全屏并隐藏面板”模式时，按Shift＋Tab组合键，然后按F键可显示面板和菜单栏。

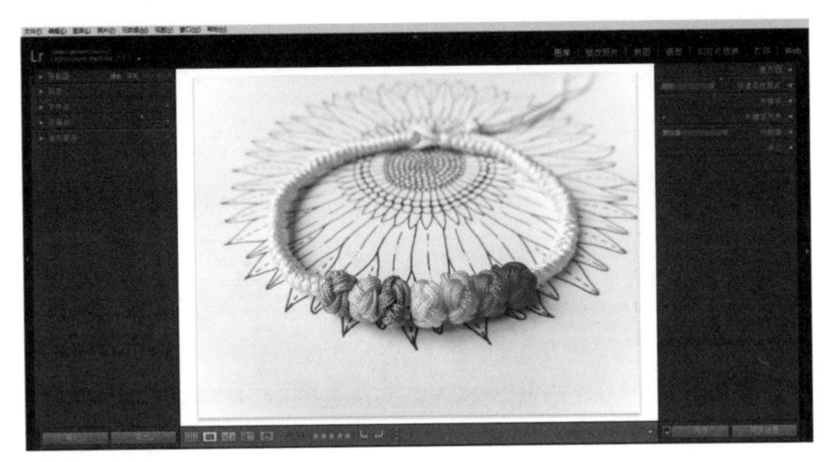

图 1-22 “带菜单栏的全屏模式”

“全屏并隐藏面板”模式，如图1-23所示时，按F键可在这几种模式中切换。

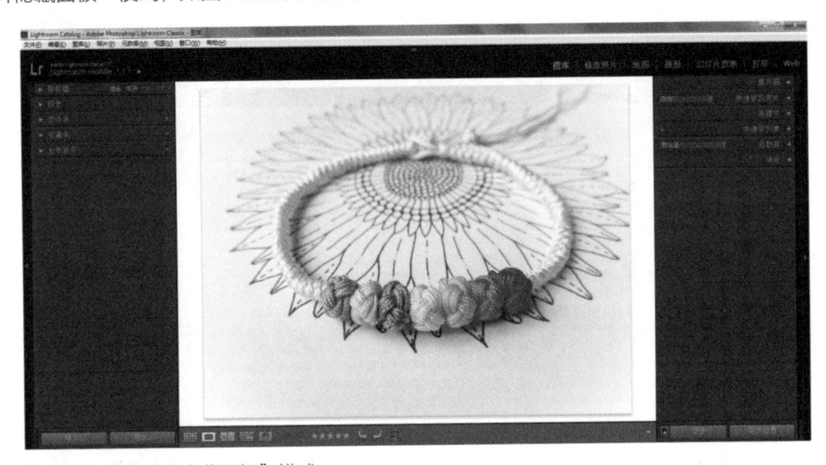

图 1-23 “全屏并隐藏面板”模式

2. 手动隐藏面板

执行菜单命令隐藏面板：在菜单栏中，❶单击“窗口”|“面板”命令；❷在打开的子菜单中选择要隐藏面板的菜单命令，即可将工作界面中显示的面板隐藏，如图1-24所示。

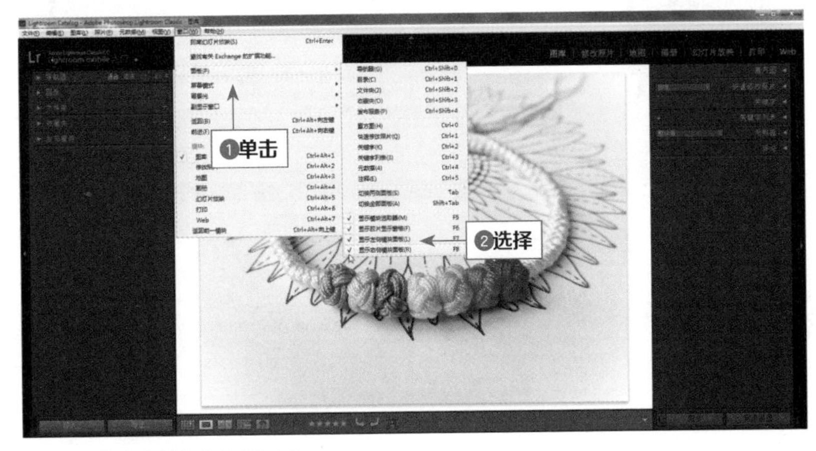

图 1-24 执行菜单命令隐藏面板

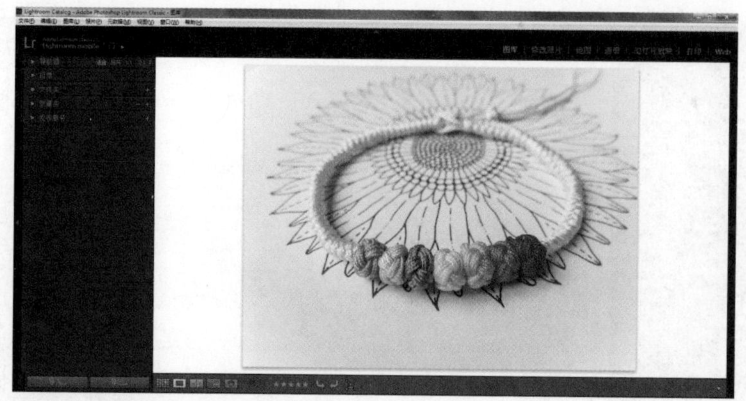

图1-24 执行菜单命令隐藏面板（续）

单击按钮隐藏面板：除了可以用菜单命令隐藏面板，也可以通过面板左、右侧的小三角形按钮隐藏面板。将鼠标指针移动到需要隐藏的左面板左侧的小三角形按钮位置，单击鼠标左键隐藏左侧面板，再单击右侧面板右侧的小三角形按钮，隐藏右侧面板，得到更简洁的工作界面，如图1-25所示。

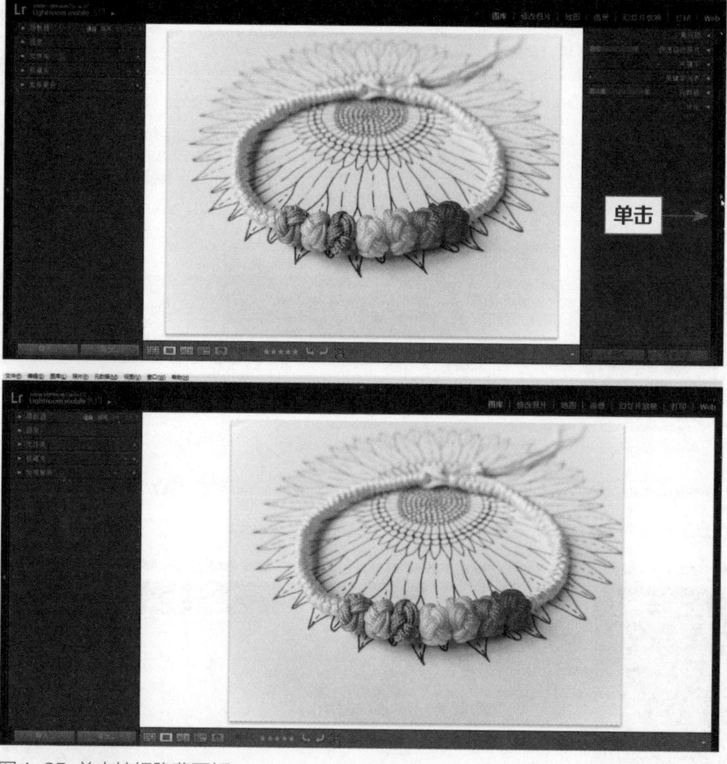

图1-25 单击按钮隐藏面板

1.2 Lightroom的基本操作

Lightroom根据其功能被划分为多个不同的模块，虽然每个模块都有自己独特的命令，但是许多操作在Lightroom的不同模块中都是通用的。本节将重点介绍这些通用的操作，并帮助读者熟悉Lightroom中最重要的两个模块——“图库”模块和“修改照片”模块的基本操作与设置。

1.2.1 复位图像，便于撤销错误操作 重点

素材位置	素材 > 第 1 章 >1.2.1. jpg
效果位置	无
视频位置	视频 > 第 1 章 > 1.2.1　复位图像，便于撤销错误操作 .mp4

在Lightroom中修改照片时，经常会出现参数调整过度的问题，这时就需要复位命令参数，让照片恢复原貌。

01 启动Lightroom软件，将照片素材导入“图库”模块，切换至“修改照片”模块，如图1-26所示。

图 1-26 导入照片素材

02 ❶展开“基本”面板；❷设置“曝光度”为1.96，如图1-27所示。

图 1-27 调整相应参数

03 单击工具栏中的“切换各种修改前和修改后视图”按钮，比较照片效果，如图1-28所示。

图 1-28 比较照片效果

04 发现照片的曝光度参数调整得有些过度，单击右侧面板底部的“复位”按钮，即可恢复照片，如图1-29所示。一旦将照片进行复位操作，就不能恢复之前设置的参数。

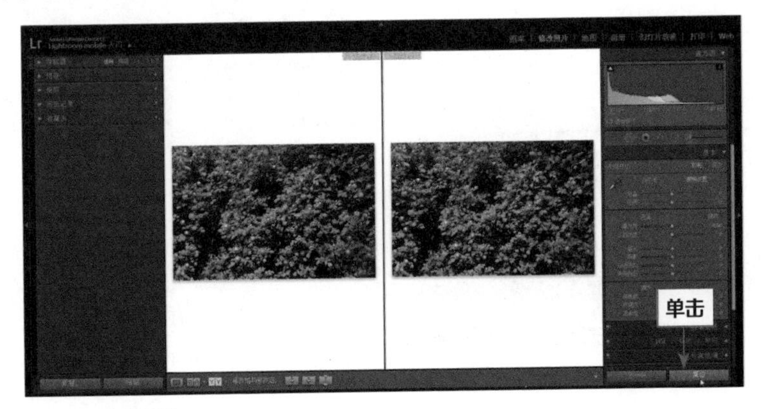

图 1-29 恢复照片

1.2.2 查看修改前后的照片对比，便于修改不足之处 重点

当用户对照片进行修饰或者完成修饰之后，经常需要比较修改前后的效果。在Lightroom中，比较修改前后效果的方法很简单，最常用的方法是使用反斜杠\键。在修改照片之后，按一下\键将切换到修改之前的情况，再按一下 \ 键将切换到修改之后的情况，如图1-30所示。

尽管按\键是查看照片修改前后效果的简单方法，但是它不能让用户在一个窗口中同时进行修改前后的比较。要在窗口中同时查看修改之前与之后的照片效果，可以使用Lightroom的修改前/修改后视图。

在修改照片模块的工具栏上单击按钮可以切换到修改照片模块的比较视图——比较的不是不同的照片，而是同一照片修改前后的效果。Lightroom为用户提供了4种不同的修改前后比较视图，分别是纵向比较、横向比较、纵向拆分和横向拆分。单击按钮旁边的小三角形按钮，在弹出的下拉菜单中可以选择相应的视图选项，如图1-31所示。

图1-30 使用相应快捷键切换修改前后图像

图1-31 “切换各种修改前 / 修改后视图”菜单

用户可以根据当前图像的主体位置以及构图方向来选择合适的比较视图模式，如图1-32所示。修改前/修改后比较视图是非常有用的比较工具，因此笔者建议用户记住它们的快捷键，这会让照片比较的步骤变得极为快捷。使用Y键可以在左右比较与正常比较视图中切换，使用Alt + Y组合键则可以在上下比较与正常比较视图中切换。无论在左右比较还是上下比较视图中，使用Shift + Y组合键均可以拆分视图。

图1-32 切换各种修改前 / 修改后视图

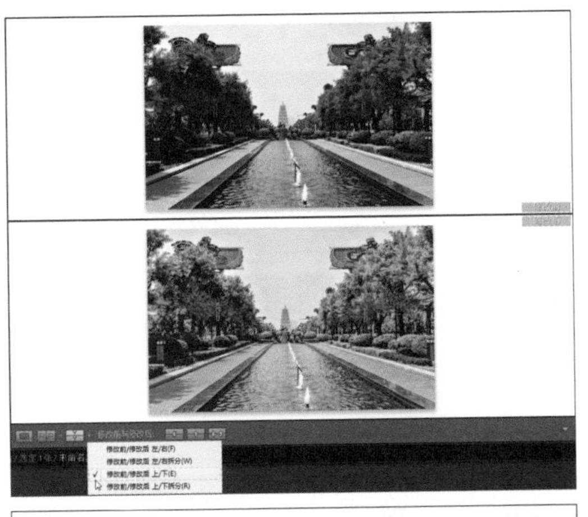

图 1-32　切换各种修改前 / 修改后视图（续）

1.2.3 更改修改照片的存储路径，查找照片更快捷 进阶

很多用户发现，在Lightroom中根本没法直接保存照片。与许多图像处理软件不同，Lightroom没有保存的概念。用户的所有操作都会被Lightroom自动保存下来，而不需要再去单击“保存”按钮或命令。即使如此，用户还是应该清楚自己所做的修改步骤到底保存在哪里。

通常情况下，Lightroom会把所有的修改都存储在相应的目录下，即.lrcat文件夹中。这样不但省却了用户管理照片的烦恼，还可以加快Lightroom的运行速度。但是，这样做也存在一定的缺点：首先，一旦目录文件损坏，用户就将丢失所有的照片操作，这会成为灾难性的问题；其次，由于只能使用Lightroom来观看修改效果，通用性受到很大制约。

不过，如果用户不喜欢这种保存方式，也可以改变修改照片设置的存储路径。下面介绍修改照片存储路径的方法。

素材位置	素材 > 第 1 章 >1.2.3.CR2
效果位置	效果 > 第 1 章 >1.2.3.CR2
视频位置	视频 > 第 1 章 >1.2.3　更改修改照片的存储路径，查找照片更快捷 .mp4

01 启动Lightroom软件，单击菜单栏中的“编辑”|“目录设置”命令；如图1-33所示。

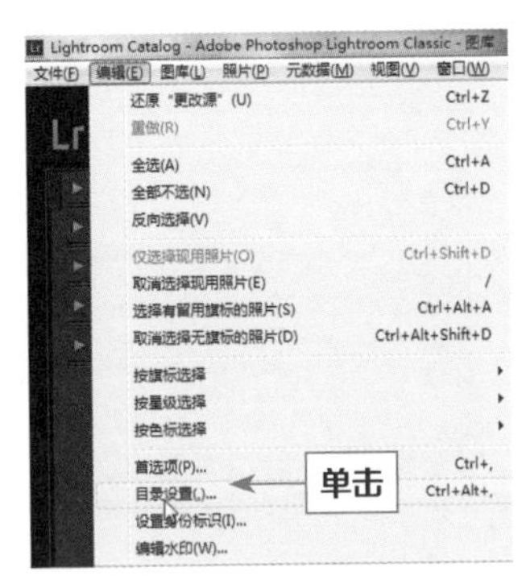

图 1-33　单击相应命令

02 弹出“目录设置”对话框；如图1-34所示。

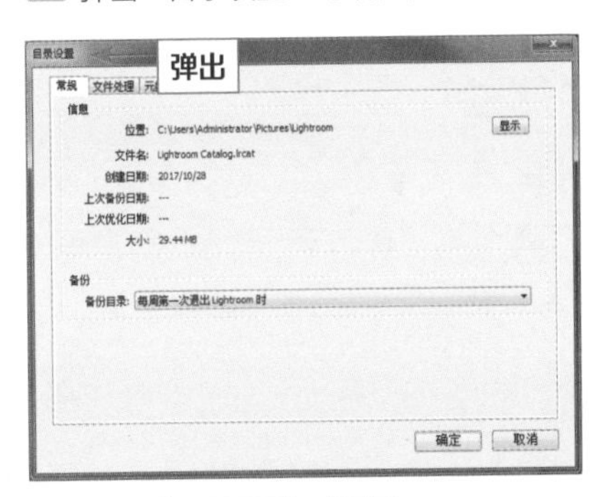

图 1-34　“目录设置”对话框

03 ❶在对话框中切换至“元数据”选项卡；❷选中“将更改自动写入XMP中”复选框，如图1-35所示。

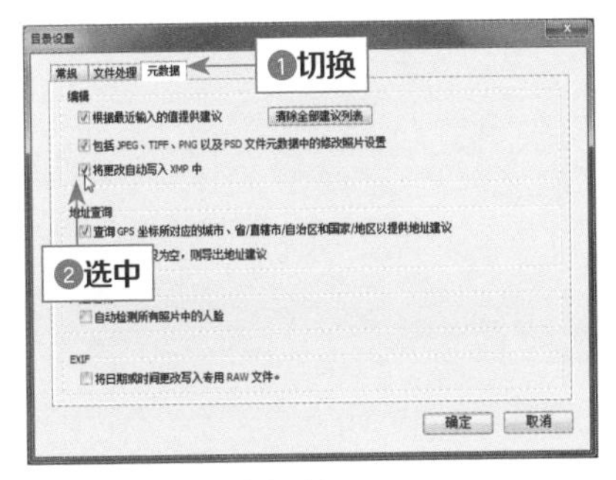

图 1-35　选中相应复选框

04 单击“确定”按钮，Lightroom会把所有修改设置都存入XMP格式的文件中，如图1-36所示。

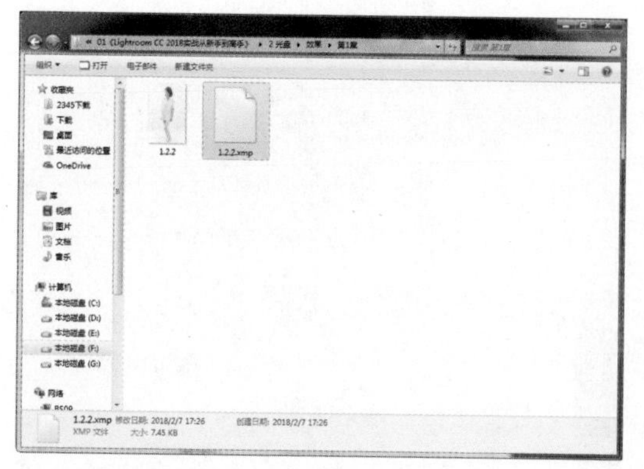

图1-36 文件夹中与照片并列显示的XMP格式文件

专家指点

XMP格式文件是照片的附属文件，用于记录照片的元数据和修改信息，如果拍摄的照片不是RAW格式，而是JPEG等其他格式的文件，则不会生成XMP格式文件。因为对于这些文件来说，XMP格式文件被直接嵌入照片文件内部，而不会有外置的独立文件。

1.3 习题测试

为了帮助读者更好地掌握所学知识，本书重要章节的最后安排了习题测试，对重点知识进行简单的回顾和补充。

习题1 创建Lightroom目录，便于后期照片管理

素材位置	无
效果位置	无
视频位置	视频 > 第 1 章 > 习题 1：创建 Lightroom 目录，便于后期照片管理 .mp4

本习题需要读者掌握创建Lightroom目录的方法，便于后期管理照片，调整前如图1-37所示，调整后如图1-38所示。

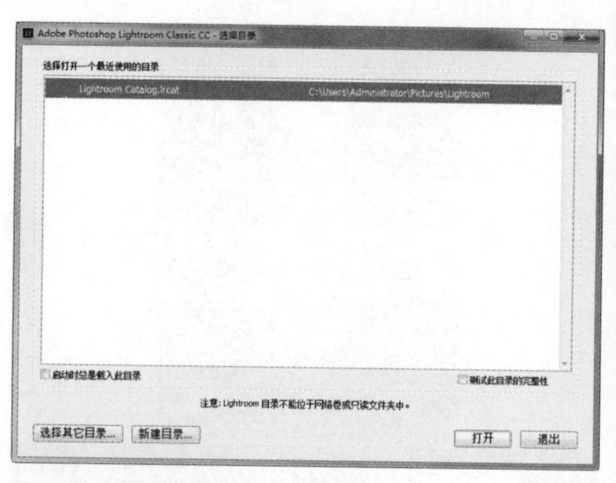

图1-37 调整前

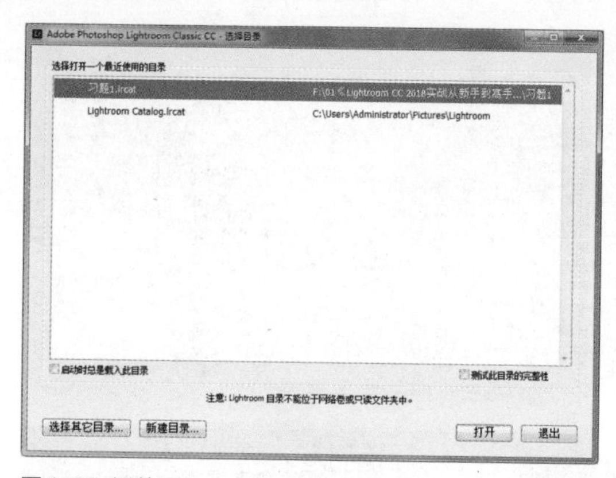

图1-38 调整后

专家指点

很显然，通过目录这种照片组织形式，Lightroom为用户提供了一些传统照片处理软件所不具备的优势如下。

- 优势1：通过目录，Lightroom能够在不移动照片、不复制照片的情况下以新的方式整理照片，为用户建立各种形式的照片选集，无论这些照片在磁盘上的物理位置相差多远。
- 优势2：使用目录的Lightroom能够很好地保护原始照片。

习题2 恢复不显示的软件提示，快速复位设置

素材位置	无
效果位置	无
视频位置	视频 > 第 1 章 > 习题 2：恢复不显示的软件提示，快速复位设置 .mp4

本习题需要读者掌握恢复不显示的软件提示，快速复位设置的方法，调整前如图1-39所示，调整后如图1-40所示。

图 1-39 调整前

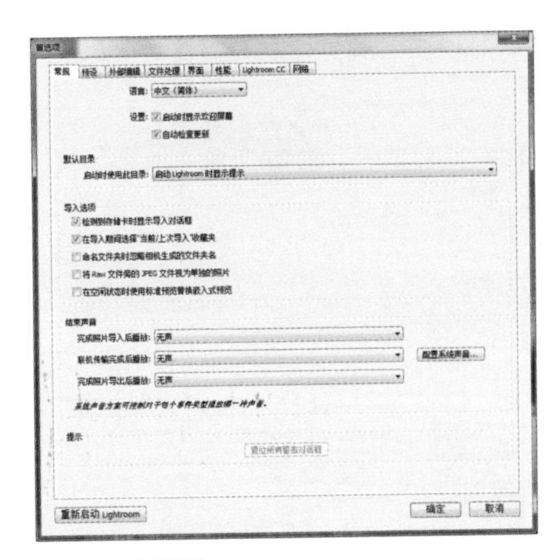

图 1-40 调整后

习题3 快速还原照片，恢复照片设置前的效果

素材位置	素材 > 第 1 章 > 习题 3
效果位置	效果 > 第 1 章 > 习题 3
视频位置	视频 > 第 1 章 > 习题 3：快速还原照片，恢复照片设置前的效果 .mp4

本习题需要读者掌握快速还原照片，恢复照片设置前的效果的方法，素材图像如图1-41所示，最终效果如图1-42所示。

图 1-41 素材图像

图 1-42 最终效果

第02章 整理照片：实现照片的快速导入与管理

Lightroom的数据库结构让很多新手感觉非常“痛苦”，因为用户必须在处理照片之前将照片导入Lightroom的目录。不过，这样做也有优点，就是会给今后的工作带来很多便利，而且当你熟练之后，会发现这也并不痛苦。本章将重点介绍使用Lightroom导入、管理与查看照片的详细方法，帮助读者轻松迈过艰难的第一步。

扫码观看本章实战操作视频

课堂学习目标

- 使用Lightroom导入照片
- 使用Lightroom管理照片
- 掌握筛选和搜索照片的技巧

2.1 使用Lightroom导入照片

在Lightroom中对照片进行编辑之前，第一步操作就是将照片导入“图库”模块。要想更有效率地使用Lightroom，关键是要先建立起一套有条理的、统一的照片导入流程。

尽管“导入照片”对话框看似令人望而却步，但只要花点儿时间事先把该设置的地方设置好，它就能很好地解决照片管理的问题。用户可以将这些设置合起来存成一个预设，并在之后导入照片时都使用该预设。那时候，导入照片的过程就十分简单了：插入相机存储卡，等导入对话框自动弹出，选择自定的预设，最后单击“导入”按钮。

2.1.1 手动导入照片，自由选择素材添加到Lightroom 重点

完成照片导入前的设置工作后，用户就可以进行照片的导入操作了。需要将电脑磁盘、相机存储卡或移动硬盘中的照片添加到Lightroom中，通过“导入”面板进行操作，可完成照片的选择、备份、转换格式或为导入照片添加识别信息等。

素材位置	素材 > 第 2 章 >2.1.1.jpg
效果位置	无
视频位置	视频 > 第 2 章 >2.1.1　手动导入照片，自由选择素材添加到 Lightroom.mp4

01 在Lightroom中，单击“文件”|“导入照片和视频”命令，如图2-1所示。

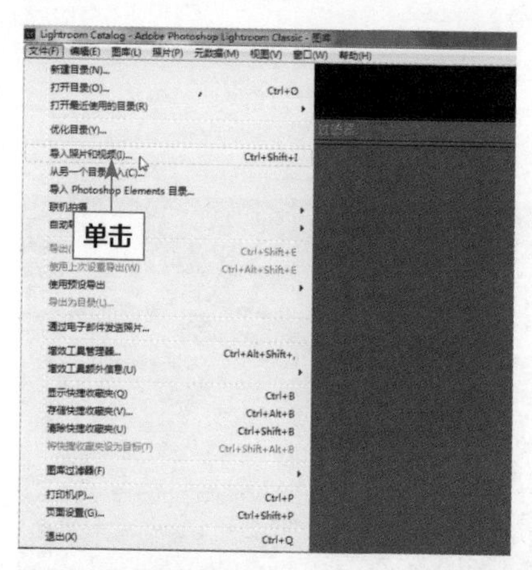

图 2-1 单击相应命令

02 执行操作后，打开“导入”窗口，如图2-2所示。

图 2-2 “导入”窗口

03 ❶在面板中单击“选择源”选项；❷在弹出的菜单中选择“其他源”选项，如图2-3所示。

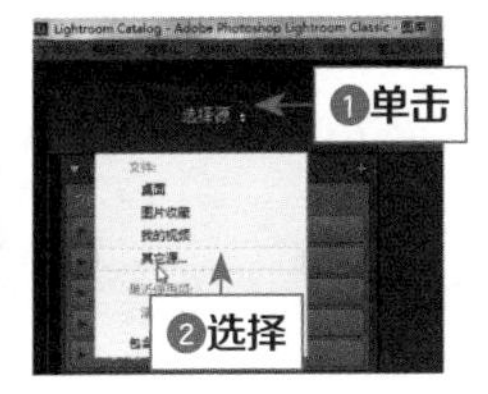

图 2-3 选择“其他源”选项

04 执行操作后，❶弹出“选择源文件夹”对话框；❷在对话框中选择相应的照片文件夹，如图2-4所示。

图 2-4 选择相应的照片文件夹

05 单击“选择文件夹”按钮，❶在“导入”窗口中可查看选择源文件夹中的照片缩略图效果；❷单击“导入”按钮，如图2-5所示。

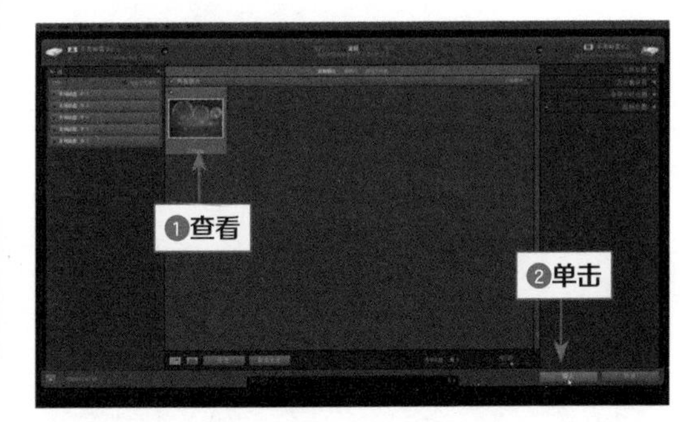

图 2-5 单击“导入”按钮

06 完成照片的导入操作，如图2-6所示。

图 2-6 完成照片的导入操作

专家指点

在“导入”窗口中，照片为全选状态，如需减选，直接在照片上单击“取消全选”按钮，即可根据自行所需选择相应的照片素材。

2.1.2 自动导入照片，节省查找时间提高效率

在Lightroom中启用“自动导入”功能，可以监视文件夹中是否有照片，如果有，则会将这些照片导入目录中的目标文件夹，再将照片导入“图库”，从而实现自动将照片导入Lightroom。

素材位置	素材 > 第 2 章 >2.1.2.jpg
效果位置	无
视频位置	视频 > 第 2 章 > 2.1.2　自动导入照片，节省查找时间提高效率 .mp4

01 在Lightroom中，单击“文件”|“自动导入”|“自动导入设置”命令，如图2-7所示。

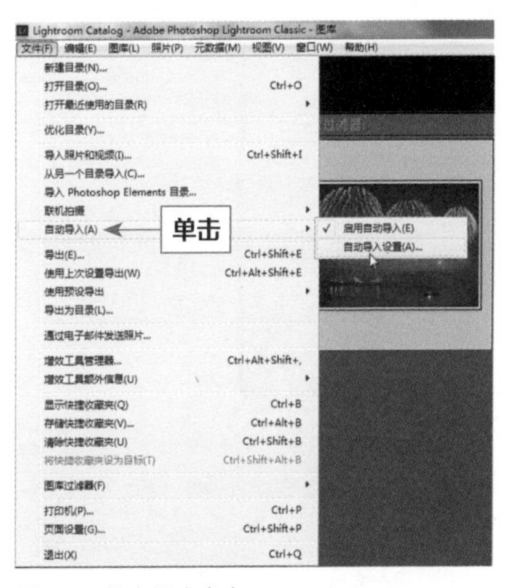

图 2-7 单击相应命令

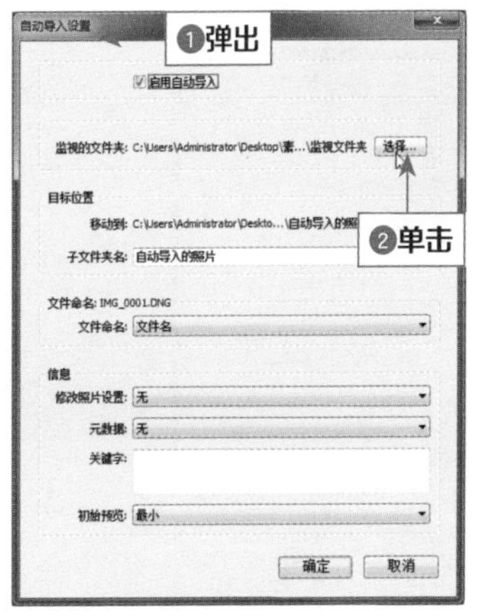

02 执行操作后，❶弹出“自动导入设置”对话框；❷单击“监视的文件夹”右侧的“选择”按钮，如图2-8所示。

图 2-8 单击“选择”按钮

03 执行操作后，❶弹出“从文件夹自动导入”对话框；❷在对话框中选择要监视的文件夹，如图2-9所示。

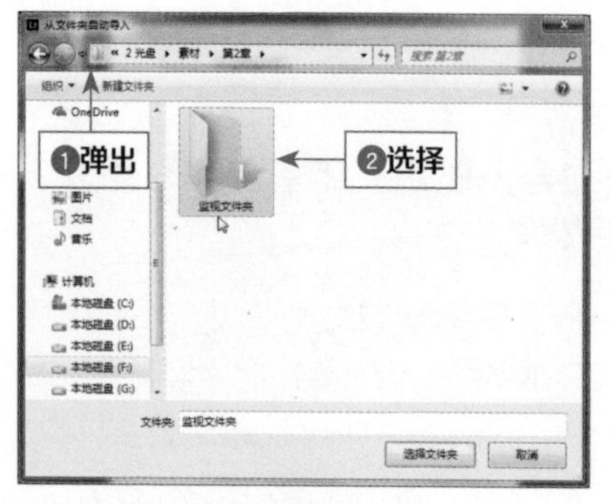

图 2-9 选择要监视的文件夹

04 单击“选择文件夹”按钮，即可在“自动导入设置”对话框中指定需要监视的文件夹，如图2-10所示。

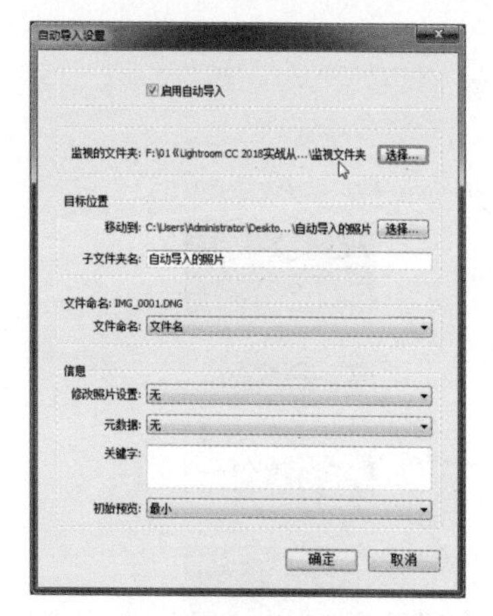

图 2-10 指定需要监视的文件夹

05 添加了需要监视的文件夹后，还需要指定目标文件夹，单击“目标位置”选项区中的“选择”按钮，❶弹出“选择文件夹”对话框；❷在对话框中指定目标文件夹，如图2-11所示。

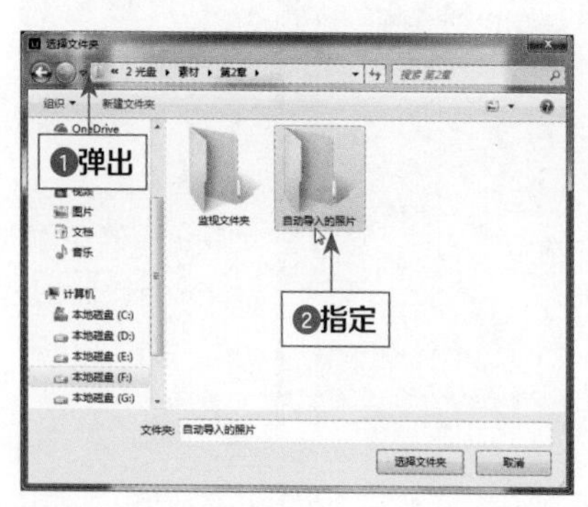

图 2-11 指定目标文件夹

06 单击“选择文件夹”按钮，即可设置照片导入的目标位置，❶选中“启用自动导入”复选框；❷单击“确定”按钮保存设置，如图2-12所示。

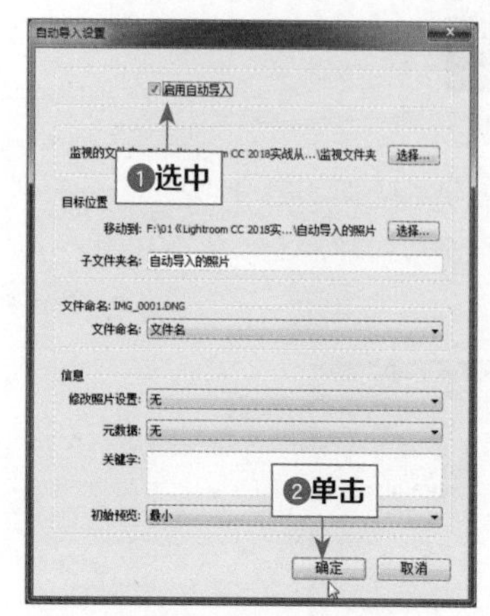

图 2-12 单击“确定”按钮

07 将要进行自动导入的照片复制到“监视文件夹”中，如图2-13所示。

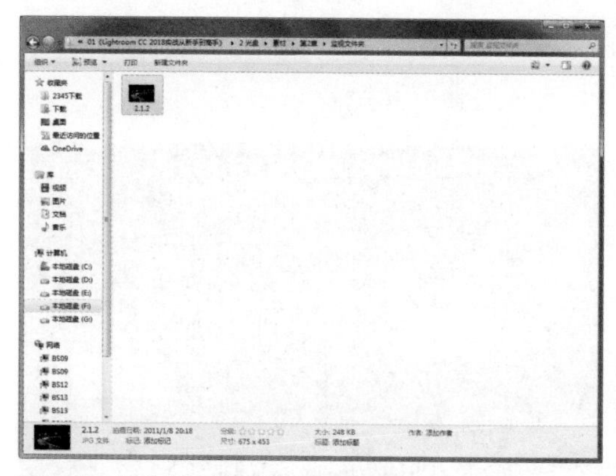

图 2-13 在“监视文件夹”中放入照片

专家指点

在 Lightroom 中要实现自动导入，必须在导入时对“自动导入设置”选项进行设置，以便准确地导入照片。要指定自动导入设置，可以通过“自动导入设置”对话框进行调整，即在对话框中指定导入照片的监视文件夹、导入照片后的目标文件夹等。

在“自动导入设置”对话框中，指定以下任意选项：

- 监视的文件夹：选择或创建监视的文件夹，Lightroom 会在其中检测要自动导入的照片。需要注意的是，指定的文件夹必须为空，否则会弹出信息提示框。“自动导入”功能不会监视所监视文件夹中的子文件夹。
- 目标位置：用于选择或创建文件夹，自动导入的照片会移至该文件夹中。

- 文件命名：为自动导入的照片命名。
- 信息：将修改照片设置、元数据或关键字应用于自动导入的照片。

08 此时可以看到照片会自动导入Lightroom，如图2-14所示。

图 2-14　照片自动导入 Lightroom

09 打开刚才设置的目标位置文件夹，可以看到照片已经自动复制到该文件夹中，如图2-15所示。

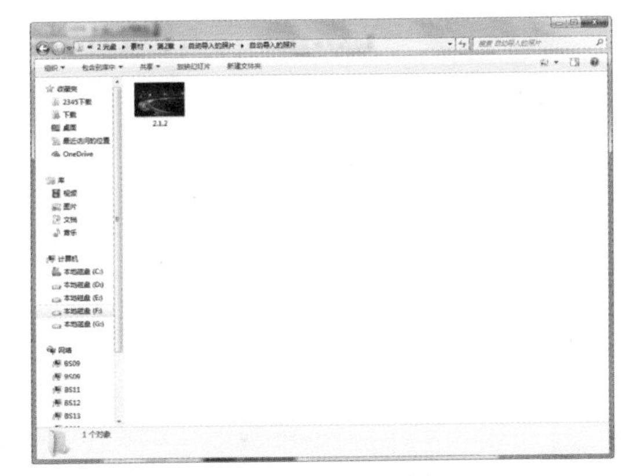

图 2-15　照片自动复制到目标位置文件夹

专家指点

指定自动导入设置之后，用户只需将照片拖动到监视的文件夹，Lightroom 便会自动导入这些照片，从而使用户绕过“导入”窗口。当 Lightroom 不支持用户的相机进行联机导入时，“自动导入”功能非常有用：用户可以使用第三方软件将照片从自己的相机下载到监视的文件夹中，实现快速导入。另外，用户也可以单击“文件”|“自动导入”|“启用自动导入”命令来启用“自动导入”功能，如图 2-16 所示。

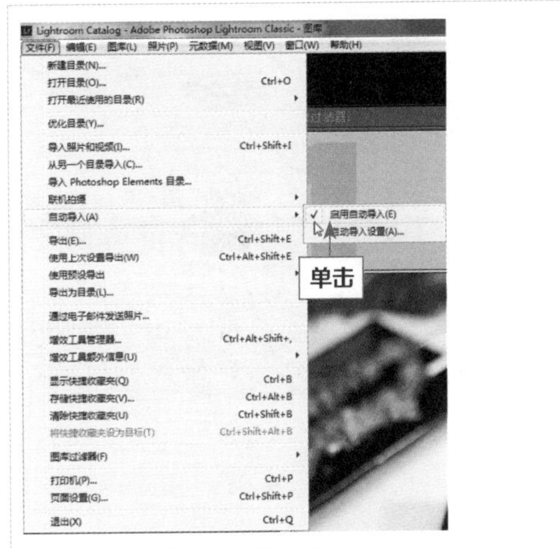

图 2-16　单击“启用自动导入”命令

2.1.3 重命名照片，快速批量处理使查找更加便捷 进阶

重命名照片是为了获得一个系统化的照片名组织途径，就好像把照片有序组织在一个文件夹里一样。而且，在Lightroom里重命名照片是非常简单的，用户可以对照片进行批量重命名操作，便于用户查看一个系列的照片。

素材位置	素材 > 第 2 章 >2.1.3
效果位置	效果 > 第 2 章 >2.1.3
视频位置	视频 > 第 2 章 >2.1.3　重命名照片，快速批量处理使查找更加便捷 .mp4

01 启动Lightroom软件，将照片素材导入“图库”模块，如图2-17所示。

图 2-17　导入照片素材

02 按Ctrl + A组合键，选中所有照片，如图2-18所示。

图 2-18 选中所有照片

03 在菜单栏中，单击“图库”｜“重命名照片”命令，如图2-19所示。

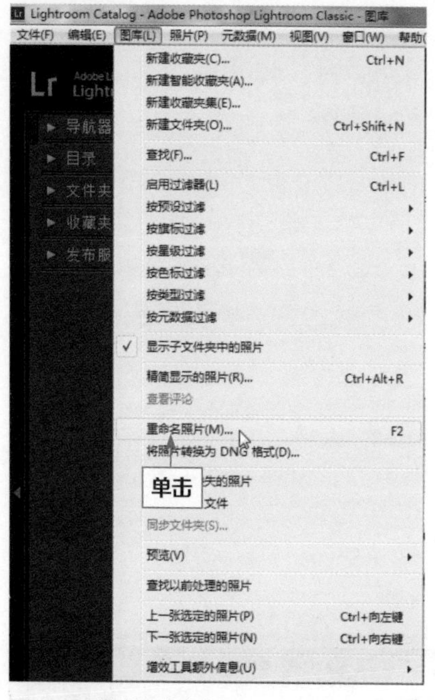

图 2-19 单击相应命令

04 执行上述操作后，❶弹出“重命名8张照片”对话框；❷在“文件命名”列表框中选择“编辑”选项，如图2-20所示。这是将照片进行重命名的重要步骤，用户可自行选择自己所需的选项。

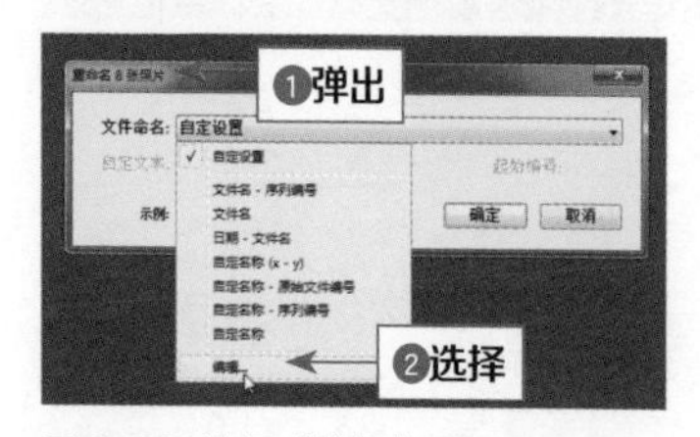

图 2-20 选择“编辑”选项

05 执行上述操作后，弹出“文件名模板编辑器”对话框，如图2-21所示。

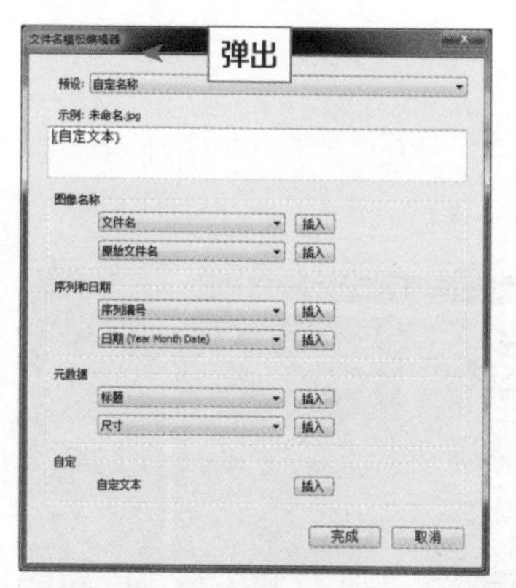

图 2-21 “文件名模板编辑器”对话框

专家指点

如果用户指定使用序号的命名选项，Lightroom 会对照片进行顺序编号。如果不希望从“1”开始编号，可以在“起始编号”框中输入其他数字。要快速重命名图库模块中的单张照片，可以先选择该照片，然后在“元数据”面板的“文件名”中输入新名称。

06 ❶在“日期”列表框中选择“日期（Year Month Data）”选项；❷单击“插入”按钮，如图2-22所示。用户可以自行选择相应的选项，进行设置。

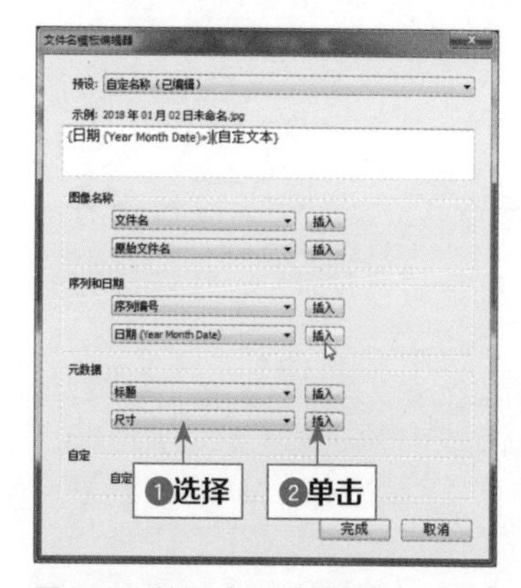

图 2-22 单击“插入”按钮

07 在“示例”下侧的文本框中，输入2.1.3，单击“完成”按钮，返回“重命名8张照片”对话框。❶在“示例”选项区中可以看到重命名的示例，如果用户对设置的名字不满意，单击“取消”按钮，返回页面重新设置即可；❷如果确认没有问题，单击“确定”按钮即可，如图2-23所示。

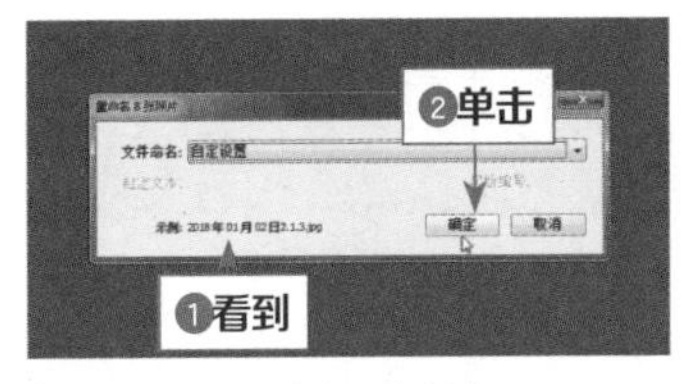

图 2-23 单击“确定”按钮

08 重命名多张照片，效果如图2-24所示，在素材文件夹中也可以看到照片重命名的效果。

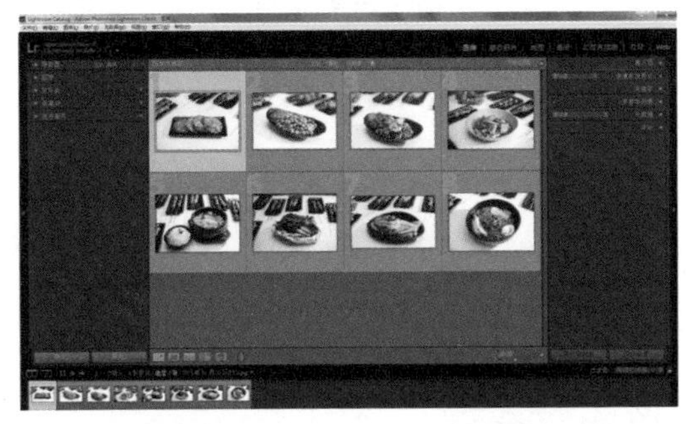

图 2-24 照片重命名

2.2 使用Lightroom管理照片

完成照片导入工作后，接下来就是对照片进行管理设置。“图库”模块左侧的“收藏夹”面板可以将照片组织在同一个位置，以便用户能够轻松地查看照片或执行各种操作任务。

2.2.1 用收藏夹排序照片，快速查找需要的素材 重点

利用“收藏夹”面板可以快速查找需要的照片，并且对这些照片进行相关的操作。在使用“收藏夹”面板管理照片前，需要先创建收藏夹，然后根据需要对收藏夹中的照片进行排列。

素材位置	素材 > 第 2 章 >2.2.1
效果位置	无
视频位置	视频 > 第 2 章 >2.2.1　用收藏夹排序照片，快速查找需要的素材 .mp4

01 启动Lightroom软件，将照片素材导入“图库”模块，如图2-25所示。

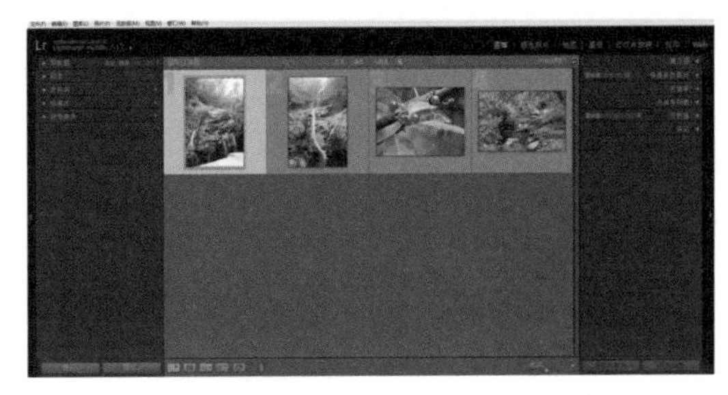

图 2-25 导入照片素材

02 按住Ctrl键的同时，依次单击需要创建收藏夹的多张照片，即可选中这些照片，如图2-26所示。

图 2-26 选中所需照片

03 展开“收藏夹”面板，❶单击右侧的“新建收藏夹”按钮；❷在弹出的列表框中选择“创建收藏夹”选项，如图2-27所示。

图 2-27 选择“创建收藏夹”选项

专家指点

单击网络视图下的“排序方向”按钮，可以将选择的照片进行排序。“a–z”排序是一种常用的编码排序方式，它从英文字母a开始到z结束为正序排列，即升序排列；从英文字母z开始到a结束为倒序排列，也称为降序排列。

04 执行上述操作后，❶弹出“创建收藏夹”对话框；❷设置“名称”为“自然风光”，如图2-28所示。

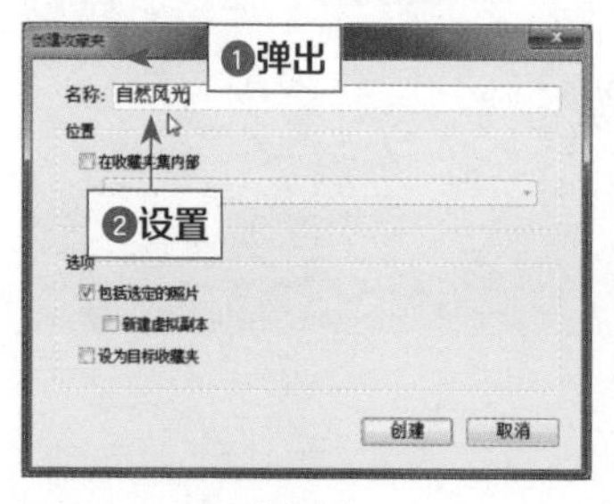

图 2-28 设置“名称”

05 单击“创建”按钮，即可创建新的收藏夹，并将选择的照片自动放入收藏夹，如图2-29所示。

06 进入“自然风光”收藏夹，单击“排序依据”选项右侧的三角形按钮，在打开的菜单中选择“编辑时间”选项，如图2-30所示。

图 2-29 创建新的收藏夹

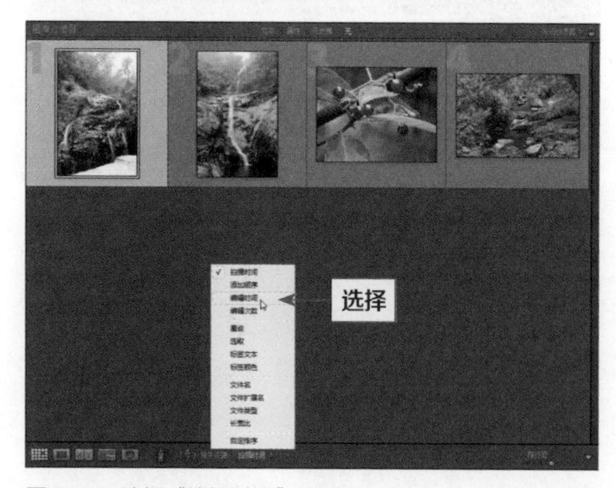

图 2-30 选择“编辑时间”选项

07 执行上述操作后，系统就会根据设置对照片进行重新排序，如图2-31所示。

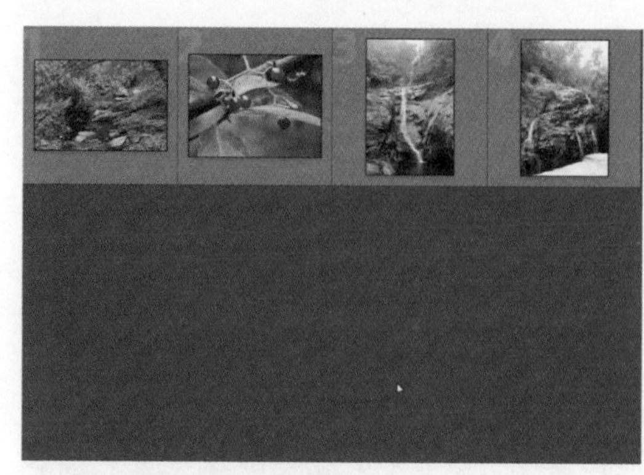

图 2-31 对照片进行重新排序

专家指点

使用收藏夹时，需要注意以下几点。

- 了解目录与收藏夹的不同之处，收藏夹是目录中的照片组。
- 可以创建收藏夹集来组织收藏夹，如图 2-32 所示。

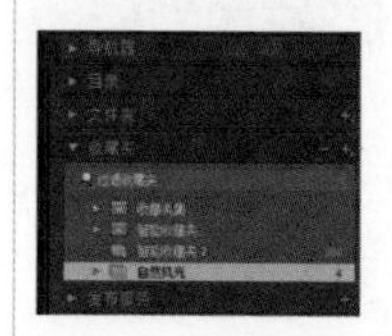

图 2-32 收藏夹集

- 同一照片可以属于多个收藏夹。
- 无法在收藏夹中堆叠照片。
- 可以更改普通收藏夹中照片的排列顺序，但无法通过“用户顺序”或拖曳方式来重新排列智能收藏夹中的照片。
- 从收藏夹中移去照片时，并不会从目录中移去该照片，也不会将其发送到“回收站”。
- 可以明确将“幻灯片”模块、“打印”模块及“Web”模块设置存储为输出收藏夹。

专家指点

收藏夹集是包含一个或多个收藏夹的容器，其图标一个文件柜。借助收藏夹集，可以灵活地组织和管理照片。收藏夹集并不包含实际照片，而仅包含各种收藏夹，如普通收藏夹、智能收藏夹和输出创建。

2.2.2 使用智能收藏夹，更好地区分各类照片 进阶

在Lightroom中，普通收藏夹是用户放入组中的一组任意照片，而智能收藏夹是基于定义的规则创建的收藏夹。例如，用户可以创建一个包含所有具有五星级和

红色色标照片的智能收藏夹，符合标准的照片将会被自动添加到该智能收藏夹中，而无须手动在智能收藏夹中添加或移去照片。

1. 创建智能收藏夹

在默认情况下，Lightroom提供6个智能收藏夹，分别是“红色色标”“五星级”“上个月”“最近修改的照片”“无关键字”和“视频文件”。用户也可以根据自己的需求创建智能收藏夹。

素材位置	无
效果位置	无
视频位置	视频 > 第 2 章 >2.2.2.1　创建智能收藏夹 .mp4

01 在“图库”模块中，单击“图库”|“新建智能收藏夹”命令，如图2-33所示。

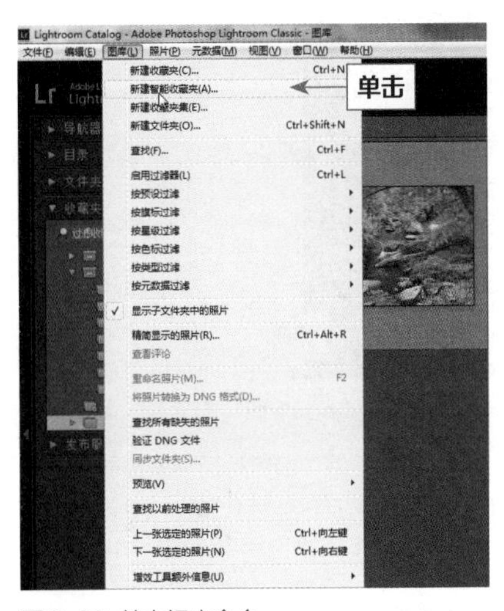

图 2-33　单击相应命令

02 ❶弹出“创建智能收藏夹”对话框；❷设置收藏夹的名称和收藏夹的位置，如图2-34所示。

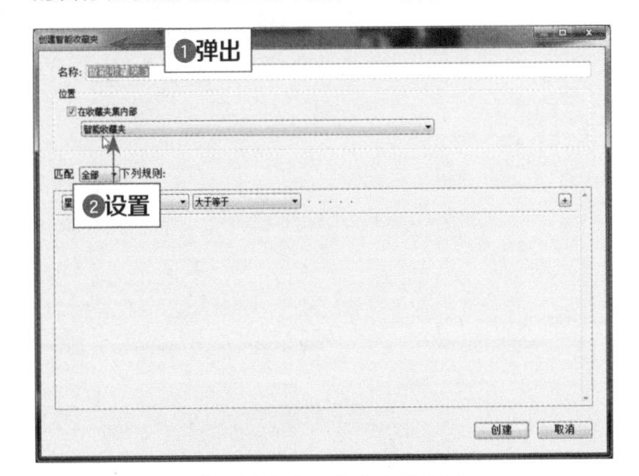

图 2-34　设置收藏夹的名称和收藏夹的位置

03 单击“创建”按钮，即可创建智能收藏夹，此时Lightroom会将智能收藏夹添加到“收藏夹”面板，并添加目录中符合指定规则的所有照片，智能收藏夹的图标是一个右下角带齿轮的照片，如图2-35所示。

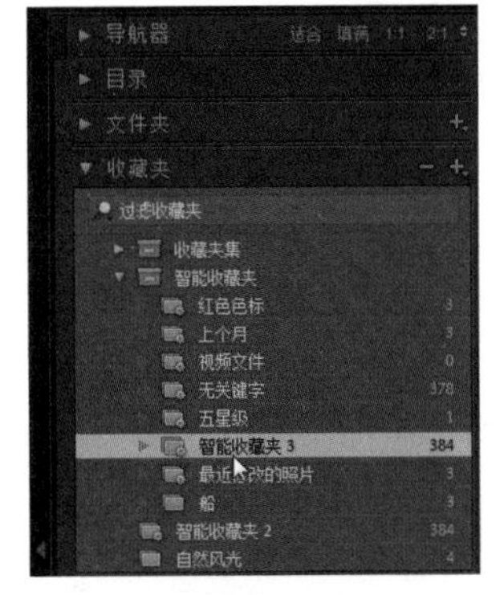

图 2-35　创建智能收藏夹

专家指点

需要注意的是，用户无法通过“用户顺序”或拖曳的方式来重新排列智能收藏夹中的照片。

如果要将创建的智能收藏夹并入现有收藏夹集，可在“创建智能收藏夹”对话框中的“位置”选项区中选中“在收藏夹集内部”复选框。从“匹配”选项区中选择适当选项，可以为智能收藏夹指定规则，如图2-36所示。

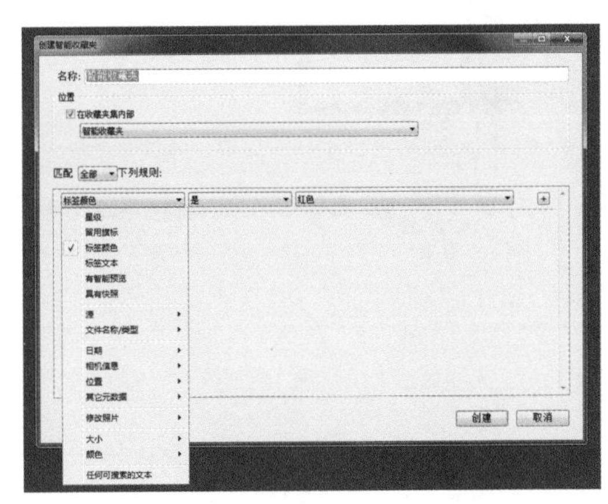

图 2-36　为智能收藏夹指定规则

单击加号图标可添加其他标准，如图2-37所示。单击减号图标可移去某些标准。按住Alt键的同时单击加号图标，可打开嵌套选项，用于对标准进行优化。

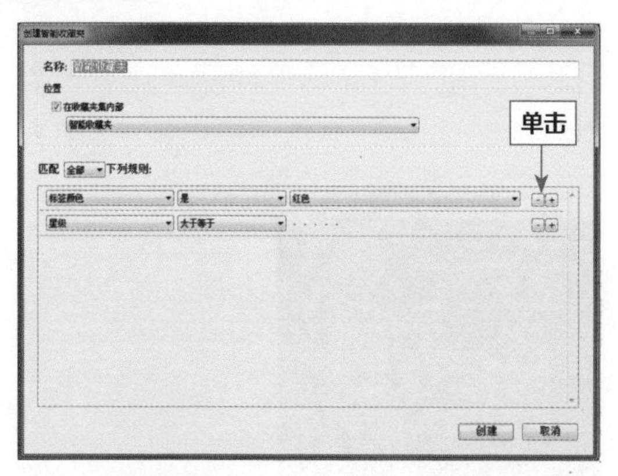

图 2-37 添加其他标准

创建智能收藏夹后，用户可以随时更改智能收藏夹的名称和匹配规则。在“收藏夹”面板中使用鼠标右键单击相应的智能收藏夹，❶在弹出的快捷菜单中选择“编辑智能收藏夹”选项，如图2-38所示；执行操作后，❷弹出“编辑智能收藏夹”对话框，在其中可以设置新规则和选项；❸单击“存储”按钮完成修改，如图2-39所示。

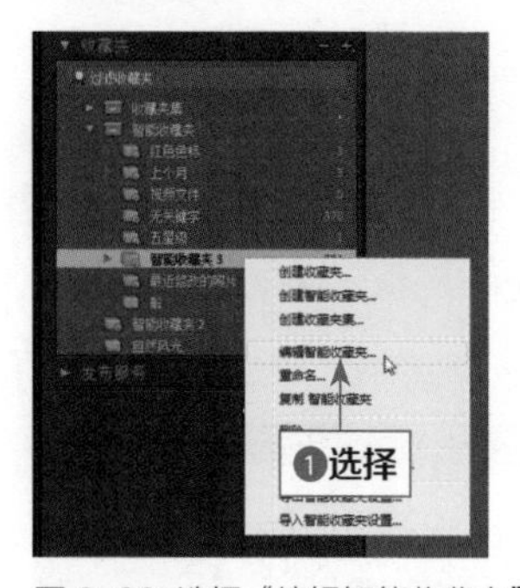

图 2-38 选择“编辑智能收藏夹”选项

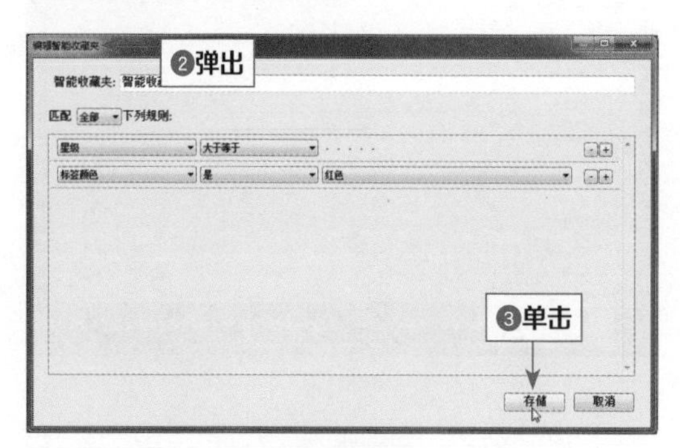

图 2-39 单击“存储”按钮完成修改

2. 导出智能收藏夹

通过导出智能收藏夹设置，将其导入其他目录，实现智能收藏夹的共享。Lightroom的智能收藏夹设置文件使用文件扩展名.lrsmcol。导出智能收藏夹时，会导出该智能收藏夹的规则，但不会导出其中的照片。

用户还可以将照片收藏夹导出为新目录。基于照片收藏夹创建目录时，这些照片中的设置也会导出到新目录。注意，将智能收藏夹导出为目录时，会将智能收藏夹中的照片添加到新目录，但不会导出智能收藏夹所遵守的规则或标准。

素材位置	无
效果位置	无
视频位置	视频 > 第 2 章 >2.2.2.2　导出智能收藏夹 .mp4

01 在“收藏夹”面板中使用鼠标右键单击相应的智能收藏夹，在弹出的快捷菜单中选择“导出智能收藏夹设置”选项，如图2-40所示。

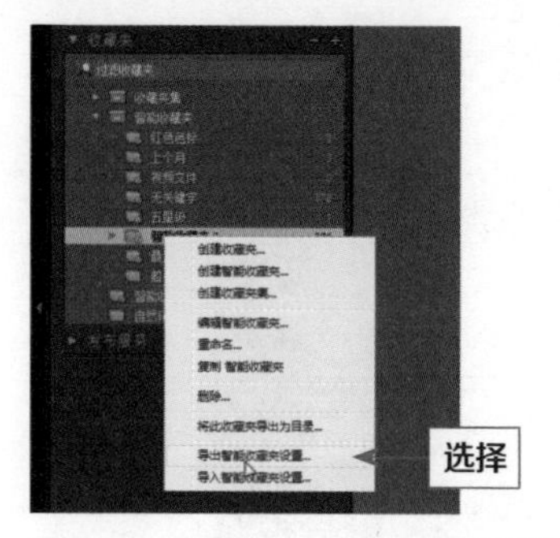

图 2-40 选择“导出智能收藏夹设置”选项

02 ❶弹出“存储”对话框，设置导出的智能收藏夹文件的名称和位置；❷单击“保存”按钮，如图2-41所示。

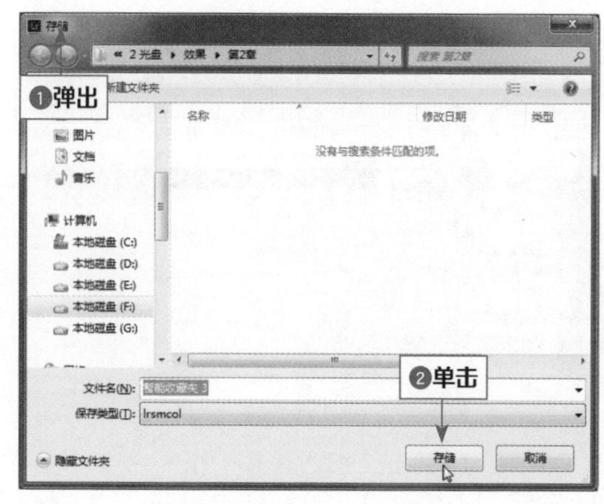

图 2-41 “存储”对话框

03 执行操作后，即可导出智能收藏夹，如图2-42所示。

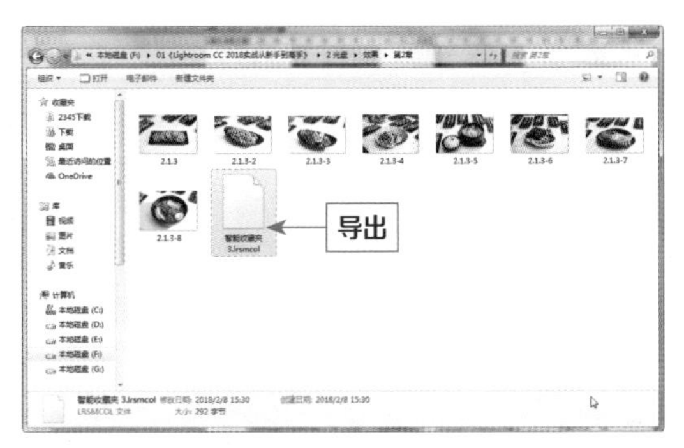

图 2-42 导出智能收藏夹

专家指点

将照片收藏夹导出为新目录的具体操作如下所示。
选择要用于创建目录的收藏夹或智能收藏夹，使用鼠标右键单击收藏夹名称，在弹出的快捷菜单中选择“将此收藏夹导出为目录”选项，弹出“导出为目录”对话框，在其中设置目录的名称、位置和其他选项，然后单击“保存”按钮即可。

3. 导入智能收藏夹

用户导入智能收藏规则时，Lightroom会在“收藏夹”面板中创建智能收藏夹，并在目录中添加满足智能收藏夹条件的照片。

素材位置	无
效果位置	无
视频位置	视频 > 第 2 章 >2.2.2.3　导入智能收藏夹 .mp4

01 在“收藏夹”面板中使用鼠标右键单击相应的智能收藏夹，在弹出的快捷菜单中选择“导入智能收藏夹设置”选项，如图2-43所示。

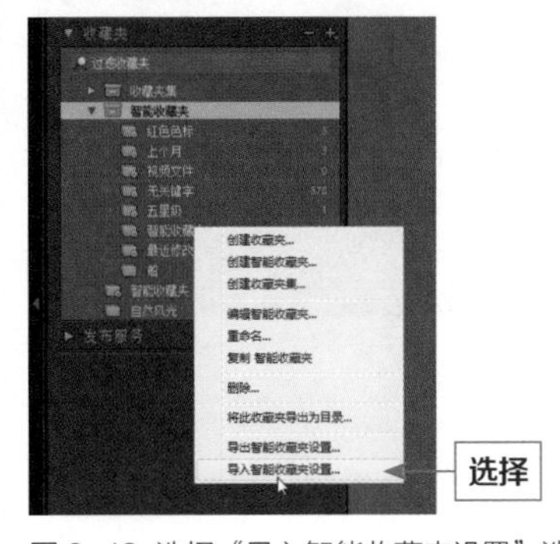

图 2-43 选择“导入智能收藏夹设置”选项

02 弹出“导入智能收藏夹设置”对话框，❶选择相应的智能收藏夹.lrsmcol设置文件；❷单击“导入”按钮，如图2-44所示。

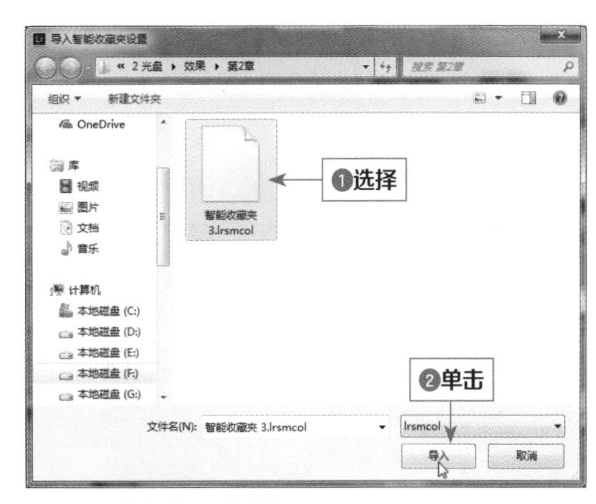

图 2-44 单击“导入”按钮

03 执行操作后，即可导入“智能收藏夹3”，效果如图2-45所示。

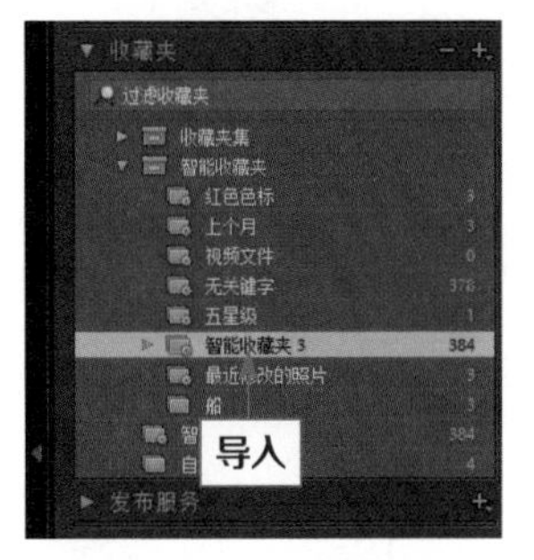

图 2-45 导入智能收藏夹 3

专家指点

在 Lightroom 中，用户可以通过以下几种方法生成智能预览文件。

- 导入：将新图像导入目录，在“导入”窗口右侧的“文件处理”面板中选中“构建智能预览”复选框，将为导入目录的所有图像创建智能预览。
- 导出：将一组照片导出为目录时，可以选择构建智能预览并将其包含在导出的目录中。单击“文件”|“导出为目录”命令，然后选中“构建/包括智能预览”复选框。
- 动态：用户可以根据需要创建智能预览文件。选择要创建智能预览的文件，然后单击“图库”|“预览”|“构建智能预览”命令。

2.2.3 使用快捷收藏夹，便于照片的管理

在Lightroom中使用快捷收藏夹可以组合在任何模块中处理的临时照片组。用户通过胶片显示窗格或网格

视图可以查看快捷收藏夹，还可以将快捷收藏夹转换为永久收藏夹，便于照片的管理。

在Lightroom的“图库”模块中，用户可以将指定照片添加到快捷收藏夹，在胶片显示窗格或网格视图中，选择一张或多张照片，单击“照片”|“添加到快捷收藏夹”命令，如图2-46所示。

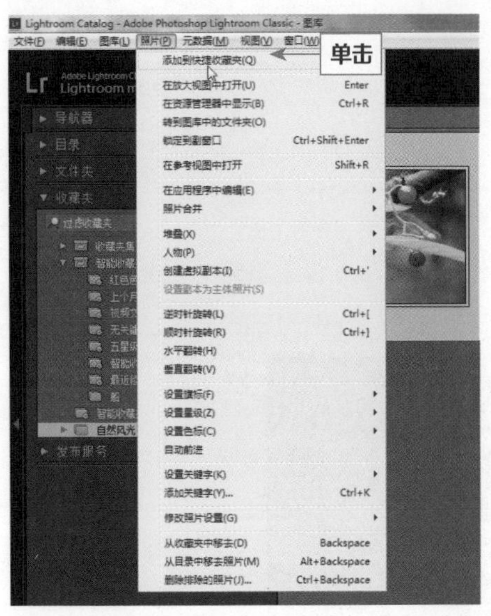

图 2-46 单击相应命令

执行操作后，即可将相应照片添加到快捷收藏夹，此时照片的右下角显示图标，如图2-47所示。

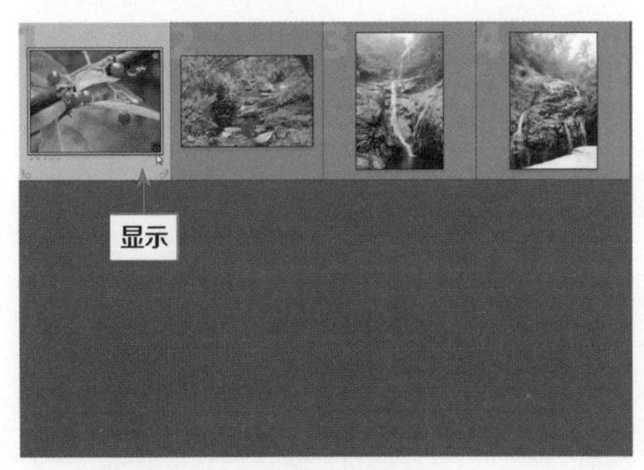

图 2-47 将相应照片添加到快捷收藏夹

专家指点

除了以上方法外，还有3种将指定照片添加到快捷收藏夹的方法。

- 在“幻灯片放映”“打印”或“Web”模块中，单击“编辑”|“添加到快捷收藏夹”命令，也可将指定照片添加到快捷收藏夹中。
- 从任意模块中，选择一张照片，并按快捷键B键。
- 将鼠标指针移到照片缩略图上，单击图像右上角的圆圈按钮，如图2-48所示。

图 2-48 单击相应按钮

要想查看快捷收藏夹中的照片，可在“图库”模块中，选择“目录”面板中的“快捷收藏夹”选项，如图2-49所示。也可以在胶片显示窗格源指示器菜单中，选择“快捷收藏夹”选项，如图2-50所示。

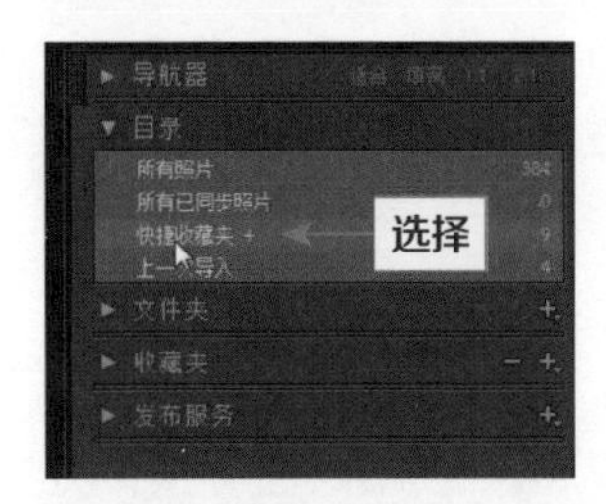

图 2-49 选择相应选项

图 2-50 选择“快捷收藏夹”选项

想要从快捷收藏夹中移去照片或清除快捷收藏夹，在胶片显示窗格或网格视图中显示快捷收藏夹，然后在收藏夹中选择一张或多张照片，在“图库”或“修改照片”模块中，单击“照片”|“从快捷收藏夹中移去”命令即可。

用户还可以将快捷收藏夹存储为收藏夹。存储

后，可以清除该快捷收藏夹。在任意模块中，单击“文件”|“存储快捷收藏夹”命令，❶在弹出的“存储快捷收藏夹”对话框的“收藏夹名称”框中输入名称；❷单击“存储”按钮，即可将快捷收藏夹存储为收藏夹，如图2-51所示。

图 2-51 单击“存储”按钮

专家指点

在“存储快捷收藏夹”对话框中，若选中“存储后清除快捷收藏夹”复选框，在将快捷收藏夹存储为收藏夹后，将清除此快捷收藏夹；若取消选中“存储后清除快捷收藏夹”复选框，在将快捷收藏夹存储为收藏夹后，将保留此快捷收藏夹。

2.2.4 管理文件夹，便于查看所有导入的照片 进阶

在Lightroom中，包含照片的文件夹显示在“图库”模块左侧的“文件夹”面板中。“文件夹”面板中的文件夹按字母、数字的先后顺序排列，反映了所在卷的文件夹结构，如图2-52所示。单击卷名右侧的三角形图标◀，可查看该卷下的文件夹。单击文件夹左侧的三角形图标▶，可以查看其包含的所有子文件夹。

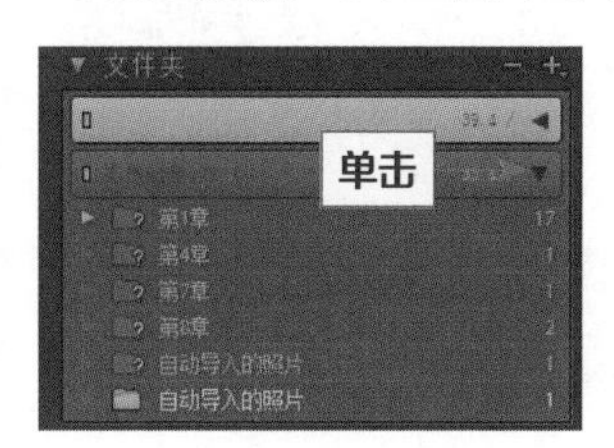

图 2-52 “文件夹”面板

用户可以在“文件夹”面板中添加、移动、重命名和删除文件夹。需要注意的是，在Lightroom中对文件夹所做的更改会实际应用到卷上的文件夹本身。

1. 添加文件夹

每次在Lightroom中导入照片时，系统会自动将这些照片所在的文件夹添加到“文件夹”面板。用户可以通过“文件夹”面板添加文件夹以及导入其包含的照片。

素材位置	素材 > 第 2 章 >2.2.3.1
效果位置	无
视频位置	视频 > 第 2 章 > 2.2.4.1 添加文件夹 .mp4

01 在“图库”模块中，单击“文件夹”面板中的“新建文件夹”按钮+，如图2-53所示。

图 2-53 单击“新建文件夹”按钮

02 执行上述操作后，在弹出的菜单中选择“添加文件夹”选项，如图2-54所示。

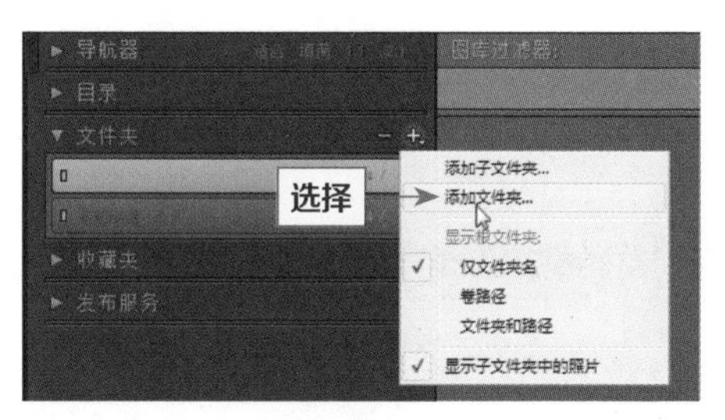

图 2-54 选择“添加文件夹”选项

03 ❶弹出“选择或者新建文件夹”对话框，导航到所需的位置；❷选择要添加的文件夹；❸单击“选择文件夹”按钮，如图2-55所示。

图 2-55 单击“选择文件夹”按钮

04 执行上述操作后，进入“导入”窗口，此时会显示文件夹中的照片缩略图，如图2-56所示。

图 2-56 进入“导入”窗口

专家指点

在 Lightroom 中，文件夹名称的右侧可显示出文件夹中的照片张数。默认情况下，选择一个文件夹时，将会在网格视图和胶片显示窗格中显示该文件夹及其所有子文件夹中的全部照片。

05 单击“导入”按钮，即可添加新的文件夹，并导入其中的照片，如图2-57所示。

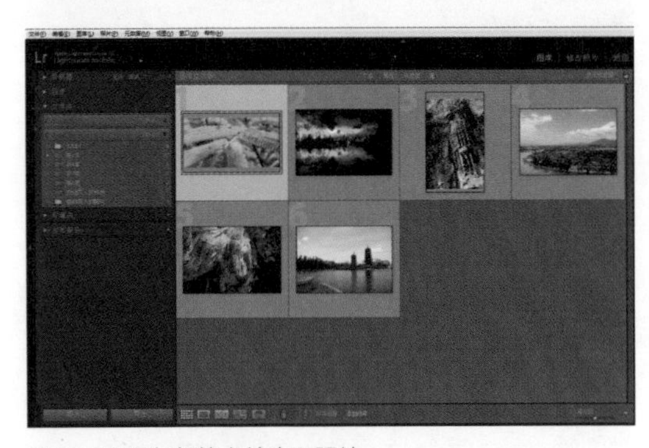

图 2-57 添加新的文件夹和照片

06 在“图库”模块的“文件夹”面板中，❶选择要新建于文件夹的文件夹；❷单击“文件夹”面板顶部的“新建文件夹”按钮；❸在弹出的菜单中选择“添加子文件夹”选项，如图2-58所示。

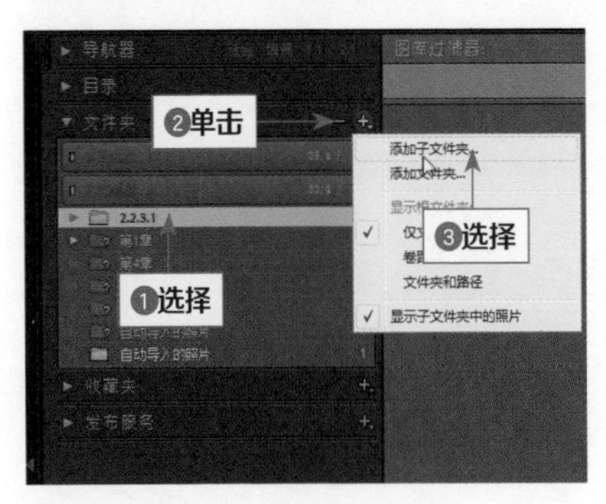

图 2-58 选择“添加子文件夹”选项

07 ❶弹出“创建文件夹”对话框；❷设置“文件名”为“桂林”，如图2-59所示。

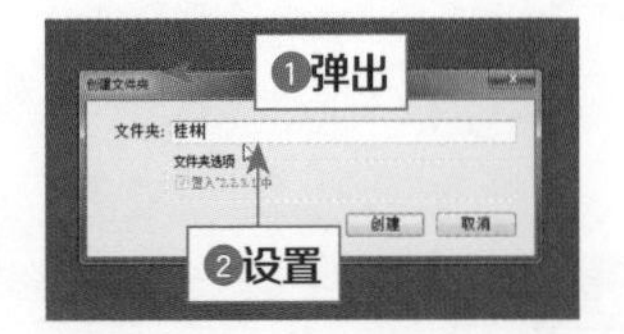

图 2-59 设置“文件名”为“桂林”

08 单击“创建”按钮，即可在“文件夹”面板中的“2.2.3.1”文件夹下新建一个名为“桂林”的子文件夹，如图2-60所示。

图 2-60 新建子文件夹

09 在图库中选择相应的照片，并将其拖曳至“桂林”子文件夹，即可为子文件夹添加照片，如图2-61所示。

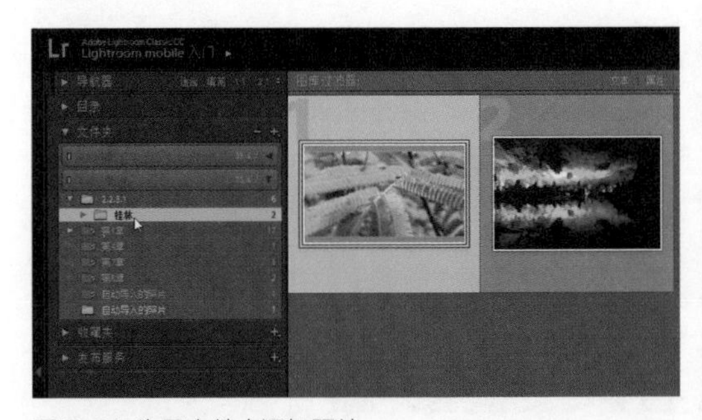

图 2-61 为子文件夹添加照片

2. 移动文件夹

在Lightroom的“文件夹”面板中，用户可以将某一文件夹移动到其他文件夹中。不过，无法在Lightroom中复制文件夹。

用户只需要在“图库”模块的“文件夹”面板中，选择一个或多个文件夹，单击鼠标左键将文件夹拖曳至其他文件夹，如图2-62所示。

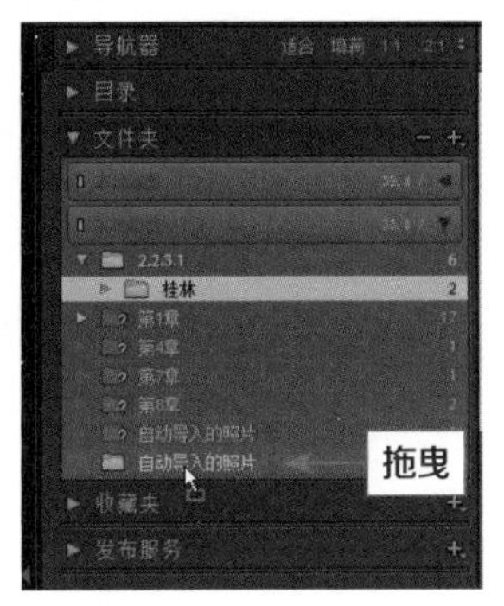

图 2-62 拖曳文件夹

执行上述操作后，弹出“正在移动磁盘上的文件”对话框，单击“移动”按钮，即可移动文件夹，如图2-63所示。

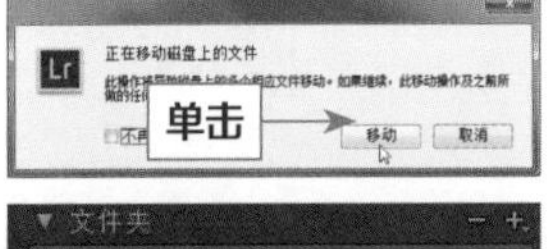

图 2-63 移动文件夹

3. 查找丢失的文件夹

如果用户在操作系统中移动了某一文件夹，则会使Lightroom中的目录和文件夹之间的链接断开，“文件夹”面板中的相应文件夹上将出现一个问号图标。

要恢复文件夹的链接，❶可以使用鼠标右键单击相应文件夹；❷从弹出的快捷菜单中选择“查找丢失的文件夹”选项，如图2-64所示。

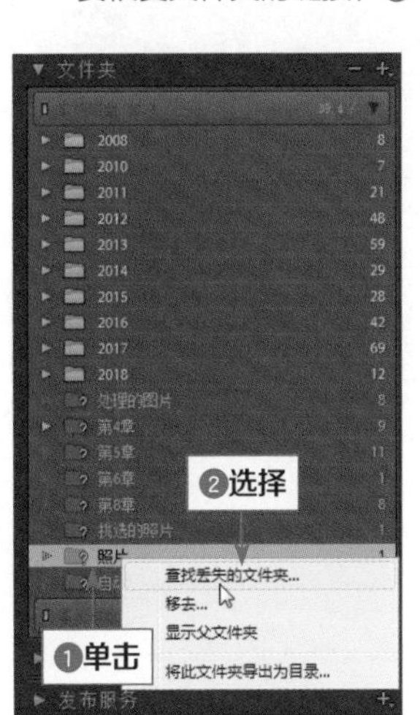

图 2-64 选择相应选项

❶弹出“查找丢失的文件夹”对话框，导航到移动的文件夹的文件路径；❷单击“选择文件夹”按钮，如图2-65所示。

图 2-65 单击“选择文件夹”按钮

执行操作后，即可查找丢失的文件夹，恢复文件夹的链接，如图2-66所示.

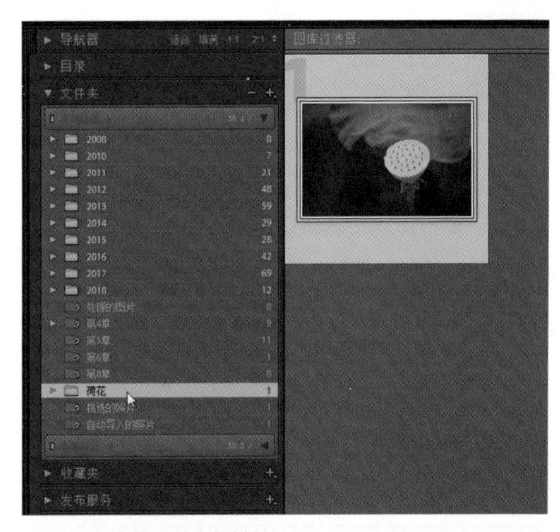

图 2-66 恢复文件夹的链接

4. 重命名文件夹

在Lightroom中，用户可以对“文件夹”面板中的文件夹进行重命名操作，以便于照片的整体管理。

素材位置	素材 > 第 2 章 > 荷花
效果位置	无
视频位置	视频 > 第 2 章 >2.2.4.4　重命名文件夹 .mp4

01 在“图库”模块中，从“文件夹”面板中选择一个文件夹，如图2-67所示。

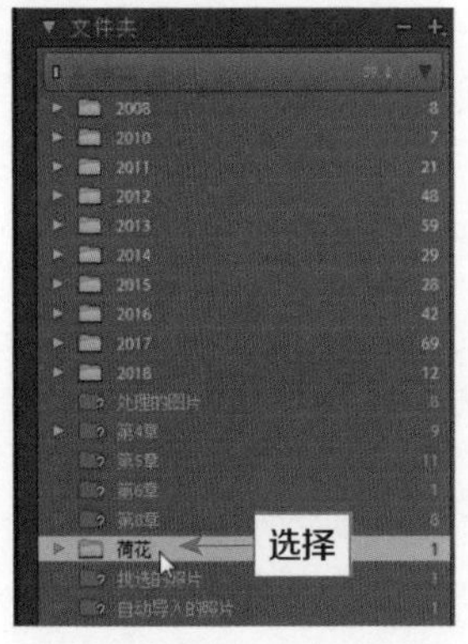

图 2-67 选择一个文件夹

02 在选择的文件夹上单击鼠标右键，从弹出的快捷菜单中选择“重命名”选项，如图2-68所示。

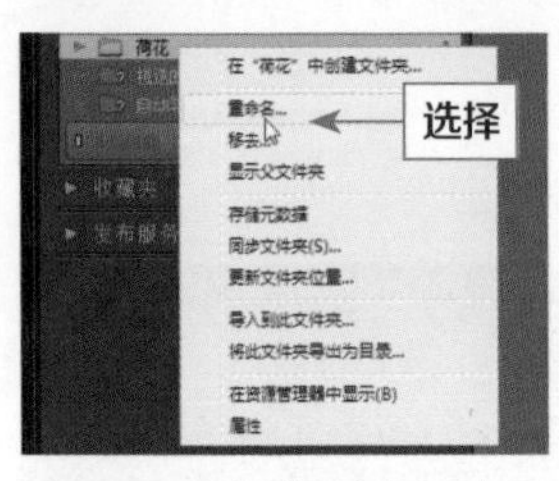

图 2-68 选择“重命名”选项

03 执行操作后，❶弹出“重命名文件夹”对话框；❷设置“文件夹名”为“莲蓬”，如图2-69所示。

图 2-69 设置“文件夹名”为“莲蓬”

04 单击“存储”按钮，即可重命名文件夹，如图2-70所示。

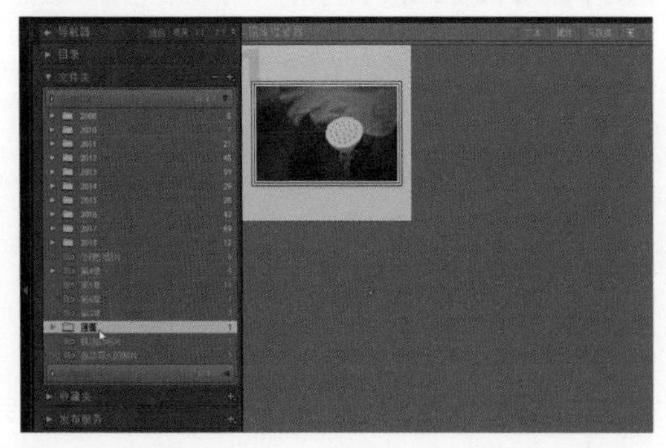

图 2-70 重命名文件夹

专家指点

在“图库”模块的“文件夹”面板中，选择一个或多个文件夹，然后单击面板顶部的“删除选定的文件夹”按钮▬，或者使用鼠标右键单击要删除的文件夹，在弹出的快捷菜单中选择“移去”选项，在弹出的“确认”对话框中，单击“继续”按钮，此时系统会从目录和“文件夹”面板中移去选定的文件夹及其所包含的照片，但不会从硬盘中删除原始文件夹及其照片。

5. 将文件夹和照片保持同步

如果目录中文件夹的内容与相应卷上同一文件夹的内容不一致，用户可以将这两个文件夹同步。同步文件夹时，可以选择添加已添加到文件夹但尚未导入目录的文件、移去已删除的文件以及扫描元数据更新。文件夹及其所有子文件夹中的照片文件都可以同步，还可以确定导入哪些文件夹、子文件夹和文件。

素材位置	素材 > 第 2 章 > 花朵
效果位置	无
视频位置	视频 > 第 2 章 > 2.2.4.5　将文件夹和照片保持同步 .mp4

01 在“图库”模块的“文件夹”面板中，新建一个名为“花朵”的文件夹，如图2-71所示。

专家指点

如果丢失的文件夹为空，可以使用“同步文件夹”命令将其从目录中移去。由于 Lightroom 没有识别重复文件的功能，因此“同步文件夹”命令不检测目录中的重复照片。

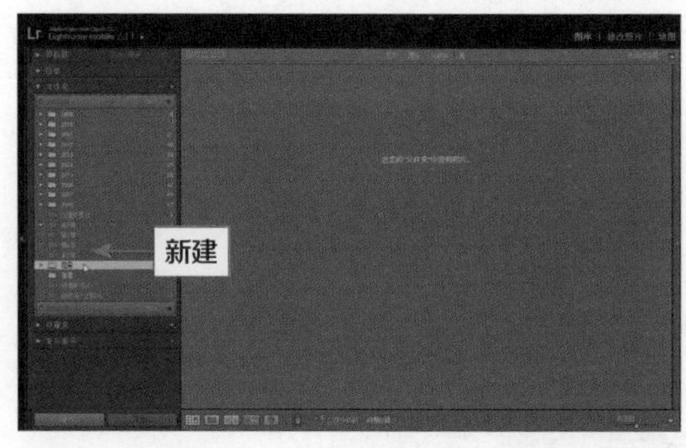

图 2-71 新建文件夹

02 单击“图库”|“同步文件夹”命令，如图2-72所示。

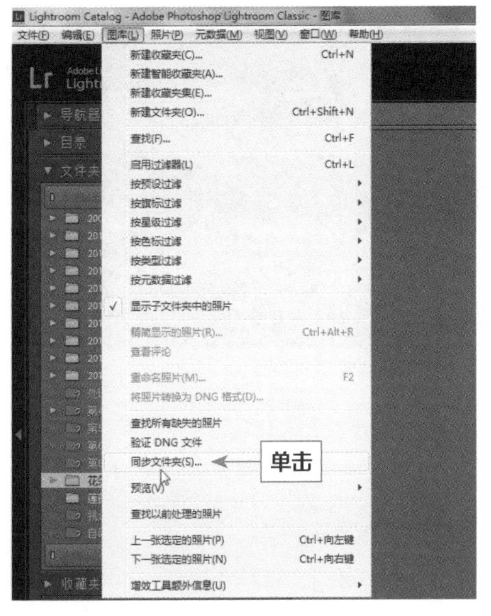

图 2-72 单击相应命令

03 执行上述操作后，弹出“同步文件夹‘花朵’”对话框，保持默认设置即可，如图2-73所示。

图 2-73 弹出相应对话框

04 单击“同步”按钮，即可将文件夹和照片保持同步，如图2-74所示。

图 2-74 将文件夹和照片同步

在“同步文件夹”对话框中，用户可以执行以下操作。

- 选中“导入新照片”复选框，即可导入显示在文件夹中但尚未导入目录的照片。
- 选中“导入前显示导入对话框”复选框，可以指定导入的文件夹和照片。
- 选中“从目录中移去丢失的照片”复选框，即可移去已从文件夹中删除但尚未从目录中删除的照片。如果此选项呈灰色，则表明未丢失文件。用户可以选择“显示丢失的照片”，在网格视图中显示这些照片。
- 选中“扫描元数据更新”复选框，即可扫描在其他应用程序中对文件进行的任何元数据更改。

6. 了解卷浏览器

“文件夹”面板中的卷浏览器提供了Lightroom中正在处理的照片的存储资源的相关信息。卷浏览器中显示了目录中照片所在各卷的卷名及卷资源的相关信息。例如，卷浏览器可以显示某个卷是联机状态还是脱机状态，以及可用的磁盘空间大小。在Lightroom中导入和处理照片时，卷浏览器将动态实时更新。

卷名左侧的彩色LED指明了卷资源的可用性，如图2-75所示。

- 绿色：可用空间为10GB或更多。
- 黄色：可用空间不足10GB。
- 橙色：可用空间不足5GB。
- 红色：可用空间不足1GB，工具提示会警告该卷将满。当可用空间不足1MB时，工具提示会警告该卷已满。
- 灰色：卷处于脱机状态，因此无法编辑该卷中的照片。当照片不可用时，在Lightroom中仅会显示其低分辨率的照片预览。

想要更改卷的显示信息，用户可以使用鼠标右键单击相应卷名，在弹出的快捷菜单中选择相应的选项，如图2-76所示。

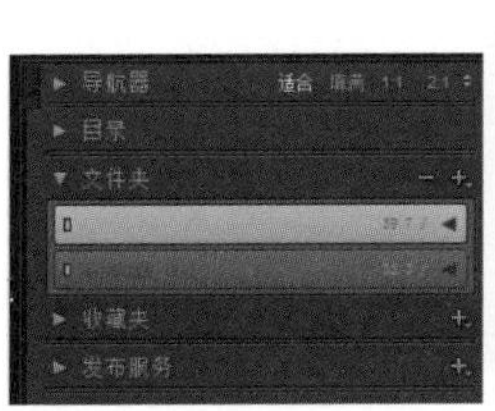

图 2-75 卷浏览器

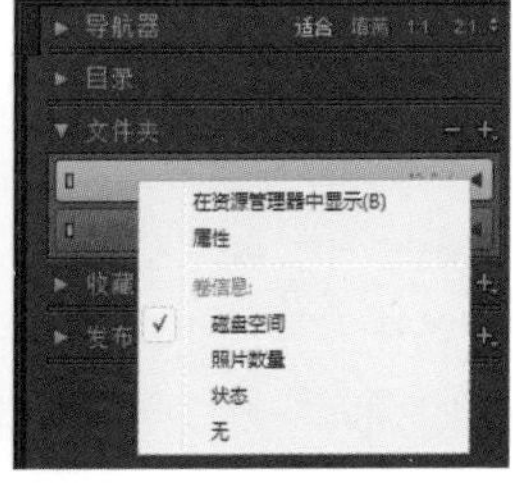

图 2-76 选择相应的选项

快捷菜单中，各选项的含义如下。

- 在资源管理器中显示：可以在资源管理器窗口中打开该卷。
- 属性：可以查看该卷的"属性"窗口。
- 磁盘空间：显示该卷中的已用磁盘空间、总磁盘空间量。
- 照片数量：显示目录中有多少张照片位于该卷。
- 状态：表明该卷处于联机状态还是脱机状态。
- 无：隐藏所有卷信息。

2.3 掌握筛选和搜索照片技巧

在Lightroom中导入多张照片后，如果要从导入的照片中找到一张合适的照片，就需要应用照片的查找和筛选功能。在Lightroom中用户可以通过多种不同的方式对照片进行快速筛选和搜索。

2.3.1 使用"图库过滤器"搜索照片，省时省力

Lightroom中提供的"图库过滤器"，可以帮助用户快速查找需要的照片。"图库过滤器"栏位于"图库"模块的网格视图顶部，用户可以选择使用文本、属性或元数据模式，或者组合使用这些模式以执行更复杂的过滤。

- 文本：可以搜索任何已编制索引的元数据文本字段，包括文件名、题注、关键字以及EXIF和IPTC元数据。
- 属性：按旗标状态、星级、色标和副本过滤照片。
- 元数据：可使用高达八列的元数据标准过滤照片。

单击任意模式的名称可显示或隐藏其选项。这些选项处于打开状态时，其模式标签呈白色。用户可一次打开一种、两种或所有过滤器模式。按住Shift键的同时单击第二个或第三个标签，可以一次打开多种模式，如图2-77所示。选择"无"选项，可隐藏并关闭所有过滤器模式。当"元数据"过滤器选项处于打开状态时，将鼠标指针移至"图库过滤器"栏的下边缘，当鼠标指针变为双向箭头时，可以向上或向下拖动，调整其大小。

图 2-77 多种模式

素材位置	素材 > 第 2 章 >2.3.1
效果位置	无
视频位置	视频 > 第 2 章 >2.3.1 使用"图库过滤器"搜索照片，省时省力 .mp4

01 启动Lightroom软件，将照片素材导入"图库"模块，如图2-78所示。

图 2-78 导入照片素材

02 ❶单击"图库过滤器"右侧的倒三角形按钮；❷在弹出的菜单中选择"曝光度信息"选项，如图2-79所示。

图 2-79 选择"曝光度信息"选项

03 执行上述操作后，即可利用"曝光度信息"来搜索

照片，如图2-80所示。

图 2-80 利用“曝光度信息”搜索照片

2.3.2 精确查找照片的几种方式 重点

1. 使用“属性”查找照片

使用“图库过滤器”栏上的“属性”选项，可以按照旗标状态、星级、色标和副本过滤照片，使用户可以更方便地查找照片。另外，胶片显示窗格中也提供了“属性”选项。

素材位置	素材 > 第 2 章 >2.3.2.1
效果位置	无
视频位置	视频 > 第 2 章 >2.3.2.1　使用“属性”查找照片 .mp4

01 启动Lightroom软件，将照片素材导入“图库”模块，如图2-81所示。

图 2-81 导入照片素材

02 ❶在“图库过滤器”栏上单击“属性”标签；❷在“旗标”选项区中选择相应旗标，如图2-82所示。

图 2-82 选择相应旗标

03 执行上述操作后，符合指定过滤标准的照片将显示在网格视图和胶片显示窗格中，如图2-83所示。

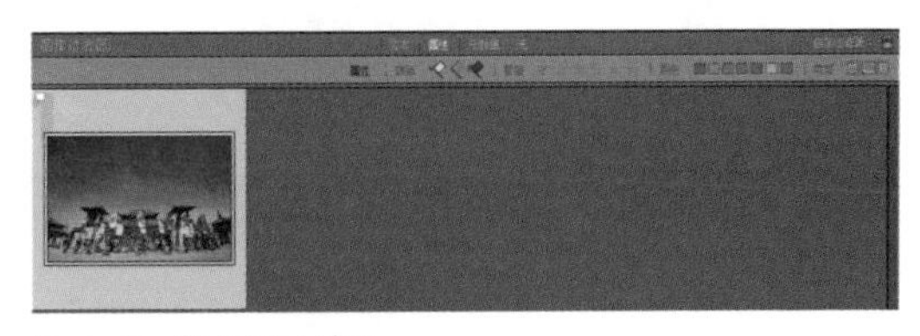

图 2-83 搜索照片结果

2. 使用“文本”查找照片

在Lightroom中用户可以使用“文本”过滤器中的文本搜索字段，在整个目录或选定的照片中搜索照片。搜索照片时，用户可以搜索任何已编制索引的字段，或选择特定字段，同时还能指定搜索标准的匹配方式来进行照片的快速搜索。当搜索出需要的照片后，照片会显示在网格视图或胶片显示窗口中。

素材位置	素材 > 第 2 章 >2.3.2.2
效果位置	无
视频位置	视频 > 第 2 章 >2.3.2.2　使用“文本”查找照片 .mp4

01 启动Lightroom软件，将照片素材导入“图库”模块，如图2-84所示。

图 2-84 导入素材照片

02 ❶在“图库过滤器”栏上单击“文本”标签；❷在“搜索目标”列表框中选择“关键字”选项，如图2-85所示。

图 2-85 选择“关键字”选项

03 在“包含”列表框中选择“包含所有”选项，如图2-86所示。

图 2-86 选择“包含所有”选项

04 ❶在“搜索文本”文本框中输入“猴子”；❷在窗口下方将会显示搜索到的相关数码照片，如图2-87所示。

图 2-87 搜索照片结果

3. 使用“元数据”查找照片

Lightroom支持通过数码相机和其他应用程序（如Photoshop或Adobe Bridge）将元数据嵌入照片。因此，用户可以使用“图库过滤器”栏上的“元数据”选项，选择特定的照片元数据标准来查找照片。

素材位置	素材 > 第 2 章 >2.3.2.3
效果位置	无
视频位置	视频 > 第 2 章 >2.3.2.3　使用“元数据”查找照片 .mp4

01 启动Lightroom软件，将照片素材导入“图库”模块，如图2-88所示。

图 2-88 导入照片素材

02 在“图库过滤器”栏上单击“元数据”标签，即可在下方显示元数据信息，如图2-89所示。

图 2-89 显示元数据信息

03 在“相机”选项区中选择相应的相机类型，如图2-90所示。

图 2-90　选择相应的相机类型

04 执行上述操作后，即可在下方区域显示对应的元数据信息的照片，如图2-91所示。

图 2-91　显示对应的元数据信息的照片

专家指点

如果用户指定了两个或两个以上过滤器，则 Lightroom 会反馈符合所有标准的照片。此外，用户也可以在“元数据”面板中，单击某些元数据文本框旁边的向右箭头，来查找照片。

2.4 习题测试

习题1 设置自动导入照片的关键字

素材位置	素材 > 第 2 章 > 习题 1.jpg
效果位置	无
视频位置	视频 > 第 2 章 > 习题 1：设置自动导入照片的关键字 .mp4

本习题需要读者掌使用Lightroom自动导入照片时设置照片的关键字的方法。设置前单击“文件”|“自动导入”|“自动导入设置”命令弹出的“自动导入设置”对话框，如图2-92所示；设置“自动导入设置”对话框中的各选项后，如图2-93所示。

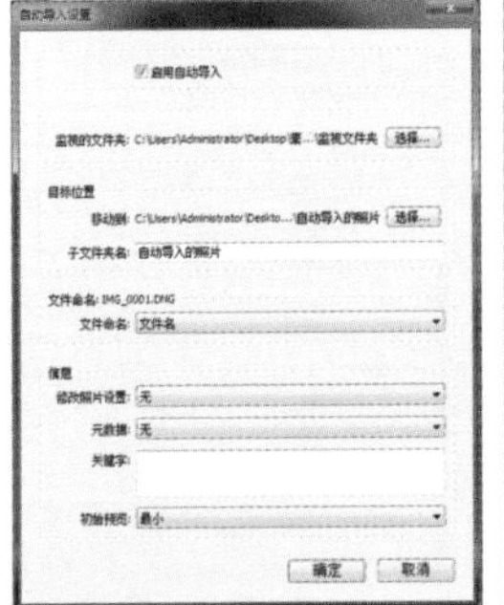

图 2-92　设置前

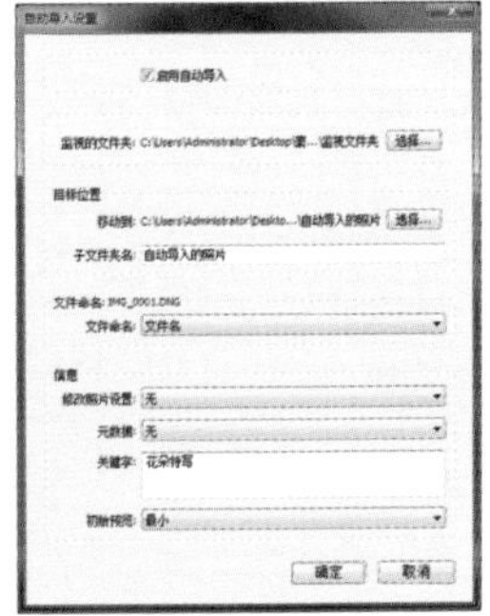

图 2-93　设置后

习题2 设置Lightroom导入首选项

素材位置	无
效果位置	无
视频位置	视频 > 第 2 章 > 习题 2：设置 Lightroom 导入首选项 .mp4

本习题需要读者掌握设置Lightroom导入首选项的方法，调整前如图2-94所示，调整后如图2-95所示。

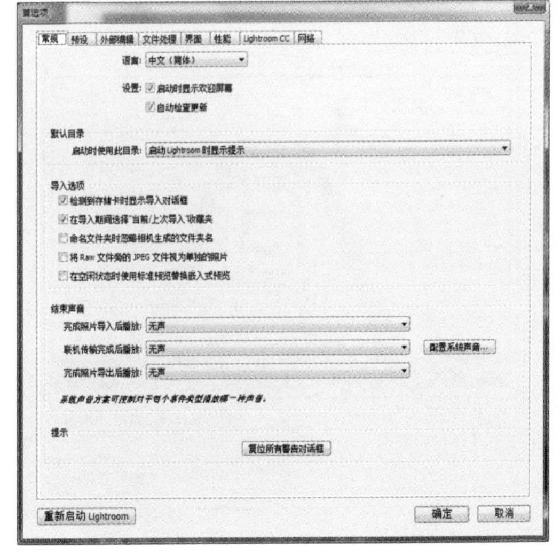

图 2-94　调整前

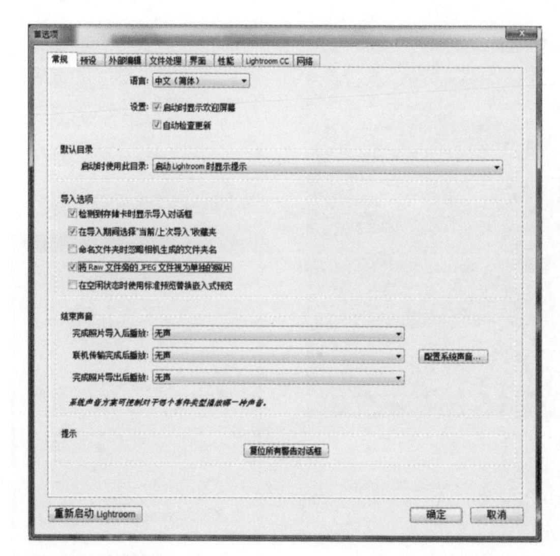

图 2-95 调整后

习题3 给照片添加旗标状态

素材位置	素材 > 第 2 章 > 习题 3
效果位置	无
视频位置	视频 > 第 2 章 > 习题 3：给照片添加旗标状态 .mp4

本习题需要读者掌握给照片添加旗标状态的方法，添加旗标状态前如图2-96所示，添加旗标状态后如图2-97所示。

图 2-96 添加旗标状态前

图 2-97 添加旗标状态后

进阶提高篇

第03章

调整照片：二次构图快速打造完美照片

照片的构图是影响作品质量的关键因素之一。完成照片的拍摄后，用户可以利用Lightroom的裁剪功能对照片进行裁剪操作，以进行数码照片的二次构图。本章主要介绍在Lightroom中如何使用裁剪叠加工具修正构图存在问题的照片。

课堂学习目标

- 裁剪照片是二次构图的完美呈现
- 旋转照片是照片的基本修正

扫码观看本章实战操作视频

3.1 裁剪照片是二次构图的完美呈现

几乎所有的图像处理软件都有裁剪功能，因为裁剪是最基本的图像处理步骤。裁剪照片既可以修正一些拍摄时的构图问题，又可以实现二次构图，以改变自己对一张照片的看法。一个好用的裁剪工具对后期处理来说其实是相当重要的，Lightroom就是一个使用起来很方便的照片裁剪软件。

3.1.1 裁剪叠加工具，快速了解使用技巧

Lightroom中具有裁剪功能的工具叫作裁剪叠加工具。所谓叠加，是指用户在裁剪的时候可以在照片上看到Lightroom的参考线叠加。单击工具栏最左侧的按钮或者按R键都可以启动裁剪叠加工具。裁剪叠加工具面板是一个非常简单的面板，它既可以裁剪照片，也可以旋转照片。

“修改照片”模块中包含用于裁剪和矫正照片的工具和控件。Lightroom中裁剪和矫正控件的工作方式是，首先设置一个裁剪边界，然后相对于该裁剪边界移动和旋转图像；或者，用户也可以使用更传统的裁剪和矫正工具，直接在照片中进行拖动。当用户调整裁剪叠加或移动图像时，Lightroom将在裁剪框内显示三等分网格，帮助用户创建最终图像，如图3-1所示。

图 3-1 显示三等分网格

旋转图像时，会显示更密的网格，帮助用户与图像中的直线对齐，如图3-2所示。用户要在裁剪叠加工具中旋转照片，可以把鼠标指针放在裁剪框之外拖动，Lightroom就会根据鼠标指针的移动方向完成旋转。

图 3-2 显示更密的网格

专家指点

完成裁剪操作后，单击工具栏上的“完成”按钮或者按 Enter 键，又或者是在照片上双击鼠标左键，都可以应用裁剪并退出裁剪叠加工具。

如果用户没有使用过无损编辑软件，那么这是 Lightroom 带给用户的最大便利体验：当用户完成照片裁剪之后，在任何时候重新启动裁剪叠加工具时，又将看到原图像。用户可以继续对照片进行裁剪，找回之前已经被裁剪掉的部分。也就是说，操作时不必担心把什么东西裁剪掉了，只要用户愿意，可以在以后重新找回这些东西。另外，还可以使用 Ctrl + Alt + R 组合键来复位裁剪，让照片恢复到未裁剪的状态。

3.1.2 裁剪照片变换画面的构图，呈现二次构图画面 进阶

下面以作品《落日黄昏》为例，黄昏是白天迎接黑夜的礼物，天空泛起一片金黄美丽极了。本实例主要通过裁剪叠加工具在照片中添加裁剪框，然后调整裁剪框大小，对图像进行裁剪，使照片以另一种构图方式呈现出来，最终形成三分线构图效果。

素材位置	素材 > 第 3 章 >3.1.2.jpg
效果位置	效果 > 第 3 章 >3.1.2.jpg
视频位置	视频 > 第 3 章 > 3.1.2　裁剪照片变换画面的构图，呈现二次构图画面 .mp4

01 在Lightroom中导入一张照片素材，切换至“修改照片”模块，如图3-3所示。

图 3-3 导入照片素材

02 ❶单击工具栏上的“裁剪叠加”按钮；❷沿照片创建裁剪框，如图3-4所示。

图 3-4 沿照片创建裁剪框

03 运用裁剪叠加工具由下向上拖曳鼠标指针，确认裁剪框范围，如图3-5所示。

图 3-5 确认裁剪框范围

04 单击预览窗口右下角的“完成”按钮，完成图像的裁剪，变换画面的构图，效果如图3-6所示。

图 3-6 变换画面的构图

3.1.3 按指定的长宽比裁剪照片，让照片等比例呈现

下面以作品《群居》为例，在群山之下聚集了一个个的部落在此定居。本实例主要通过裁剪叠加工具在照片中添加裁剪框，然后在“裁剪叠加”选项面板中设

置相应的“长宽比”数值，按指定的长宽比对图像进行裁剪。

素材位置	素材 > 第 3 章 >3.1.3.jpg
效果位置	效果 > 第 3 章 >3.1.3.jpg
视频位置	视频 > 第 3 章 >3.1.3　按指定的长宽比裁剪照片，让照片等比例呈现 .mp4

01 在Lightroom中导入一张照片素材，切换至“修改照片”模块，❶单击工具栏上的“裁剪叠加”按钮；❷沿照片创建裁剪框，如图3-7所示。

图 3-7 沿照片创建裁剪框

02 在“裁剪叠加”选项面板中，❶单击“长宽比”选项右侧的“原始图像”，弹出下拉列表框；❷选择“输入自定值”选项，如图3-8所示。

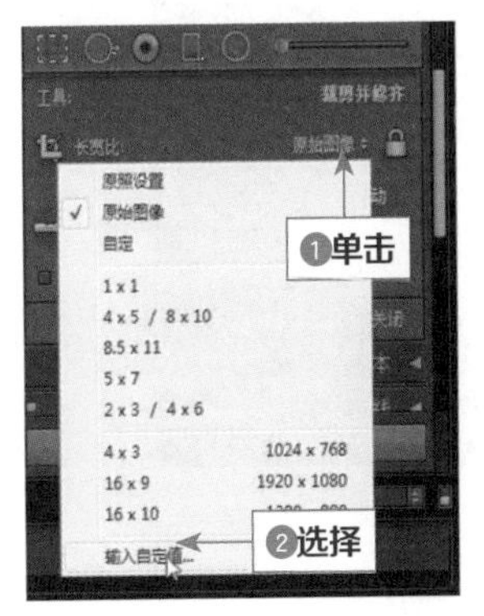

图 3-8 选择“输入自定值”选项

03 执行上述操作后，❶弹出“输入自定长宽比”对话框；❷设置“长宽比”为3.734×1.000，如图3-9所示。

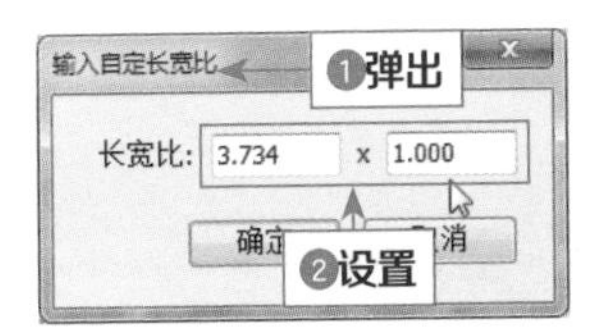

图 3-9 设置相应参数

04 单击“确定”按钮，即可根据设定的长宽比显示裁剪的范围，如图3-10所示。

图 3-10 显示裁剪的范围

05 使用移动鼠标的方法调整裁剪框的位置，确认裁剪范围，如图3-11所示。

图 3-11 确认裁剪范围

06 单击预览窗口右下角的“完成”按钮，如图3-12所示。

图 3-12 单击“完成”按钮

07 执行上述操作后，即可完成图像的裁剪，变换画面的构图，效果如图3-13所示。

图 3-13 变换画面的构图

3.2 旋转照片是照片的基本修正

许多用户拍照都不是很专业，时常会把照片拍得倾斜，影响观看角度和美观。不过没关系，用Lightroom可以轻松将照片调正，使照片更加有美感。

3.2.1 更改角度，校正倾斜的照片 重点

Lightroom中除了可以自由裁剪图像，调整照片的构图外，还可以在裁剪叠加工具选项中利用角度倾斜校正工具，调整倾斜的照片。下面以作品《莲花高塔》为例，通过裁剪叠加工具调整照片倾斜的角度。

素材位置	素材 > 第 3 章 >3.2.1.jpg
效果位置	效果 > 第 3 章 >3.2.1.jpg
视频位置	视频 > 第 3 章 >3.2.1 更改角度，校正倾斜的照片 .mp4

01 在Lightroom中导入一张照片素材，切换至“修改照片”模块，❶单击工具栏上的“裁剪叠加”按钮■；❷自动创建一个裁剪框，便于新手快速进行裁剪操作，如图3-14所示。

图 3-14 自动创建一个裁剪框

专家指点

在 Lightroom 中，用户可以任意切换裁剪方向。在工具栏中选择裁剪叠加工具，在照片中拖动以设置裁剪边界，按 X 键可以将方向从横向更改为纵向，或从纵向更改为横向。

02 在“裁剪叠加”选项面板中，设置“角度”为-3.86，如图3-15所示。用户可以根据图像所需自行进行参数设置。

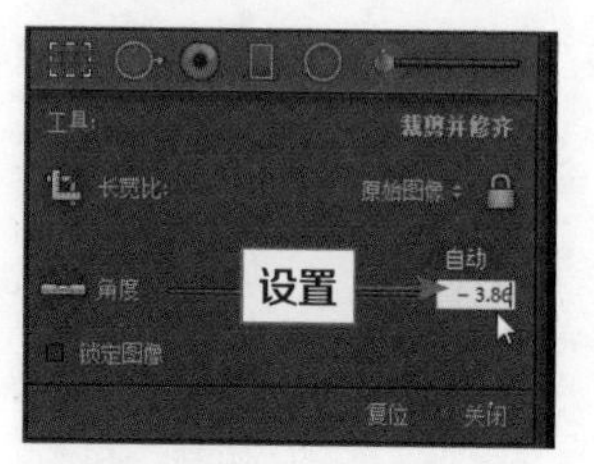

图 3-15 设置“角度”参数

03 执行上述操作后，即可在预览窗口中看到调整角度后的图像，如图3-16所示。如果裁剪的效果没有达到预期的效果，可以单击“复位”按钮，清除之前进行的操作，重新对图片进行裁剪。

图 3-16 调整图像角度

04 单击预览窗口右下角的“完成”按钮，完成图像的裁剪，如图3-17所示。

图 3-17 完成图像的裁剪

05 ❶展开“基本”面板；❷设置“对比度”为33，如图3-18所示。调整画面对比度，让照片色彩显得更加真实。

06 在“基本”面板的“偏好”选项区中，设置“清晰度”为10、“鲜艳度”为24、“饱和度”为35，如图3-19所示。增强照片的色彩鲜艳度。

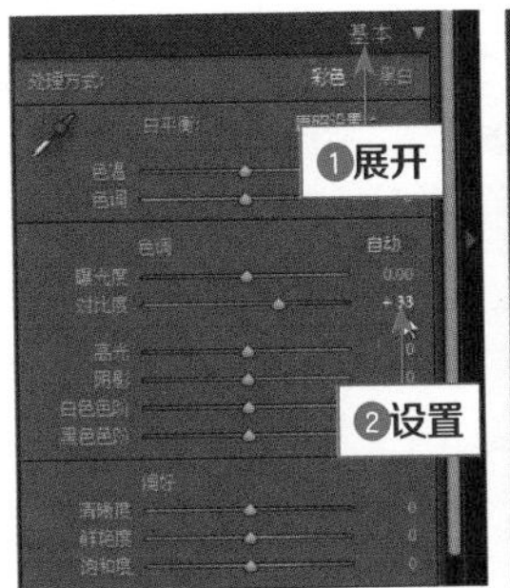

图 3-18 调整画面对比度

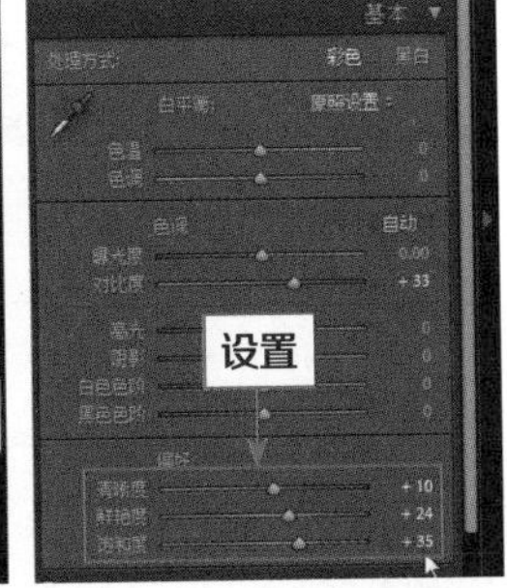

图 3-19 增强照片的色彩鲜艳度

07 ❶展开“细节”面板；❷设置“锐化”的“数量”为20，增强照片的清晰度，效果如图3-20所示。

图 3-20 增强照片的清晰度

3.2.2 90度旋转照片，使照片更有艺术气息

在Lightroom中要以90度旋转照片，可以执行“照片”|“逆时针旋转”或“顺时针旋转”命令，此时照片会围绕其中心点按顺时针或逆时针方向旋转。下面以作品《夏记》为例，将照片以90度旋转，得出照片不同的显示效果。

素材位置	素材 > 第 3 章 >3.2.2.jpg
效果位置	效果 > 第 3 章 >3.2.2.jpg
视频位置	视频 > 第 3 章 >3.2.2　90 度旋转照片，使照片更有艺术气息 .mp4

01 在Lightroom中导入一张照片素材，切换至“修改照片”模块，如图3-21所示。

图 3-21 导入照片素材

02 在菜单栏中，单击“照片”|“顺时针旋转”命令，如图3-22所示。

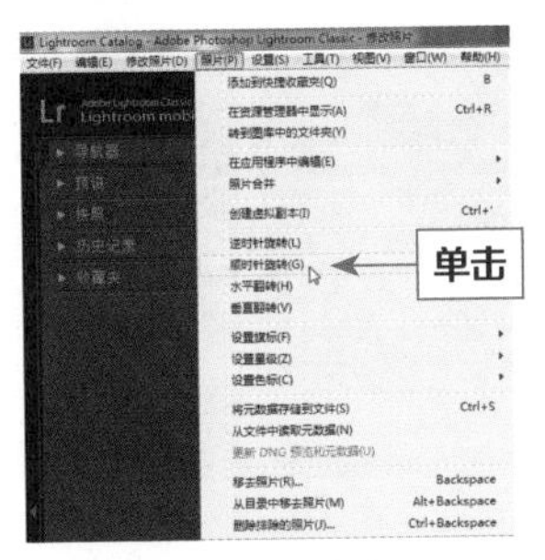

图 3-22 单击相应命令

03 执行上述操作后，即可以90度角顺时针旋转照片，如图3-23所示。

图 3-23 顺时针旋转照片

04 重复步骤2的操作方法，即可再次以90度角顺时针旋转照片，如图3-24所示。

图 3-24 以 90 度角顺时针旋转照片

05 展开“基本”面板，设置“清晰度”为16、“鲜艳度”为10、“饱和度”为20，使色彩更加鲜艳，如图3-25所示。

图 3-25 使色彩更加鲜艳

3.2.3 从左到右水平翻转照片，突出画面镜像效果

要从左到右水平翻转照片以查看其镜像图像，可以执行“照片”|“水平翻转”命令，此时显示在左侧的对象将显示在右侧，反之亦然。同时，照片中的文本也将显示在翻转后的镜像图像中。下面以作品《彩虹下的大桥》为例，将照片从左到右水平翻转，突出照片镜像效果。

素材位置	素材 > 第 3 章 >3.2.3.jpg
效果位置	效果 > 第 3 章 >3.2.3.jpg
视频位置	视频 > 第 3 章 >3.2.3　从左到右水平翻转照片，突出画面镜像效果 .mp4

01 在Lightroom中导入一张照片素材，切换至“修改照片”模块，如图3-26所示。

图 3-26 导入照片素材

02 在菜单栏中，单击“照片”|“水平翻转”命令，如图3-27所示。

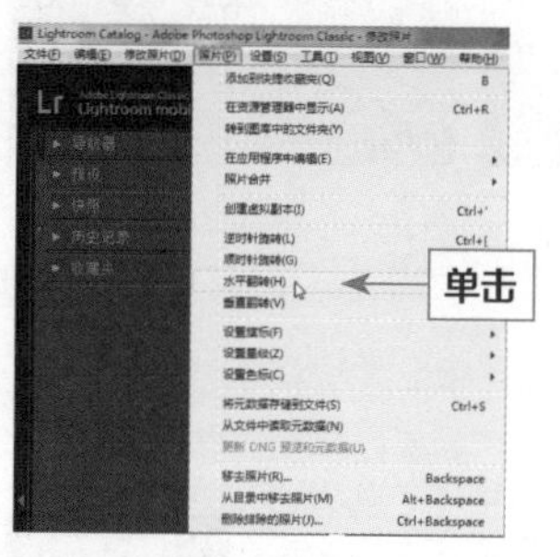

图 3-27 单击相应命令

03 执行上述操作后，即可从左到右水平翻转照片，效果如图3-28所示。

图 3-28 从左到右水平翻转照片

3.2.4 从上到下垂直翻转照片，纠正照片翻转的画面 重点

在Lightroom中，要从上到下垂直翻转照片以查看上下翻转的镜像图像，可以执行“照片”|“垂直翻转”命令来完成这一操作。下面以作品《直冲云霄》为例，将照片从上到下垂直翻转，纠正照片翻转的画面。

素材位置	素材 > 第 3 章 >3.2.4.jpg
效果位置	效果 > 第 3 章 >3.2.4.jpg
视频位置	视频 > 第 3 章 >3.2.4　从上到下垂直翻转照片，纠正照片翻转的画面 .mp4

01 在Lightroom中导入一张照片素材，切换至“修改照片”模块，如图3-29所示。

图 3-29　导入照片素材

02 在菜单栏中，单击“照片”|“垂直翻转”命令，如图3-30所示。

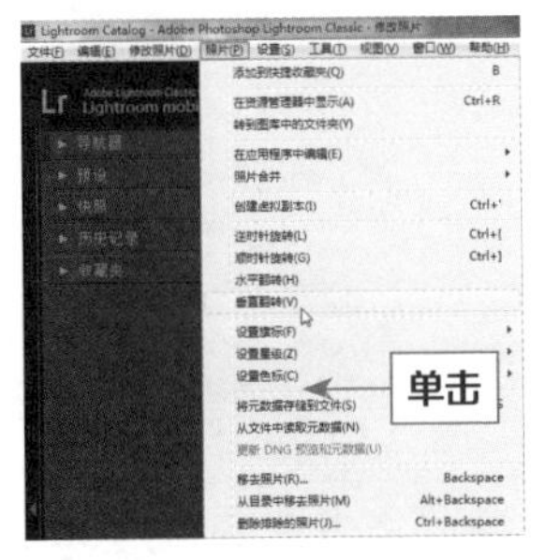

图 3-30　单击相应命令

03 执行上述操作后，即可从上到下垂直翻转照片，如图3-31所示。

图 3-31　从上到下垂直翻转照片

04 展开“基本”面板，单击“自动”按钮，自动调整图像的色调，使照片恢复自然的色彩效果，如图3-32所示。

图 3-32　自动调整图像的色调

05 设置“清晰度”为35、“鲜艳度”为63、“饱和度”为41，使色彩更加鲜艳，如图3-33所示。

图 3-33　使色彩更加鲜艳

3.3 习题测试

习题1 裁剪照片呈现二次构图

素材位置	素材 > 第 3 章 > 习题 1.jpg
效果位置	效果 > 第 3 章 > 习题 1.jpg
视频位置	视频 > 第 3 章 > 习题 1：裁剪照片呈现二次构图 .mp4

本习题需要读者掌握裁剪叠加工具的运用，使照片最终形成黄金分割构图效果，素材图像如图3-34所示，最终效果如图3-35所示。

图 3-34　素材图像

图 3-35 最终效果

习题2 等比例裁剪照片

素材位置	素材 > 第 3 章 > 习题 2.jpg
效果位置	效果 > 第 3 章 > 习题 2.jpg
视频位置	视频 > 第 3 章 > 习题 2：等比例裁剪照片 .mp4

本习题需要读者掌握运用裁剪叠加工具，等比例裁剪照片的方法，素材图像如图3-36所示，最终效果如图3-37所示。

图 3-36 素材图像

图 3-37 最终效果

习题3 自动校正倾斜的照片

素材位置	素材 > 第 3 章 > 习题 3.jpg
效果位置	效果 > 第 3 章 > 习题 3.jpg
视频位置	视频 > 第 3 章 > 习题 3：自动校正倾斜的照片 .mp4

本习题需要读者掌握运用裁剪叠加工具，自动校正倾斜的照片的方法，素材图像如图3-38所示，最终效果如图3-39所示。

图 3-38 素材图像

图 3-39 最终效果

第04章 快速处理：制作精美照片的速成方法

我们在拍摄照片时，有时候眼中看到的美景，拍下来反而没有那么美了。这是因为在拍摄的过程中，由于很多因素的影响，导致拍摄的照片达不到预期的效果，这时候我们可以根据照片的状态，调整照片的色调、色温和白平衡等参数，将照片变得更加美观。

课堂学习目标

- 《古城记忆》：校正照片的白平衡
- 《收割幸福》：照片的快速调整法
- 《可爱宠物系列》：快速批量处理
- 《夜色渐浓下的城市》：快速改变照片的色彩
- 《撒网·生活》：快速调整照片的颜色与色调

扫码观看本章实战操作视频

4.1 《古城记忆》：校正照片的白平衡

【作品名称】：《古城记忆》

【作品欣赏】：古城代表的是岁月的沉淀，每一个建筑都经过时间的冲刷，慢慢由新到旧，岁月的变更让这些建筑成为经典。本实例效果如图4-1所示。

图4-1 效果

【作品解说】：人脑海中的记忆会随着时间的叠加，慢慢地积累，无论是悲伤、快乐，还是平平淡淡的生活经历，都会存在自己的脑海中，而生活的阅历，在现实生活中也会在建筑的岁月痕迹中体现出来。

【前期拍摄】：这张照片在拍摄时，运用框式构图法，利用屋檐和护栏形成一个框形，主体放置在了画面中央，突出画面效果。同时，为了凸显照片中建筑的悠久岁月，使照片达到更好的效果，还需要对照片进行后期处理，将画面的颜色转化为黑白颜色，以更好地表现沧桑感，让照片里的风景变得更加优美，如图4-2所示。

【主要构图】：框式构图法。

【色彩指导】：Lightroom中预设了自动的白平衡功能，当拍摄的照片出现不正常的白平衡效果时，就需要在后期处理中利用白平衡功能校正画面的白平衡，然后通过Lightroom的预设功能，更改照片颜色，使照片更有怀旧感。

图4-2 框式构图法

【后期处理】：本实例主要运用Lightroom软件进行处理。

4.1.1 使用自动白平衡功能校正偏色照片 进阶

在Lightroom中，用户可以调整照片的白平衡，以反映拍摄照片时所处的光照条件：日光、白炽灯或闪光灯等。用户不但可以选择白平衡预设的选项，还可以通过白平衡选择器单击希望指定为中性色的照片区域。Lightroom会自动调整白平衡设置，用户可以通过修改参数对其进行微调。

下面介绍使用自动白平衡功能，快速校正偏色照片的方法。

素材位置	素材 > 第 4 章 >4.1.1.jpg
效果位置	效果 > 第 4 章 >4.1.1.jpg
视频位置	视频 > 第 4 章 >4.1.1　使用自动白平衡功能校正偏色照片 .mp4

01 在Lightroom中导入一张照片素材，切换至“修改照片”模块，如图4-3所示。

图 4-3 导入照片素材

02 展开“基本”面板，❶单击“白平衡”选项后的下拉按钮；❷在弹出的列表框中选择“自动”选项，如图4-4所示，让系统自动调整照片的白平衡。

图 4-4 选择“自动”选项

03 执行操作后，即可自动调整错误的白平衡设置，恢复自然的白平衡效果，如图4-5所示。

图 4-5 恢复自然的白平衡效果

04 在“基本”面板中，❶设置“对比度”为29；❷设置“清晰度”为38、“鲜艳度”为51、“饱和度”为23，如图4-6所示。设置对比度、清晰度、鲜艳度与饱和度是为了增强照片的对比度，得到更清晰的画面效果。

图 4-6 增强照片对比度

4.1.2 应用预设快速调整照片氛围 重点

在Lightroom中提供了多种预设选项，用户可以根据画面的需要选择合适的预设，对画面进行简单的处理。

下面介绍应用Lightroom的预设功能，快速调整照片氛围的方法。

素材位置	素材 > 第 4 章 >4.1.1.jpg
效果位置	效果 > 第 4 章 >4.1.2.jpg
视频位置	视频 > 第 4 章 >4.1.2　应用预设快速调整照片氛围 .mp4

01 切换至“图库”模块，展开“快速修改照片”面板，如图4-7所示。

图 4-7 展开“快速修改照片”面板

02 在“快速修改照片”面板中，单击“存储的预设”选项后的扩展按钮，在打开的菜单中选择“Lightroom效果预设”|“晕影 2”选项，如图 4-8 所示。

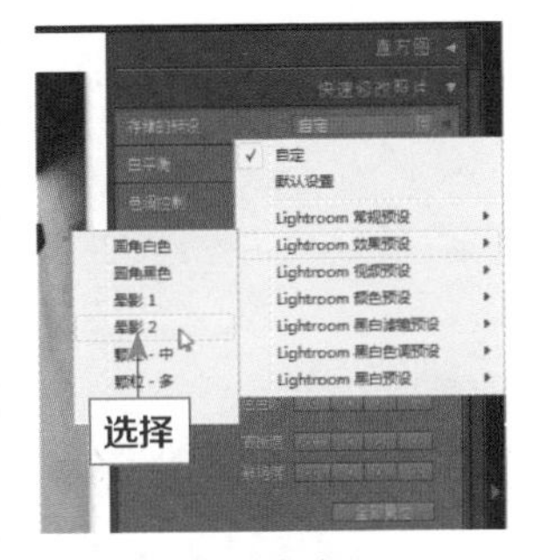

图 4-8 选择相应选项

03 执行操作后，即可为照片添加晕影效果，如图4-9所示。

图 4-9 为照片添加晕影效果

04 单击“存储的预设”选项后的扩展按钮，在打开的菜单中选择“Lightroom视频预设”|“视频黑白（古典）”选项，如图4-10所示。用户可以根据实际的需求选择相应的选项。

图 4-10 选择相应选项

05 执行操作后，即可将图像转换为黑白效果，如图4-11所示，使照片中的画面更显复古气息。

图 4-11 将图像转换为黑白效果

06 在“快速修改照片”面板中，单击一次“清晰度”选项右侧的“增加清晰度”按钮，如图4-12所示，提高清晰度，得到更精细的画面。

图 4-12 提高清晰度

4.2 《收割幸福》：照片的快速调整法

【作品名称】：《收割幸福》

【作品欣赏】：这张照片展现的是金黄的麦田，蓝蓝的天空与田野中的一片金黄形成鲜明的对比。秋天是收获的季节，各种粮食都相应成熟，看到这一切真为辛勤劳动的人们感到高兴。本实例效果如图4-13所示。

图 4-13 效果

【作品解说】：拍摄这张照片的时候阳光正好，田野中依稀只看到一个人还有一台收割机，整个画面给人强烈的视觉冲突，天空与田野的颜色融合在一起，显得很和谐。

【前期拍摄】：这张照片从远处进行拍摄，运用了冷暖色对比构图，将两种色彩完美地结合在一起，整个画面给人的视觉冲击感特别强烈。但是由于光线与拍摄角度的问题会让拍摄照片的白平衡变得不正常，所以还需要对照片进行后期处理，让照片里的风景变得更加优美，如图4-14所示。

图 4-14 冷暖色对比构图法

【主要构图】：冷暖色对比构图法。

【色彩指导】：照片中的画面稍显暗淡，可以运用Lightroom的自动调整功能对照片的影调进行设置，然后利用"鲜艳度"功能，加强画面的色彩，使画面中的颜色对比更加明显。

【后期处理】：本实例主要运用Lightroom软件进行处理。

4.2.1 自动调整照片的影调，校正错误的白平衡

Lightroom中除了可以对错误的白平衡进行校正外，还可以运用自动调整功能对照片的影调进行设置。下面介绍应用Lightroom的自动调整功能对照片的影调进行设置的方法。

素材位置	素材 > 第 4 章 >4.2.1.jpg
效果位置	效果 > 第 4 章 >4..2.1.jpg
视频位置	视频 > 第 4 章 >4.2.1　自动调整照片的影调，校正错误的白平衡 .mp4

01 在Lightroom中导入一张照片素材，进入"图库"模块，如图4-15所示。

图 4-15 导入照片素材

02 展开右侧的"快速修改照片"面板，单击"自动调整色调"按钮，如图4-16所示。此时系统会自动调整照片的色调。

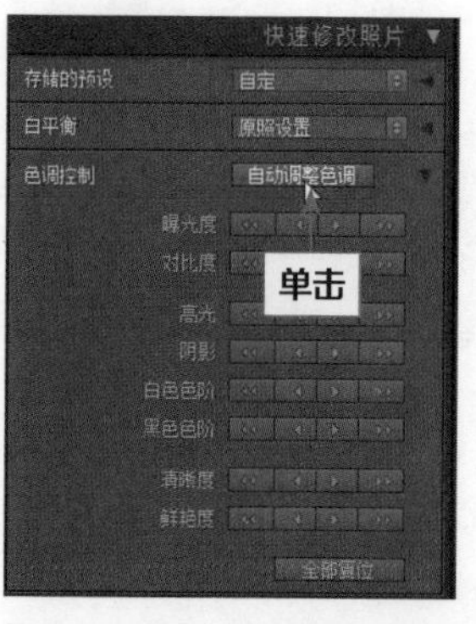

图 4-16 单击"自动调整色调"按钮

03 执行上述操作后，即可自动校正照片的影调，如图

4-17所示。

图 4-17　自动校正照片的影调

04 在“快速修改照片”面板中，单击“存储的预设”右侧的按钮，如图4-18所示。

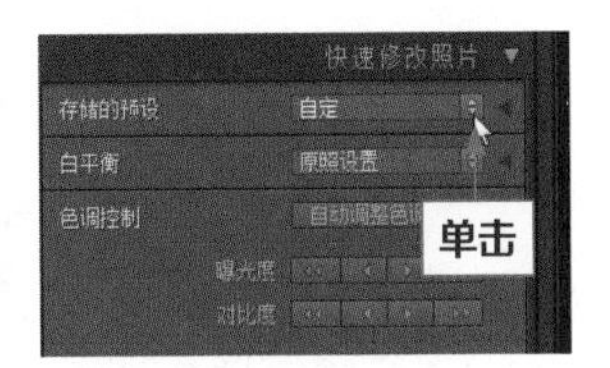

图 4-18　单击相应按钮

05 在弹出列表框中，选择“Lightroom常规预设”|“微调”选项，如图4-19所示。

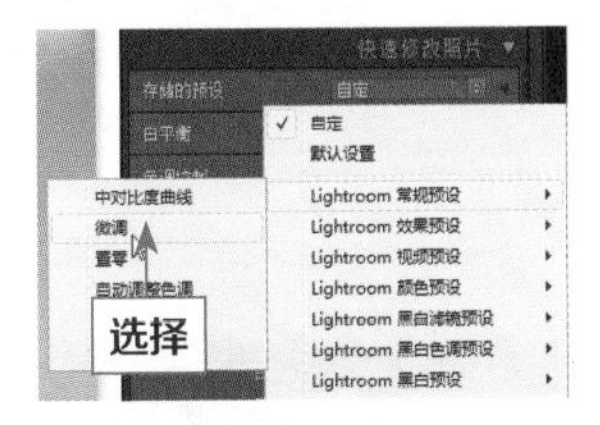

图 4-19　选择相应选项

06 对画面应用“微调”预设效果，如图4-20所示。

图 4-20　对画面应用“微调”预设效果

07 在下方的“色调控制”选项下，单击“增加对比度”按钮，如图4-21所示，提高画面的对比度。

图 4-21　提高画面的对比度

08 单击两次“增加白色色阶剪切”按钮，提亮照片中的白色区域，如图4-22所示。

图 4-22　提亮照片中的白色区域

09 单击 “增加黑色色阶剪切”按钮，效果如图4-23所示。在画面中可以看到调整后的效果，得到明暗分明的画面。

专家指点

单击“基本”面板下方的“黑白”按钮，可以将图像转换为黑白效果；单击“彩色”按钮，可以将黑白图像恢复为彩色效果。

图 4-23　明暗分明的画面

10 ❶展开“修改照片”模块下的“基本”面板；❷设

置“清晰度”为20，如图4-24所示，加强画面的效果。

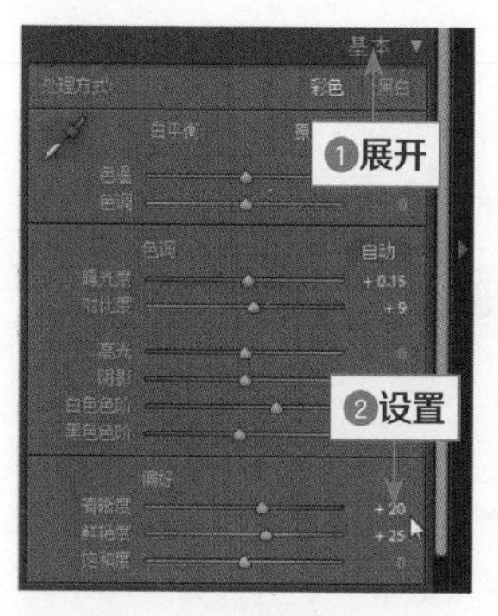

图 4-24 加强画面的效果

11 执行上述操作后，即可增加画面的色彩强度，如图4-25所示。

图 4-25 增加画面的色彩强度

4.2.2 利用“鲜艳度”功能，加强画面的色彩 重点

色彩暗淡的照片不仅看起来没有层次感，而且不能清楚地表现原本的色彩。通过Lightroom中的快速调整功能，可以加强画面的艳丽色彩。在本实例中，单击“快速修改照片”面板中的“增加鲜艳度”按钮，即可轻松提升照片的色彩饱和度，让原本暗淡无光的照片重现生机，增强画面的艺术感染力。下面介绍应用Lightroom的“鲜艳度”功能，加强画面色彩的方法。

素材位置	上一个实例效果图
效果位置	效果 > 第 4 章 >4.2.jpg
视频位置	视频 > 第 4 章 >4.2.2　利用“鲜艳度”功能，加强画面的色彩 .mp4

01 切换至“图库”模块，❶展开“快速修改照片”面板；❷单击“增加鲜艳度”按钮，提高照片饱和度，如图4-26所示。

图 4-26 提高照片饱和度

02 继续单击4次“增加鲜艳度”按钮，让原本暗淡的照片变得艳丽起来，效果如图4-27所示。

图 4-27 再次提高照片饱和度

03 切换至“修改照片”模块，展开“基本”面板，设置“饱和度”为24，加强画面效果，如图4-28所示。

图 4-28 加强画面效果

4.3 《可爱宠物系列》：快速批量处理

使用同步功能，可将一张照片的修改设置，应用于

一个组中的所有照片，达到批量处理照片的效果，从而在处理图像时节省大量的时间。

4.3.1 导入多张照片素材

我们在编辑和处理照片之前，需要先导入相应的照片，下面介绍应用Lightroom导入多张照片素材的方法。

素材位置	素材 > 第 4 章 >4.3.1
效果位置	无
视频位置	视频 > 第 4 章 > 4.3.1　导入多张照片素材 .mp4

01 打开Lightroom，单击“导入”按钮，如图4-29所示。

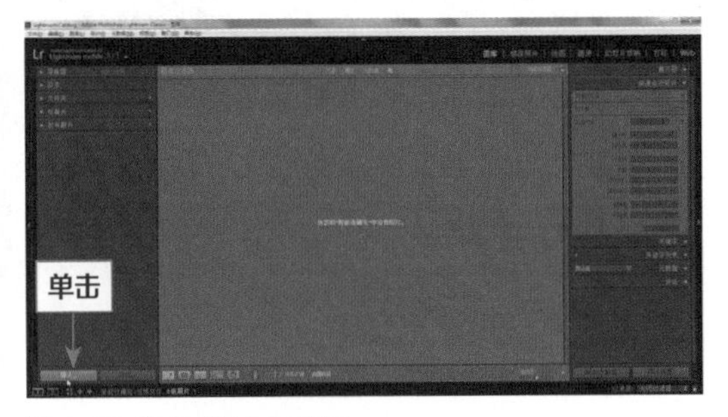

图 4-29 单击“导入”按钮

02 执行操作后，打开“导入”窗口，❶在面板中单击“选择源”选项；❷在弹出的菜单中选择“其他源”选项，如图4-30所示。

03 弹出“选择源文件夹”对话框，选择相应的照片文件夹，如图4-31所示。

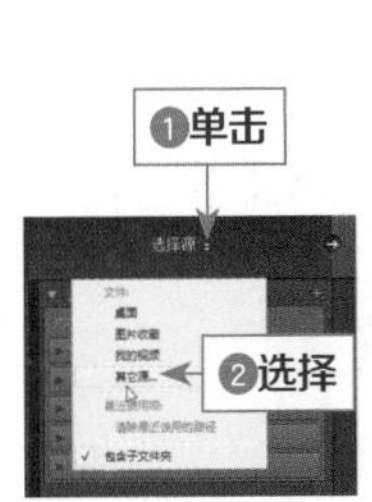

图 4-30 选择“其它源”选项

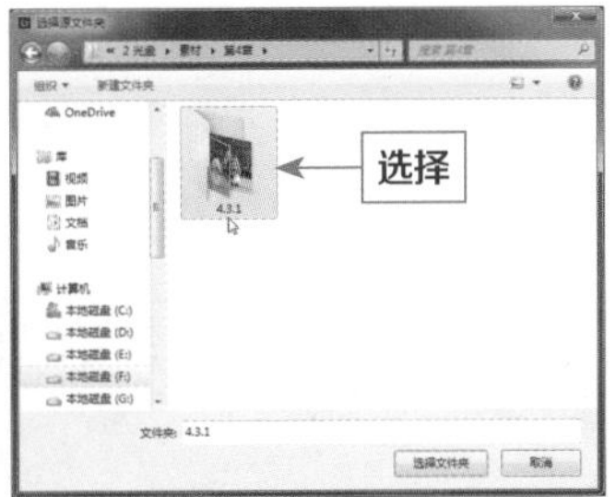

图 4-31 选择相应的照片文件夹

04 在对话框中单击“选择文件夹”按钮，在“导入”窗口中可查看所选源文件夹中的照片缩略图效果，单击“导入”按钮，如图4-32所示。

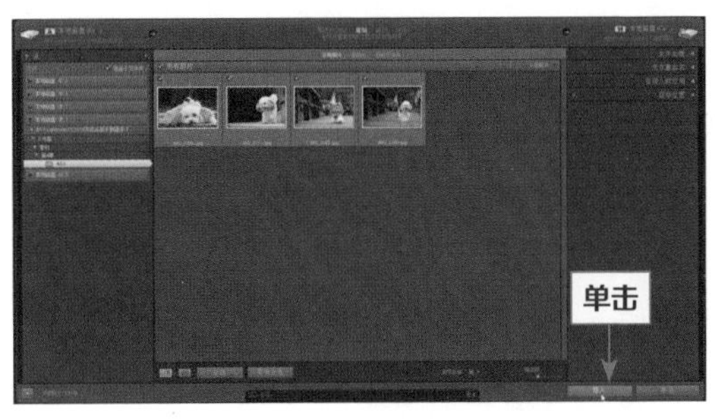

图 4-32 单击“导入”按钮

05 完成照片的导入操作，如图4-33所示。

图 4-33 完成照片的导入操作

4.3.2 调整一张照片素材

在Lightroom中批量处理照片时，首先要对这张照片进行处理，将这张照片处理至理想效果之后，再运用批量处理功能同步处理其他同类型的照片。

素材位置	素材 > 第 4 章 >4.3.1
效果位置	效果 > 第 4 章 >4.3
视频位置	视频 > 第 4 章 >4.3.2　调整一张照片素材 .mp4

01 选择相应的照片，进入“放大视图”模式，单击“图库过滤器”左下角的“放大视图”按钮，即可将选择的图片放大，如图4-34所示。

图 4-34 将选择的图片放大

02 ❶展开“快速修改照片”面板；❷单击“增加曝光度：1/3挡”按钮，如图4-35所示，增加照片亮度。

03 切换至“修改照片”面板，展开“基本”面板，设置“色温”为-11，如图4-36所示，调整画面色温。

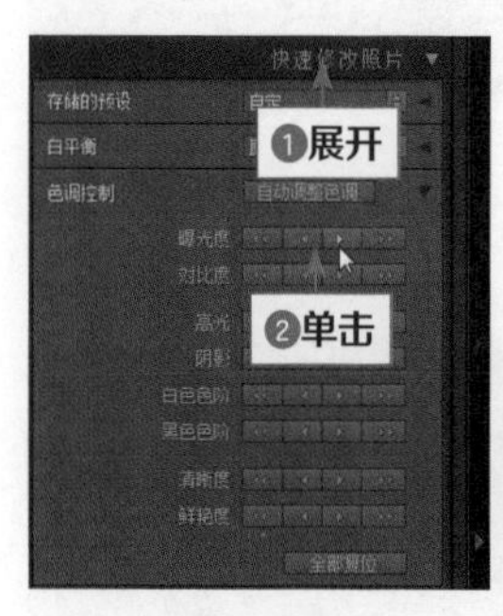

图 4-35 增加照片亮度

图 4-36 调整画面色温

04 ❶设置“高光”为11；❷设置“白色色阶”为-14、“黑色色阶”为-16、“清晰度”为16、“鲜艳度”为57和“饱和度”为48，如图4-37所示。

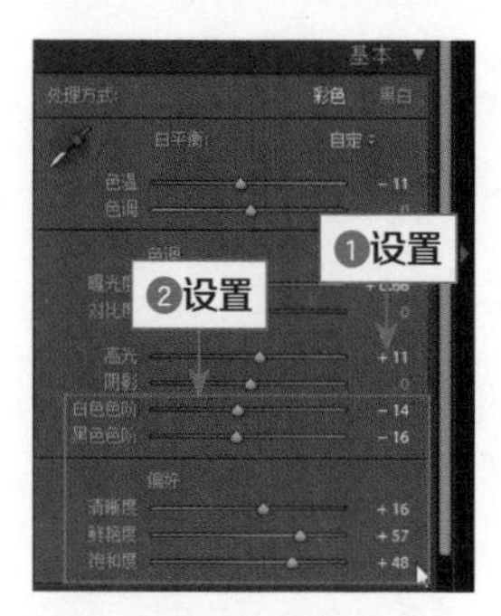

图 4-37 设置相应参数

05 完成第一张照片的调整，加强照片效果，如图4-38所示。

图 4-38 加强照片效果

4.3.3 批量设置其他照片素材 重点

素材位置	素材 > 第 4 章 >4.3.1
效果位置	效果 > 第 4 章 >4.3
视频位置	视频 > 第 4 章 >4.3.3　批量设置其他照片素材.mp4

01 完成其中一张照片的调整后，在界面下方的胶片显示窗格中按住Ctrl键的同时单击选择其他3张照片，如图4-39所示。

02 单击页面右下角的“同步”按钮，如图4-40所示。

图 4-39 选择其他 3 张照片

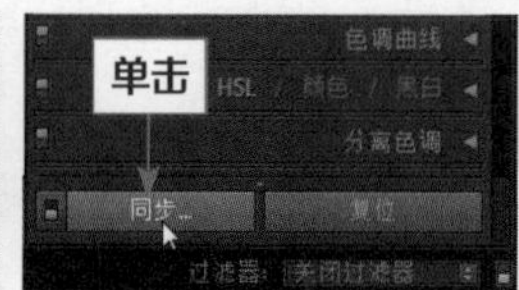

图 4-40 单击“同步”按钮

03 弹出“同步设置”对话框，设置照片的同步选项，单击“同步”按钮，如图4-41所示，将第一张照片调整后的效果同步设置在其他照片上。

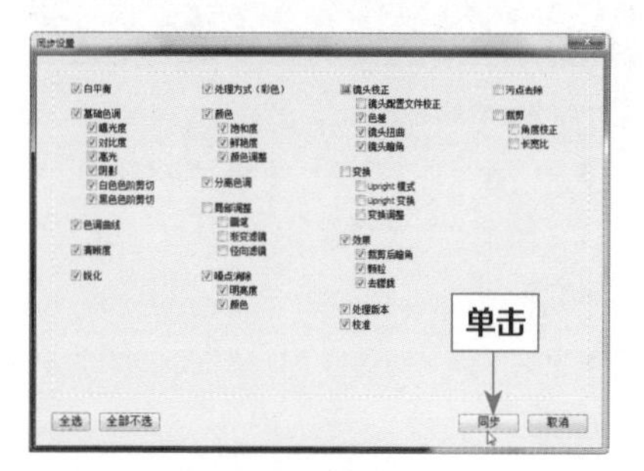

图 4-41 单击“同步”按钮

04 执行操作后，即可查看同步设置后的图像效果，如图4-42所示。

图 4-42 查看同步设置后的图像效果

05 ❶按住Ctrl键的同时单击选择所有照片；❷单击“图库”模块左侧面板的“导出”按钮，如图4-43所示。

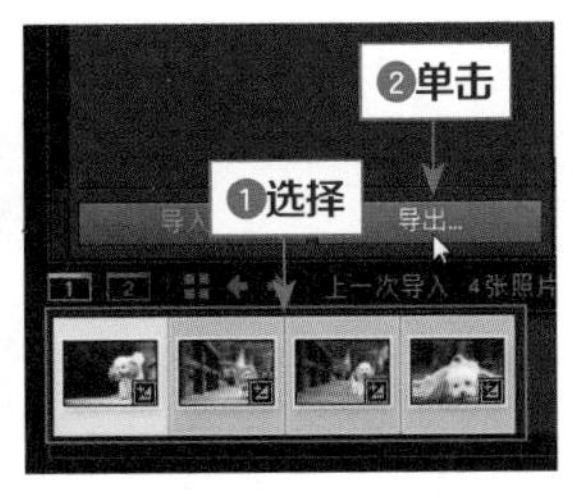

图 4-43 单击“导出”按钮

06 弹出“导出4个文件”对话框，在“导出位置”选项区中单击“选择”按钮，如图4-44所示。

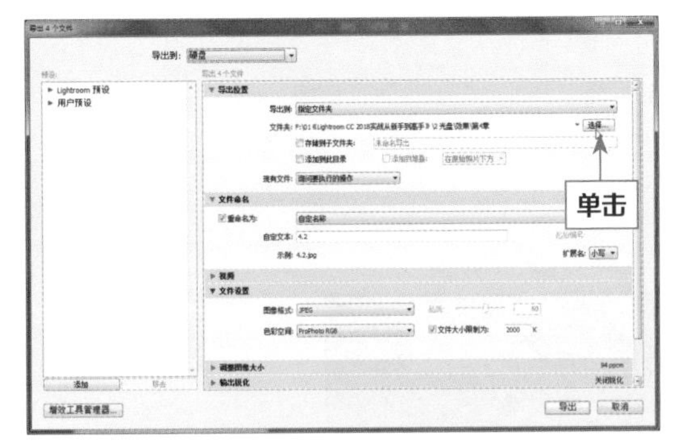

图 4-44 单击“选择”按钮

07 弹出“选择文件夹”对话框，❶选择相应的文件夹；❷单击“选择文件夹”按钮，如图4-45所示。

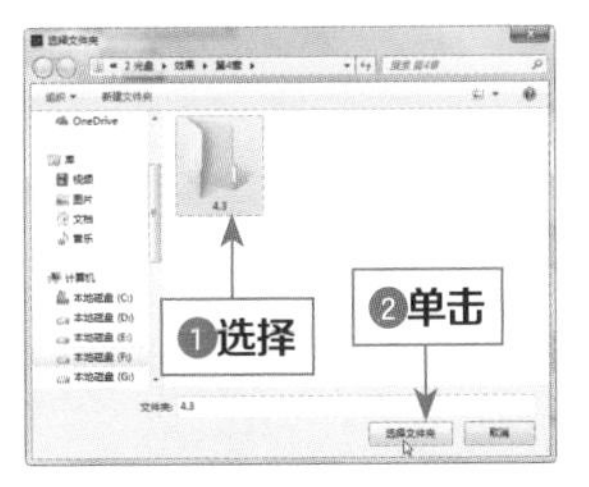

图 4-45 单击“选择文件夹”按钮

08 返回“导出4个文件”对话框，在“文件命名”选项区的文本框中输入相应的名称，如图4-46所示。

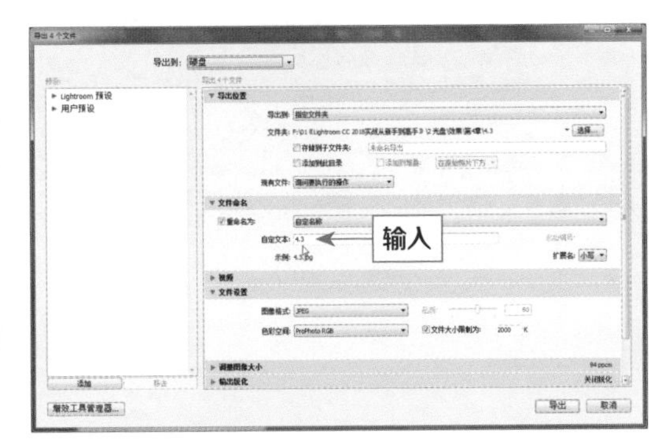

图 4-46 输入相应的名称

09 单击“导出”按钮，即可导出4张照片，如图4-47所示。

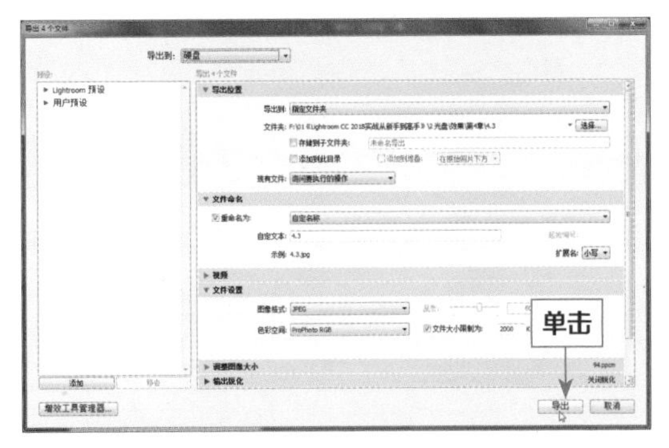

图 4-47 导出 4 张照片

4.4 《夜色渐浓下的城市》：快速改变照片的色彩

【作品名称】：《夜色渐浓下的城市》

【作品欣赏】：这张照片展现的是迷人的黄昏景色，被落日余晖染色的云彩与周围暗色的云彩形成一种鲜明的对比，从远处还可以看到建筑在水中的倒影。在被夜色慢慢笼罩之前，城市呈现出一种安静祥和的氛围，使整个画面给人以仿佛可以冲刷内心焦躁的感觉，让一切回归平静。本实例效果如图4-48所示。

图 4-48 效果

【作品解说】：在拍摄这张照片的时候，太阳刚落幕，只留下了一片淡淡的余晖，倒映在江水中的建筑与天空中淡淡的余晖相得益彰，显得建筑高大而神圣。

夜色渐浓，静静地在江边观看对面的城市建筑，感觉此时的城市是多么的静谧，与白天的喧嚣形成了鲜明的对比。

【前期拍摄】：太阳象征着光明，尽管它已经完成了一天照亮大地的使命，但在最后落幕时，仍用一点点的光芒照亮了一片祥云。我们在拍摄时，可以运用水平线构图法，使建筑与江边形成一条交界线，仿佛将天空与江水分割，给人美的感受；还运用了明暗对比构图法与倒影构图法，江水中清晰的倒映着江边的建筑，让云中的光芒与地面的建筑形成对比。需要注意的是，尽管天空中还有些淡淡的余晖，但不足以与地面的建筑形成鲜明对比，所以还需要进行后期调整，如图4-49所示。

图 4-49 水平线构图法、明暗对比构图法、倒影构图法

【主要构图】：水平线构图、明暗对比构图、倒影构图。

【色彩指导】：在拍摄这张照片时，因为太阳落幕后只留下了点点光芒，所以拍摄出来的照片光线较弱，照片的明暗区域不是特别明显。用户可以使用"Lightroom常规预设"为照片添加中对比度曲线，加深明暗对比；再利用"Lightroom颜色预设"为照片添加"古极线"预设色调，更改照片的色调。

【后期处理】：本实例主要运用Lightroom软件进行处理。

素材位置	素材 > 第 4 章 >4.4.jpg
效果位置	效果 > 第 4 章 >4.4.jpg
视频位置	视频 > 第 4 章 >4.4 《夜色渐浓下的城市》：快速改变照片的色彩 .mp4

01 在Lightroom中导入一张照片素材，切换至"修改照片"模块，如图4-50所示。

图 4-50 导入一张照片素材

02 ❶展开左侧的"预设"面板；❷在下方的列表框中选择"Lightroom常规预设"|"中对比度曲线"选项，如图4-51所示。此方法对于新手来说，可以快速地设置照片的明暗对比效果，使照片更加好看。

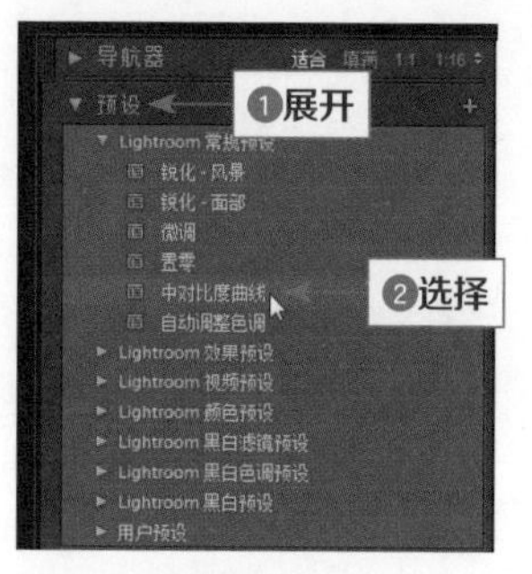

图 4-51 选择相应选项

03 执行操作后，即可加深照片的对比效果，如图4-52所示。

图 4-52 加深照片的对比效果

专家指点

Lightroom 会记录用户的每一个操作步骤，因此用户不用担心做错了什么。如果不小心进行了误操作，可以使

用 Ctrl + Z 组合键返回上一步操作。另外，"修改照片"模块的左侧面板中有一个"历史记录"面板，在此可以看到用户对当前照片进行的所有操作。

04 在"预设"面板中选择"Lightroom颜色预设"|"古极线"选项，如图4-53所示，可以加深整个照片的色彩。

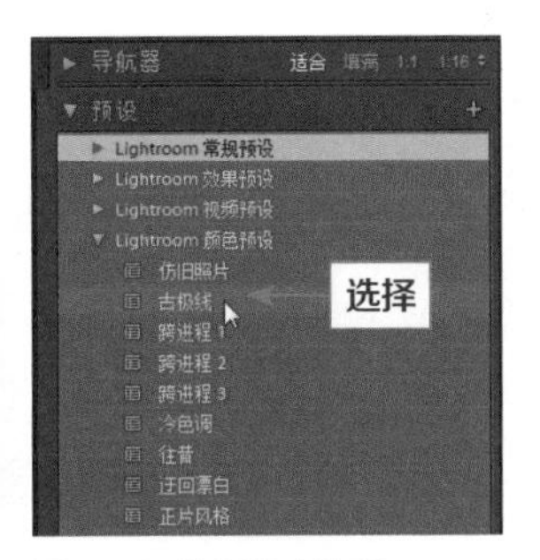

图 4-53 选择相应选项

05 执行操作后，即可应用"古极线"预设色调，效果如图4-54所示，用户也可以根据自己的喜好来应用其他的预设色调。

图 4-54 应用"古极线"预设色调

06 ❶展开"修改照片"模块右侧的"效果"面板；❷在"裁剪后暗角"选项区中设置"数量"为-36，如图4-55所示。

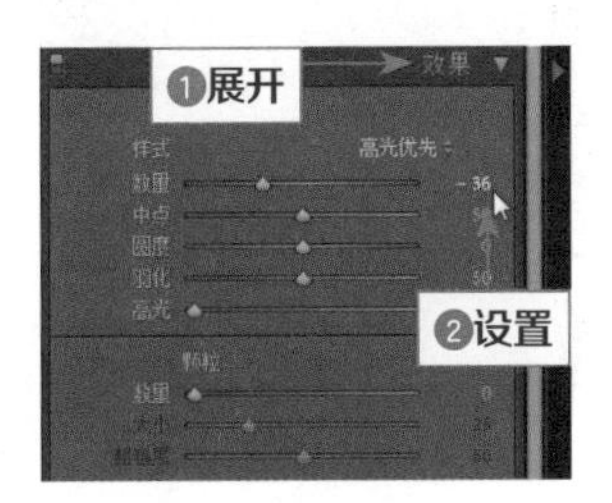

图 4-55 设置相应参数

07 执行上述操作后，即可为照片添加暗角效果，让整张照片显得深邃有感觉，如图4-56所示。

图 4-56 为照片添加暗角效果

4.5 《撒网 · 生活》：快速调整照片的颜色与色调

【作品名称】：《撒网 · 生活》

【作品欣赏】：这张照片展现的是渔民早起在河边撒网的情景，清晨的河面还升腾着一缕薄烟，河水及周围的树木都是绿油油的一片，显得整个画面生机勃勃，渔夫娴熟而有力的撒网动作无一不蕴含了渔夫积极向上的生活态度。本实例效果如图4-57所示。

图 4-57 效果

【作品解说】：拍摄这张照片的时候是清晨，草上的露水还未干，刚好湖面上驶过一艘渔船，一人划船一人撒网，与周边的景色相得益彰，这无疑就是生活。

【前期拍摄】：拍摄这张照片的时候是清晨，河边的光线不是特别明亮，以船为分界线，船占了整个画面的三分之一，河水占了画面的三分之二。这样的构图可以使照片看起来更加舒适，具有美感。人们看照片时习惯从左往右，所以运用右三分线构图将主体置于画面右侧能有良好的视觉效果。但是整个画面显得比较暗淡，没有让人觉得眼前一亮，所以后期可以在色调、暗角等方面稍作修改，如图4-58所示。

图 4-58 下三分线构图、右三分线构图

【主要构图】：下三分线构图、右三分线构图、阴影构图。

【色彩指导】：清晨拍摄渔船的时候天空还未完全明亮，如果想要使照片看上去画面感更强，可以使用Lightroom的自动调整色调以及调整照片的实际明暗程度等功能，使整张照片看上去更有艺术感。

【后期处理】：本实例主要运用Lightroom软件进行处理。

素材位置	素材 > 第 4 章 >4.5.jpg
效果位置	效果 > 第 4 章 >4.5.jpg
视频位置	视频 > 第 4 章 >4.5 《撒网 · 生活》：快速调整照片的颜色与色调 .mp4

01 在Lightroom中导入一张照片素材，进入“图库”模块，如图4-59所示。

图 4-59 导入一张照片素材

02 展开右侧的“快速修改照片”面板，单击“自动调整色调”按钮，如图4-60所示。这个步骤可以自动且快速地调整照片的色调效果，处理照片中的暗淡色调。

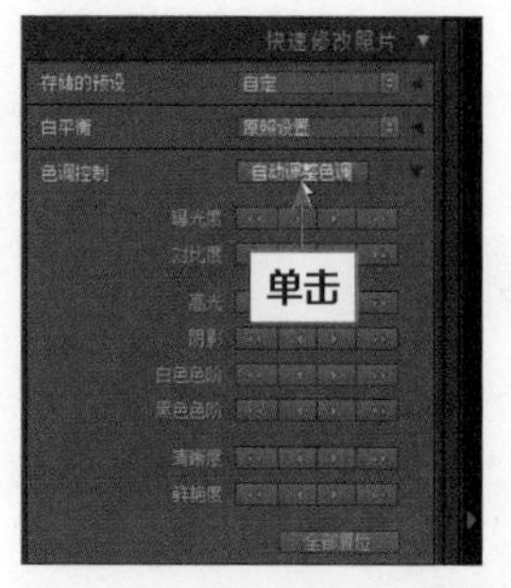

图 4-60 单击“自动调整色调”按钮

03 执行上述操作后，即可自动校正照片色调，效果如图4-61所示。

图 4-61 自动校正照片色调

04 对画面应用“微调”预设效果后，在下方的色调控制选项下，单击“增加对比度”按钮，如图4-62所示，提高画面的对比度，使照片显得更加明亮。

05 单击“增加白色色阶剪切”按钮，如图4-63所示，提亮照片中的白色区域。

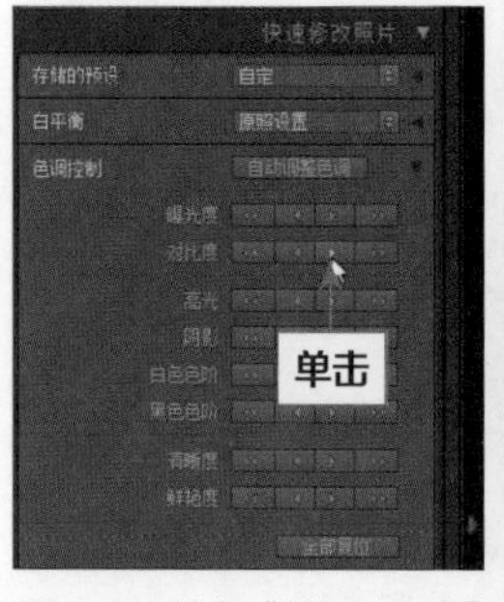

图 4-62 单击“增加对比度”按钮

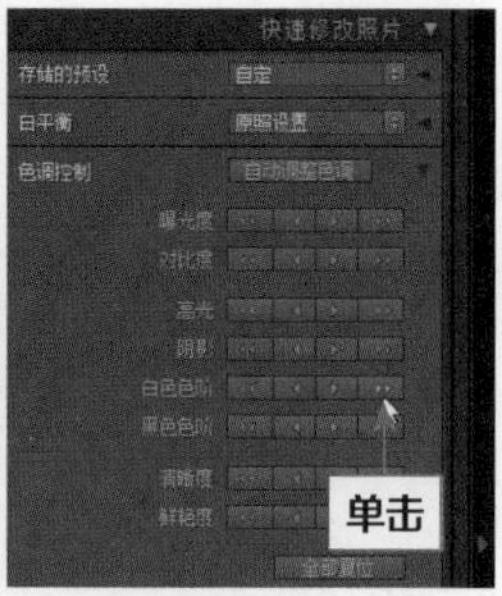

图 4-63 单击“增加白色色阶剪切”按钮

06 单击两次“增加黑色色阶剪切”按钮，如图4-64

所示。执行操作后，在画面中可以看到调整后的效果，得到明暗分明的画面，让画面显得有层次感。

07 ❶展开“修改照片”模块下的“基本”面板；❷设置“清晰度”为20、“鲜艳度”为30，如图4-65所示。即可增加画面的色彩强度，加强画面感。

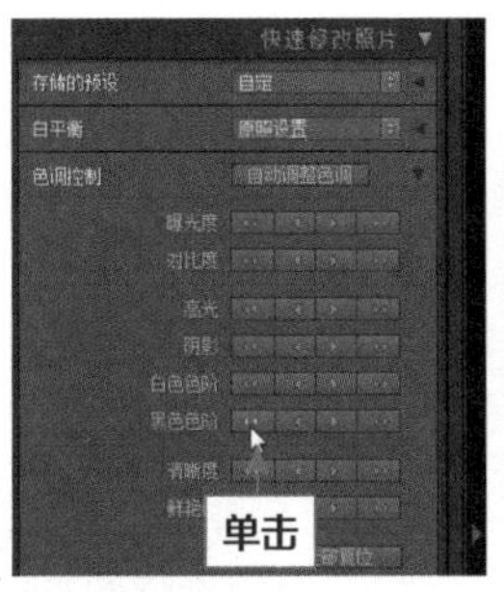

图 4-64 单击“增加黑色色阶剪切”按钮

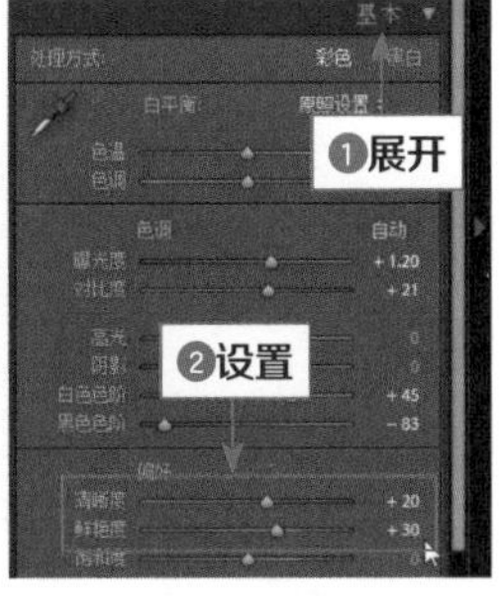

图 4-65 设置相应参数

08 ❶展开“修改照片”模块右侧的“效果”面板；❷在“裁剪后暗角”选项区中设置“数量”为-50，如图4-66所示，为照片添加暗角效果，使照片变得更有艺术气息。

图 4-66 为照片添加暗角效果

4.6 习题测试

习题1 调整色温，展现温暖气氛

素材位置	素材 > 第 4 章 > 习题 1.jpg
效果位置	效果 > 第 4 章 > 习题 1.jpg
视频位置	视频 > 第 4 章 > 习题 1：调整色温，展现温暖气氛 .mp4

本习题需要读者掌握运用“色温”功能，使照片呈现不同效果的方法，素材图像如图4-67所示，最终效果如图4-68所示。

图 4-67 素材图像

图 4-68 最终效果

习题2 提高清晰度，加强照片冲击力

素材位置	素材 > 第 4 章 > 习题 2.jpg
效果位置	效果 > 第 4 章 > 习题 2.jpg
视频位置	视频 > 第 4 章 > 习题 2：提高清晰度，加强照片冲击力 .mp4

本习题需要读者掌握运用“清晰度”功能，快速提高照片清晰度，获取具有强烈视觉冲击力的影像效果的方法，素材图像如图4-69所示，最终效果如图4-70所示。

图 4-69 素材图像

图 4-70 最终效果

习题3 使用曲线调整照片的明暗对比

素材位置	素材 > 第 4 章 > 习题 3.jpg
效果位置	效果 > 第 4 章 > 习题 3.jpg
视频位置	视频 > 第 4 章 > 习题 3：使用曲线调整照片的明暗对比 .mp4

本习题需要读者掌握通过Lightroom的曲线功能调整照片阴影、亮色调、暗色调和高光值的方法，这有助于保证图像的色彩平衡，素材图像如图4-71所示，最终效果如图4-72所示。

图 4-71 素材图像

图 4-72 最终效果

核心精通篇

第05章 修复瑕疵：完美修饰照片的各种缺陷

数码照片的影像处理是专业摄影师和摄影爱好者永恒的研究课题，因为影像处理能赋予摄影作品无限的创意与想象空间，激发摄影师的创作灵感，给人以视觉冲击，美的感受。

扫码观看本章实战操作视频

课堂学习目标

- 《晴空万里》：还原灰蒙照片色彩
- 《蓝色魅影》：展现清爽蓝色调画面
- 《秋意渐浓》：相机校准照片色彩
- 《春暖花开》：修正照片的画面缺陷
- 《空间》：纠正画面白平衡偏色
- 《城市一角》：修复照片变形的画面

5.1 《晴空万里》：还原灰蒙照片色彩

【作品名称】：《晴空万里》

【作品欣赏】：呈现在眼前的是一片无尽的山脉，连绵起伏，一眼望去让人心中产生激烈的碰撞。烈日的照射下显得四周有一种压迫的感觉，抬头望向天空，蔚蓝的天空中白云朵朵，显得尤为好看，效果如图5-1所示。

图5-1 效果

【作品解说】：蓝色的天空中显得白云更白，太阳光的出现给这片天空增添了一丝奇特的色彩，映照着大地是那么的光鲜亮丽。

【前期拍摄】：在拍摄这张照片的时候，运用了V形构图法。V形构图法是黄金分割法的一种直接运用，本照片通过两旁山脉的形状轮廓形成的夹角来展现山脉的雄壮，不过在室外拍摄避免不了因光线导致画面变灰的问题，可以通过后期处理，还原灰蒙照片的色彩，如图5-2所示。

图5-2 V形构图法

【主要构图】：V形构图法。

【色彩指导】：在光线不足的室外拍片时，由于光源不足，容易导致拍摄出来的图像出现偏灰的情况。本实例中，首先在“色调曲线”面板下调整高光、亮色调等选项，提高高光部分的亮度，降低阴影部分的亮度，以增强对比，然后在“基本”面板下设置有对比度选项，加强影调，还原灰蒙照片的风光效果。

【后期处理】：本实例主要运用Lightroom软件进行处理。

5.1.1 调整画面鲜艳度，呈现照片更美的一面 进阶

对于大自然美丽的景色，人们都想将其拍摄下来供以后欣赏。但无论是专业的摄影师，还是普通的摄影爱好者，在拍摄照片时，都不可能做到让每张照片都完美无瑕，因此，对数码照片进行后期处理就显得必不可少了。下面介绍调整画面鲜艳度，呈现照片更美一面的方法。

素材位置	素材 > 第 5 章 >5.1.1.jpg
效果位置	效果 > 第 5 章 >5.1.1.jpg
视频位置	视频 > 第 5 章 >5.1.1　调整画面鲜艳度，呈现照片更美的一面 .mp4

01 在Lightroom中导入一张照片素材，切换至“修改照片”模块，如图5-3所示。

图 5-3 导入一张照片素材

02 ❶展开“基本”面板；❷设置“曝光度”为0.11、“对比度”为100，如图5-4所示，增加照片的明暗对比效果。

03 在“基本”面板中设置“高光”为-21、“阴影”为-15、“白色色阶”为-33、“黑色色阶”为19，如图5-5所示，调整图像暗调。

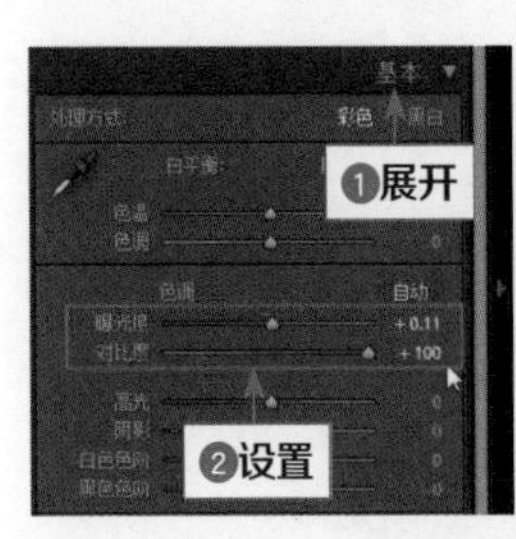

图 5-4 增加照片的明暗对比

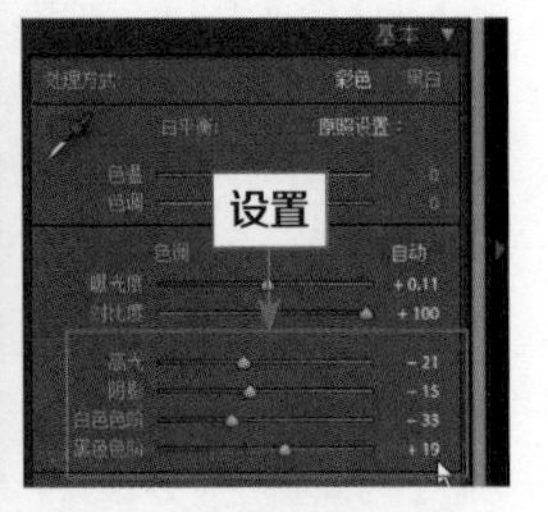

图 5-5 调整图像暗调

04 在“基本”面板的“偏好”选项区中设置“清晰度”为68、“鲜艳度”为53、“饱和度”为25，如图5-6所示。

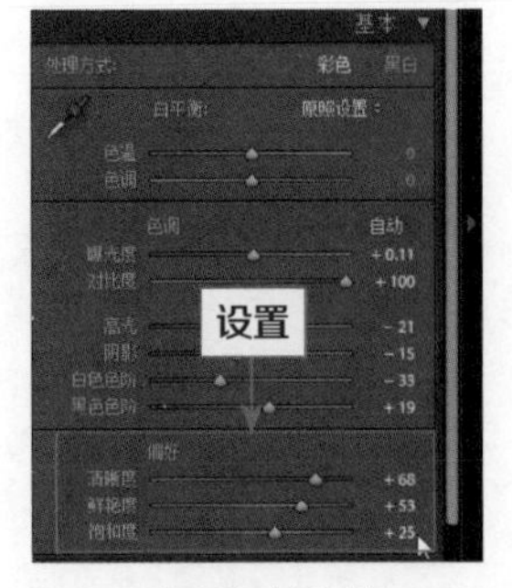

图 5-6 设置相关参数

05 执行操作后，即可对图像进行锐化处理，得到更鲜艳的画面，如图5-7所示。

图 5-7 得到更鲜艳的画面

5.1.2 添加照片暗角效果，凸显照片的艺术气息 重点

暗角既适用于已裁剪的照片，也适用于未裁剪的照片。添加暗角效果后，可以显得照片更有艺术气息。下面介绍添加暗角效果，凸显照片艺术气息的方法。

素材位置	上一个实例效果图
效果位置	效果 > 第 5 章 >5.1.jpg
视频位置	视频 > 第 5 章 >5.1.2　添加照片暗角效果，凸显照片的艺术气息 .mp4

01 ❶展开“HSL/颜色/黑白”面板；❷在“HSL”面板中单击“饱和度”标签，如图5-8所示。

02 执行上述操作后，设置“红色”为100、“橙色”为84、“黄色”为2，如图5-9所示，调整颜色饱和度。

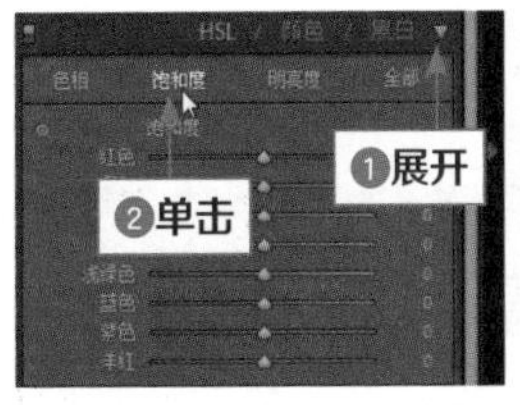

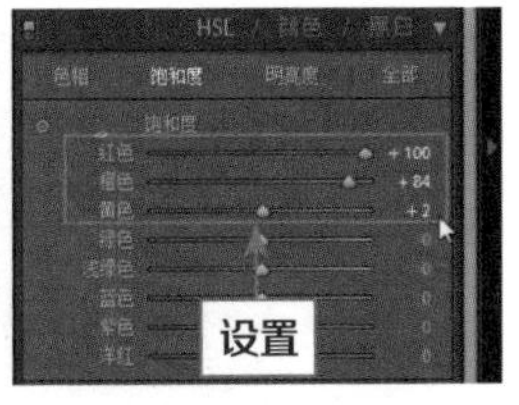

图 5-8 单击“饱和度”标签　　图 5-9 调整颜色饱和度

03 ❶单击“明亮度”标签；❷切换至“明亮度”选项卡，设置“绿色”为21、“浅绿色”为28、“蓝色”为-25，如图5-10所示，设置颜色亮度，增强色彩对比效果。

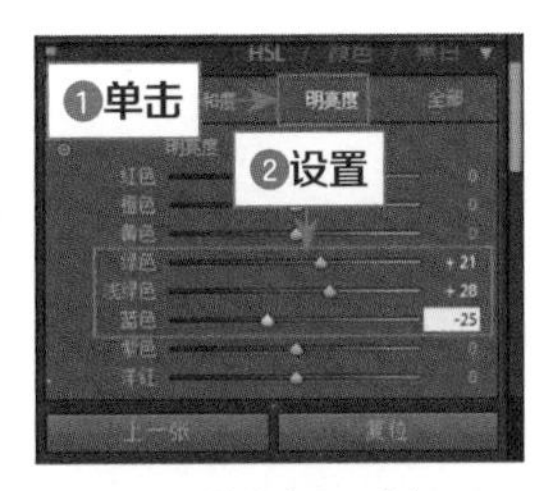

图 5-10 增强色彩对比

04 执行上述操作后，即可增强画面色彩的对比效果，如图5-11所示。

图 5-11 增强画面色彩

05 展开“效果”面板，❶设置“数量”为-23；❷设置“高光”为83，如图5-12所示。

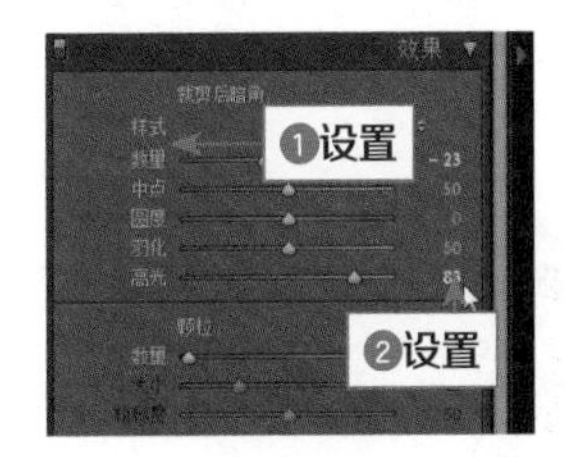

图 5-12 设置相应参数

06 执行上述操作后，即可为照片添加暗角效果，如图5-13所示。

图 5-13 为照片添加暗角效果

5.2 《春暖花开》：修正照片的画面缺陷

【作品名称】：《春暖花开》

【作品欣赏】：春天是万物复苏的季节，各类动植物都在春天慢慢地苏醒，花草树木也长出了嫩芽，看，那扇窗外的花已经盛放，红得似火，让人感觉生机勃勃，充满了春天的气息。本实例效果如图5-14所示。

【作品解说】：春天气温回暖，大自然散发着一种浓郁的生机，就连放在窗外的一盆花也毫不示弱争相开放，仿佛在举办一场选美比赛，每朵花都将自己最美的一面给人们观赏。

图 5-14 效果

【前期拍摄】：在拍摄这个场景的时候，天气正好，本来想在周围的建筑中进行取景，但抬头突然看见对面的窗户外摆着一盆花，这个时候正是开花的时候。

本照片运用了窗户的框式构图法，透过门窗的框架引导欣赏者将视线置于拍摄的花上，增强照片的层次感，形成不一样的画面效果。不过，由于拍摄过程中镜头的缺陷导致拍摄出来的画面有点倾斜，但可以通过后期处理，将倾斜的画面进行纠正，如图5-15所示。

图 5-15 框式构图法

【主要构图】：框式构图法。

【色彩指导】：在摄影中，常常由于相机镜头的缺陷，导致拍摄出来的画面出现桶形和枕形畸变。本实例中，将利用Lightroom中的“镜头校正”功能校正扭曲变形的照片，再适当调整照片颜色，渲染温暖氛围。

【后期处理】：本实例主要运用Lightroom软件进行处理。

5.2.1 更改倾斜的画面，使照片恢复正常状态 重点

拍摄的照片因相机的缺陷导致画面倾斜时，不用太沮丧，可以通过后期处理来进行修正。下面介绍更改倾斜画面，使照片恢复正常状态的方法。

素材位置	素材 > 第 5 章 >5.2.1.jpg
效果位置	效果 > 第 5 章 >5.2.1.jpg
视频位置	视频 > 第 5 章 >5.2.1　更改倾斜的画面，使照片恢复正常状态 .mp4

01 在Lightroom中导入一张照片，切换至“修改照片”模块，如图5-16所示。

图 5-16 导入照片素材

02 单击工具栏上的“裁剪叠加”按钮■，自动创建一个裁剪框，如图5-17所示。

图 5-17 自动创建一个裁剪框

03 在“裁剪叠加”选项面板中，设置“角度”为1.16，如图5-18所示。用户可以根据图像所需自行进行参数设置。

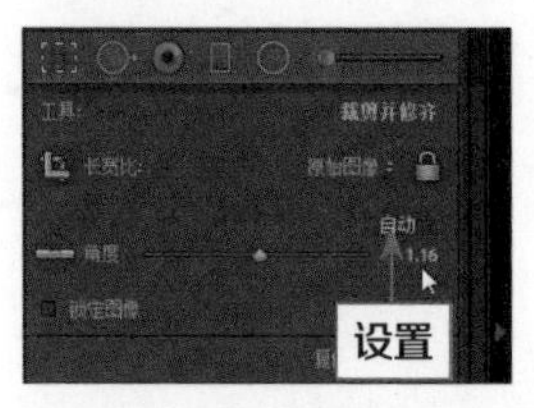

图 5-18 设置“角度”参数

04 执行上述操作后，即可在预览窗口中看到调整角度后的图像，效果如图5-19所示。

图 5-19 看到调整角度后的图像

05 单击预览窗口右下角的“完成”按钮，完成图像的裁剪，如图5-20所示。倾斜画面的调整完成。

图 5-20 裁剪图像

5.2.2 调整画面的影调，使照片变得更加唯美

室外拍摄对光线的要求会高很多，可以利用后期调整画面的影调，使其变得更加好看。下面介绍调整画面的影调，使照片变得更加唯美的方法。

素材位置	上一个实例效果图
效果位置	效果 > 第 5 章 >5.2.jpg
视频位置	视频 > 第 5 章 >5.2.2　调整画面的影调，使照片变得更加唯美 .mp4

01 ❶展开“基本”面板；❷设置“曝光度”为0.6、“对比度”为29，如图5-21所示，增加照片的明暗对比。

02 在“基本”面板中，设置“高光”为-100、“阴影”为60、“白色色阶”为20、“黑色色阶”为-48，如图5-22所示。

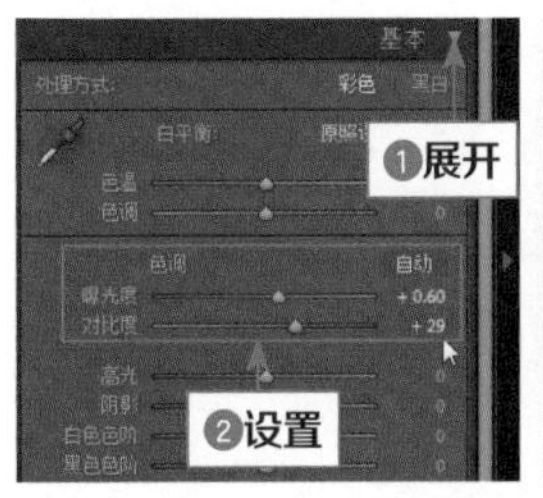

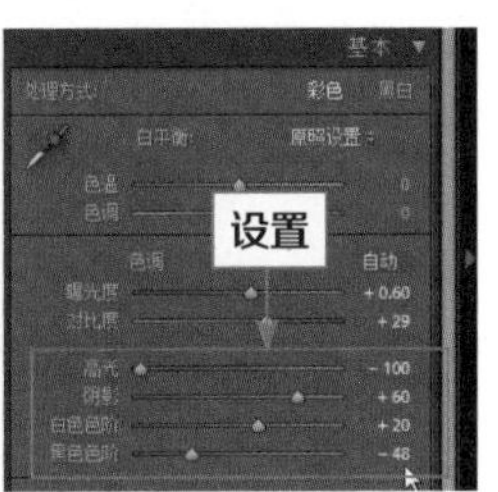

图 5-21 增加照片的明暗对比 图 5-22 设置相应参数

03 执行操作后，即可调整图像的暗调，如图5-23所示。

图 5-23 调整图像的暗调

04 在“基本”面板的“偏好”选项区中设置“清晰度”为26、“鲜艳度”为17、“饱和度”为19，如图5-24所示，对图像进行锐化处理，得到更鲜艳的画面。

05 ❶展开“分离色调”面板；❷在“阴影”选项区中设置“色相”为357、“饱和度”为8，如图5-25所示。

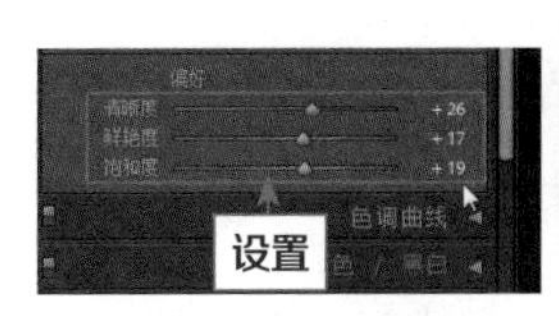

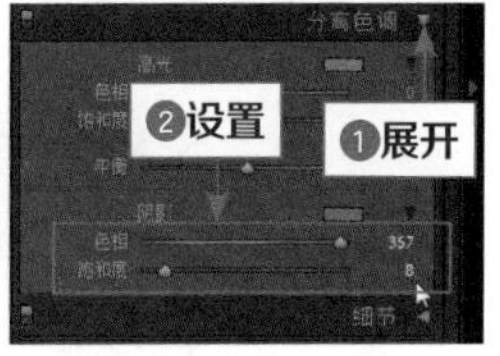

图 5-24 设置相应参数　图 5-25 设置相应参数

06 执行上述操作后，即可平衡照片的颜色，效果如图5-26所示。

图 5-26 平衡照片的颜色

07 展开“效果”面板，在“裁剪后暗角”选项区中，❶设置“数量”为44；❷设置“圆度”为52，如图5-27所示。

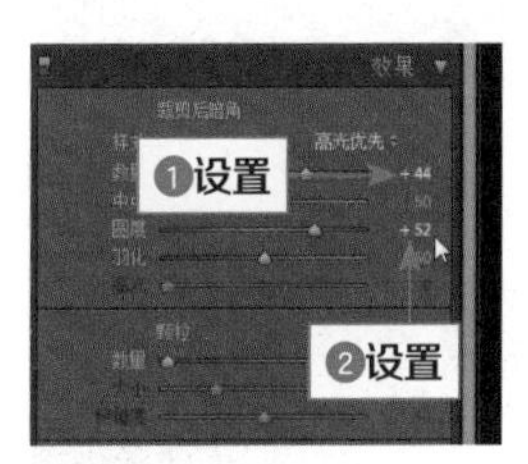

图 5-27 设置相应参数

专家指点

色调分离是由于较小的信息量要展开在较大的区间造成的，对于图像来说这个信息就是影调。例如，把电影院里某一排的观众分散到整个电影院，电影院原来的位子没有变化，以后的位子也不会变化，变化的是：开始的时候，大家一排，你挨着我，我挨着你，非常紧凑，分散后变成东一个西一个坐着，而那些没有人坐的位子就像色调分离的间断部分。任何直方图的拉伸都能造成色调分离。

08 执行上述操作后，即可为照片添加暗角效果，如图5-28所示。

图 5-28 为照片添加暗角效果

5.3 《蓝色魅影》：展现清爽蓝色调画面

【作品名称】：《蓝色魅影》

【作品欣赏】：照片中蓝色的画面让人眼前一亮，这个场景是在桂林一个景点溶洞拍摄的特写，在溶洞中仿佛置身于蓝色的海洋，一切是那么的奇特、神秘。本实例效果如图5-29所示。

图 5-29 效果

【作品解说】：以蓝色为基调，既展现了这个溶洞的奇幻景色，又展现出一丝神秘的气息，让人充满好奇。

【前期拍摄】：拍摄这张照片的时候，笔者完全被眼前的这一幕所征服，拍摄时利用对称式构图法，将画面上下部分形成自然、和谐的对称。不过在溶洞中进行拍摄，因光线本身不是很明亮，导致画面的蓝色调不是特别突出，可以通过后期处理改变画面的效果，如图5-30所示。

图 5-30 对称式构图法

【主要构图】：对称式构图法。

【色彩指导】：本实例选用溶洞的特写照片，通过色温的调整将画面改变为冷色调；利用“HSL/颜色/黑白”调整功能对局部颜色进行饱和度和明亮度的调节，调出蓝色调画面；再利用“分离色调”对高光和阴影的颜色进行处理，增强蓝色，展现清爽、柔美的溶洞奇观。

【后期处理】：本实例主要运用Lightroom软件进行处理。

5.3.1 改变照片的氛围，让画面显得更清爽

为了让画面展现清爽、柔美的视觉效果，可以尝试将照片调整为蓝色调。下面介绍改变照片的氛围，让画面显得更清爽的方法。

素材位置	素材 > 第 5 章 >5.3.1.jpg
效果位置	效果 > 第 5 章 >5.3.1.jpg
视频位置	视频 > 第 5 章 >5.3.1　改变照片的氛围，让画面显得更清爽 .mp4

01 在Lightroom中导入一张照片素材，切换至“修改照片”模块，如图5-31所示。

图5-31 导入照片素材

02 展开“基本”面板，设置“色温”为-33，如图5-32所示。

03 设置“曝光度”为0.78、“对比度”为29、“高光”为2、“阴影”为17、“白色色阶”为16、“黑色色阶”为29，如图5-33所示。

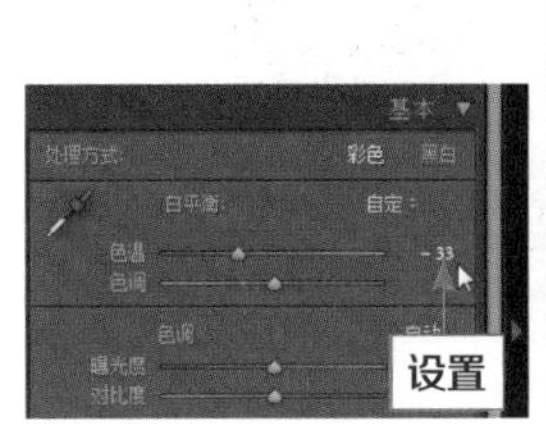

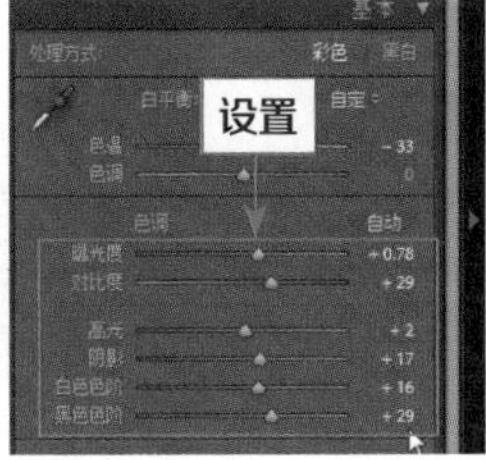

图 5-32 设置“色温”参数　图 5-33 设置相应参数

04 执行上述操作后，即可提高照片亮度，效果如图5-34所示。

图 5-34 提高照片亮度

05 设置“清晰度”为5、“鲜艳度”为11、“饱和度”为45，提高画面整体颜色的饱和度，如图5-35所示。

图 5-35 提高画面整体颜色的饱和度

5.3.2 修饰照片的颜色，突出画面的通透感

上节的操作改变了照片整个画面的氛围，本书为了让画面更有通透感，可以修饰画面的颜色，使画面更有质感。下面介绍修饰照片的颜色，突出画面通透感的方法。

素材位置	上一个实例效果图
效果位置	效果 > 第 5 章 >5.3.jpg
视频位置	视频 > 第 5 章 >5.3.2　修饰照片的颜色，突出画面的通透感 .mp4

01 展开“HSL/颜色/黑白”面板，❶切换至“色相”选项卡；❷设置“浅绿色”为52，修饰照片的颜色，如图5-36所示。

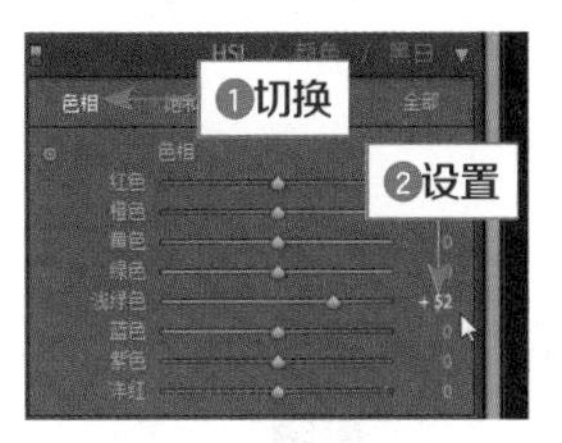

图 5-36 设置参数

02 ❶切换至“饱和度”选项卡；❷设置“绿色”为100、“浅绿色”为-8、“蓝色”为52，提高照片中部分颜色的饱和度，效果如图5-37所示。

03 ❶切换至“明亮度”选项卡；❷设置“浅绿色”为80、“蓝色”为25，如图5-38所示。

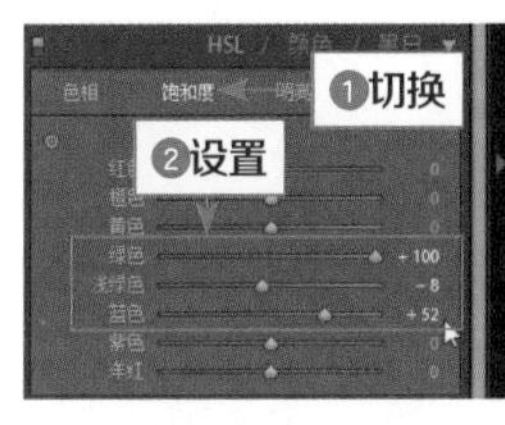

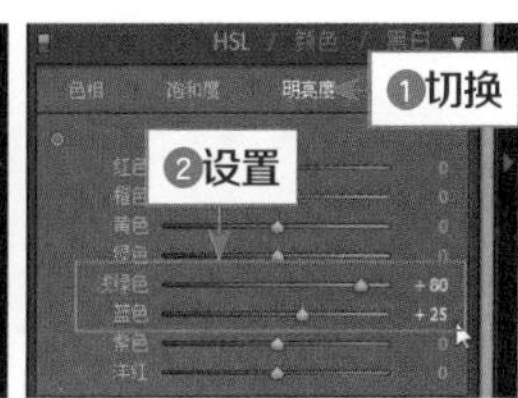

图 5-37 提高照片中部分颜色的饱和度　图 5-38 设置相应参数

04 执行操作后，即可提高画面的明亮度，效果如图5-39所示。

图 5-39 提高画面的明亮度

05 展开“分离色调”面板，对“高光”选项区中的选项进行调整，设置“色相”为208、“饱和度”为51，修饰高光颜色，如图5-40所示。

06 在“分离色调”面板下设置“阴影”选项区中的选

项，设置“色相”为208、“饱和度”为18，如图5-41所示。

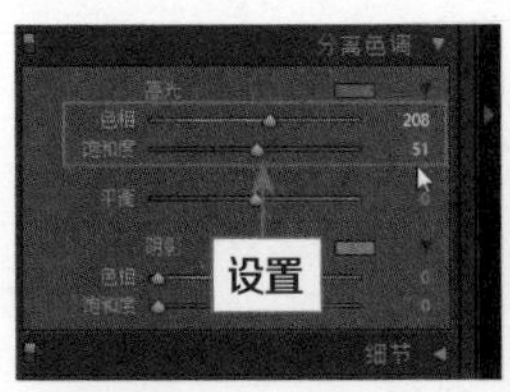

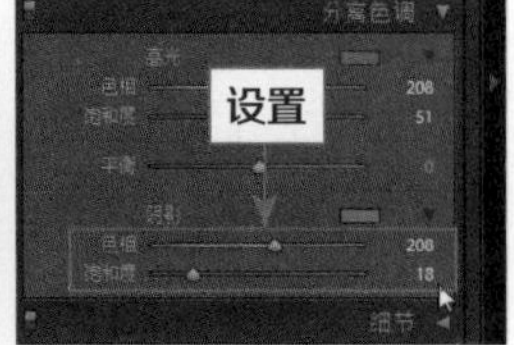

图 5-40 设置相应参数　　图 5-41 设置相应参数

07 执行上述操作后，即可修饰阴影颜色，如图5-42所示。

图 5-42 修饰阴影颜色

08 ❶展开“色调曲线”面板；❷单击“单击以编辑点曲线”按钮，如图5-43所示。

09 切换至点曲线，拖曳鼠标光标调整曲线形态，如图5-44所示。

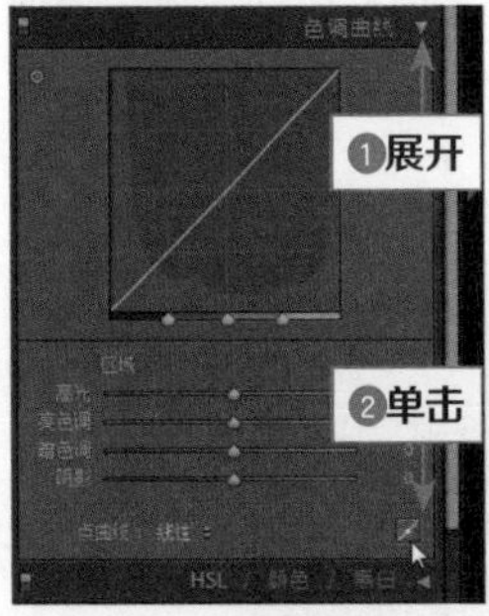

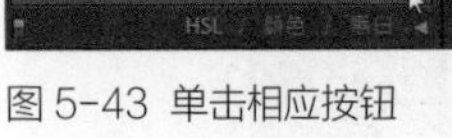
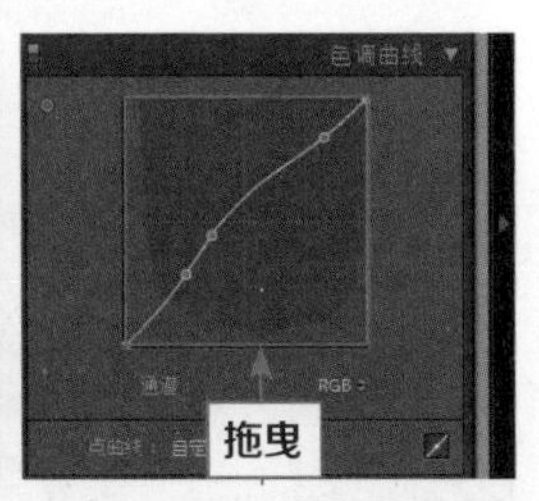

图 5-43 单击相应按钮　　图 5-44 拖曳鼠标光标调整曲线形状

10 执行操作后，即可调整画面的明暗对比效果，如图5-45所示。

专家指点

在“色调曲线”面板中，通过鼠标右键单击曲线上的锚点，在打开的快捷菜单中选择“删除控制点”选项，即可在点曲线中删除相应的锚点。

图 5-45 调整画面的明暗对比效果

11 展开“细节”面板，对“锐化”选项区中的选项进行调整，设置“数量”为60、“半径”为2.1、“细节”为65，如图5-46所示。

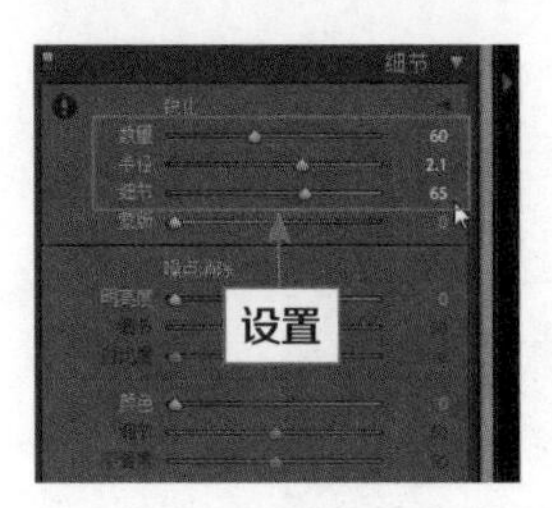

图 5-46 设置相应参数

12 执行上述操作后，即可锐化图像，使画面更加清晰，如图5-47所示。

图 5-47 锐化图像

5.4 《空间》：纠正画面白平衡偏色

【作品名称】：《空间》

【作品欣赏】：两面墙、两个过道组合在一起，构成了一幅美好的简约风格画面，尽管画面中没有过多的装饰与物品，整个画面也能令人感到惊艳，本实例效果如图5-48所示。

图 5-48 效果

【作品解说】：由简单的线条构成一幅不简单的画面，每个物品都有其美的一面，关键在于我们是否能发现它的美。这个场景就是两条过道、两面墙构成的一个画面，虽然看似简单，但是有其独特的风格寓意。

【前期拍摄】：这张照片在拍摄时，运用了双边透视构图法。由近至远的透视手法，以两个过道中间的转折点为基准，使得画面层次丰富，空间感十足，并且能将人的视线无限拉长。但是有的时候在室内拍摄，相机中的白平衡与室内光线可能会产生冲突，导致画面出现偏色的效果，此时可以对画面进行后期处理，纠正画面的偏色，如图5-49所示。

图 5-49 双边透视构图法

【主要构图】：双边透视构图法。

【色彩指导】：拍摄照片时，如果相机中的白平衡设置与景物照明的光线条件不一致，那么就会导致拍摄出来的照片存在偏色的情况。本例就是一张由室内灯光照明条件下拍摄导致偏黄的照片，在后期处理中使用Lightroom中的白平衡选择器工具对其进行校正，并通过“基本”面板设置修正影调和色调，让照片恢复真实的色彩。

【后期处理】：本实例主要运用Lightroom软件进行处理。

5.4.1 纠正照片的偏色，恢复画面原有的色彩 进阶

有的时候在室内，拍摄出来的照片可能会导致偏色，画面颜色不佳，此时可以通过后期处理来纠正这种偏色的现象。下面介绍改变照片的偏色，恢复画面原有色彩的方法。

素材位置	素材 > 第 5 章 >5.4.1.jpg
效果位置	效果 > 第 5 章 >5.4.1.jpg
视频位置	视频 > 第 5 章 >5.4.1　纠正照片的偏色，恢复画面原有的色彩 .mp4

01 在Lightroom中导入一张照片素材，切换至“修改照片”模块，如图5-50所示。

图 5-50 导入一张照片素材

02 展开“基本”面板，选取白平衡选择器工具，如图5-51所示。

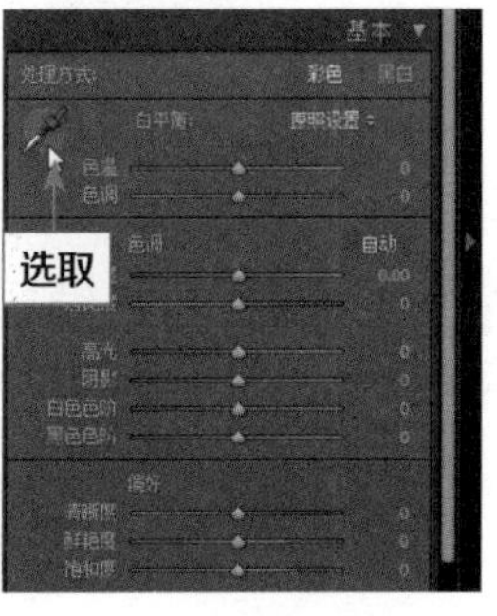

图 5-51 选取白平衡选择器工具

03 在照片中的相应位置处单击鼠标左键，如图5-52所示。

图 5-52 选择相应位置

04 执行操作后，即可调整照片的白平衡参数，如图5-53所示。

图 5-53 调整照片的白平衡参数

05 在“基本”面板中，设置“色调”为“自动”，调整画面效果，如图5-54所示。

图 5-54 调整画面效果

5.4.2 修复画面边缘暗角，恢复镜头产生的缺陷 进阶

暗角是一种镜头缺陷，它最直观的表现就是图像的边缘比中心暗。在Lightroom中，对于暗角的处理，拖曳“镜头暗角”区域中的“数量”和“中点”选项滑块，即可将其从影像中去除。下面介绍修复画面边缘暗角，恢复镜头产生的缺陷的方法。

素材位置	上一个实例效果图
效果位置	效果 > 第 5 章 >5.4.jpg
视频位置	视频 > 第 5 章 >5.4.2　修复画面边缘暗角，恢复镜头产生的缺陷 .mp4

01 ❶展开“镜头校正”面板；❷切换至“手动”选项卡；❸在“暗角”选项区中设置“数量”为100、“中点”为43，效果如图5-55所示。

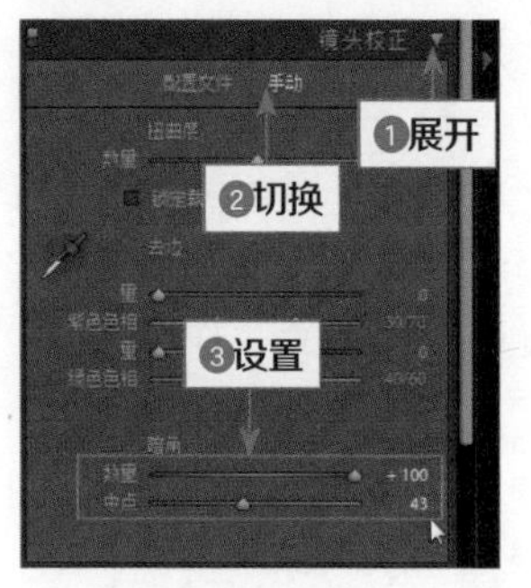

图 5-55 设置相应参数

02 执行上述操作后，即可去除画面边缘的暗角，效果如图5-56所示。

图 5-56 去除画面边缘的暗角

03 展开“基本”面板，在“偏好”选项区中，设置“清晰度”为17、“鲜艳度”为57和“饱和度”为21，对照片的色调和锐化程度进行调整，让照片中的细节更加完美，如图5-57所示。

图 5-57 调整照片细节

5.5 《秋意渐浓》：相机校准照片色彩

【作品名称】：《秋意渐浓》

【作品欣赏】：秋天是一个收获的季节，同时秋天也是金黄、美丽的季节。秋天，花草树木的叶子开始变黄，有的已经从树上掉下来，有的还在树上伴着微风轻轻摇曳。看对面的树林，一片金黄，就像被染上了颜料，是那么的光鲜亮丽。一阵微风吹过，仿佛还可以听到树叶沙沙作响的吵闹声，热闹极了。本实例效果如图5-58所示。

图 5-58 效果

【作品解说】：秋天最吸引人眼球的便是金黄的树林、麦田等场景。看着河对面的一片金黄不由得发出一声满足的叹息。秋天有着春天的可爱、夏天的火热以及冬天的迷人，在金秋时节好景随处可见。

【前期拍摄】：这张照片在拍摄时，运用了倒影构图法，水中的倒影与河岸上的树木相呼应，使画面变得和谐，突出一种别样的美。为了使照片达到最好的效果，所以还需要对照片进行后期处理，将画面的颜色加深，使画面更加靓丽，使风景变得更加优美，如图5-59所示。

图 5-59 倒影构图法

【主要构图】：倒影构图法。

【色彩指导】：Lightroom中内置的“相机校准”功能利用不同的相机配置文件和原色调调整滑块，处理图像的颜色，修复偏色的照片，快速校准照片颜色。

【后期处理】：本实例主要运用Lightroom软件进行处理。

素材位置	素材 > 第 5 章 >5.5.jpg
效果位置	效果 > 第 5 章 >5.5.jpg
视频位置	视频 > 第 5 章 >5.5 《秋意渐浓》：相机校准照片色彩 .mp4

01 在Lightroom中导入一张照片素材，切换至“修改照片”模块，如图5-60所示。

图 5-60 导入一张照片素材

02 ❶展开“相机校准”面板；❷在“阴影”选项区中设置“色调”为16，在“红原色”选项区中设置“色相”为-35、“饱和度”为50，在“绿原色”选项区中设置“色相”为20、“饱和度”为35，如图5-61所示。

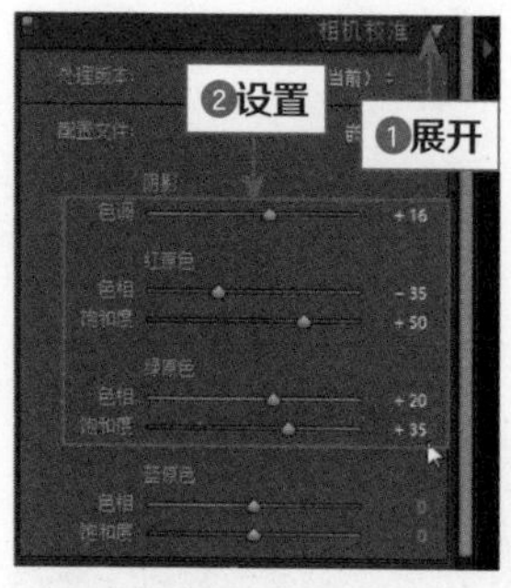

图 5-61 设置相应参数

03 执行上述操作后，即可看到照片的色彩变得更加饱满，效果如图5-62所示。

图 5-62 色彩变得更加饱满

专家指点

Lightroom 提供两种不同的配置文件来处理原始图像，可通过在不同的白平衡光照条件下拍摄颜色目标来生成配置文件。设置白平衡后，Lightroom 将使用用户相机的配置文件推断颜色信息。这些相机配置文件就是为Adobe Camera Raw开发的文件，而不是ICC颜色配置文件。用户通过使用“相机校准”面板中的控件并将所做更改存储为预设，可以调整 Lightroom 解析相机中颜色的方式。

04 ❶展开“基本”面板；❷设置“对比度”为28、“高光”为-30、“阴影”为21；❸设置“清晰度”为20；❹设置“饱和度”为18，如图5-63所示。

图 5-63 设置相应参数

05 执行上述操作后，即可加深照片的色彩对比度，效果如图5-64所示。

图 5-64 加深照片的色彩对比度

06 ❶展开“变换”面板；❷在“变换”选项区中设置“旋转”为1；❸选中“锁定裁剪”复选框，如图5-65所示。

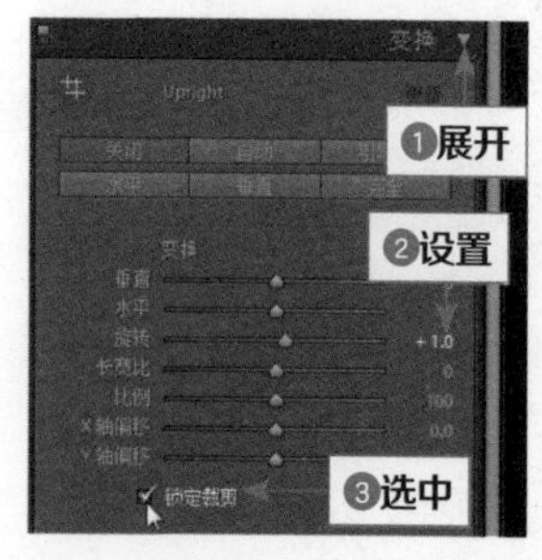

图 5-65 选中“锁定裁剪”复选框

07 执行上述操作后，即可使照片形成水平构图，效果如图5-66所示。

08 展开“色调曲线”面板中的点曲线选项，❶选择RGB通道；❷调整通道曲线，修饰画面影调，如图5-67所示。

图 5-66 使照片形成水平构图

图 5-67 修饰画面影调

5.6 《城市一角》：修复照片中变形的画面

【作品名称】：《城市一角》

【作品欣赏】：这张照片展现的是城市一角的风景，河对面的建筑已经快要完工，此时可以看到每个建筑旁都还有一个建筑机器。画面中呈椭圆形的建筑让江边的风景增添了一些独特的气息，红色的轮船更是画面的点睛之笔。本实例效果如图5-68所示。

图 5-68 效果

【作品解说】：拍摄这张照片的时候，天空很干净，衬得周围的一切是那么明亮，河对面快要竣工的建筑是多么的高大雄伟，可以预测到未来它们的魅力。

【前期拍摄】：拍摄这张照片时，运用了多垂直构图法，利用整齐、排列的建筑的垂直线进行构图取景，给人一种非常稳定的感觉。不过因拍摄时校正镜头出现了些许缺陷，导致画面扭曲，需要对画面进行后期处理，如图5-69所示。

图 5-69 垂直构图法

【主要构图】：垂直构图法。

【色彩指导】：在某些照片中，有些建筑物因透视畸变而东倒西歪，仿佛随时要向两边塌下去一样，给观者不好的感觉，所以，我们在Lightrom中，可以通过“镜头校正”功能可以纠正前期拍摄的画面透视变形等问题。

【后期处理】：本实例主要运用Lightroom软件进行处理。

素材位置	素材 > 第 5 章 >5.6.jpg
效果位置	效果 > 第 5 章 >5.6.jpg
视频位置	视频 > 第 5 章 >5.6 《城市一角》：修复照片中变形的画面 .mp4

01 在Lightroom中导入一张照片，切换至“修改照片”模块，如图5-70所示。

图 5-70 导入一张照片

02 ❶单击“镜头校正”后的倒三角形按钮，展开“镜头校正”面板；❷选择“手动”选项卡，如图5-71所示。

03 在“扭曲度”选项区中，❶设置“数量”为50；❷选中“锁定裁剪”复选框，如图5-72所示。

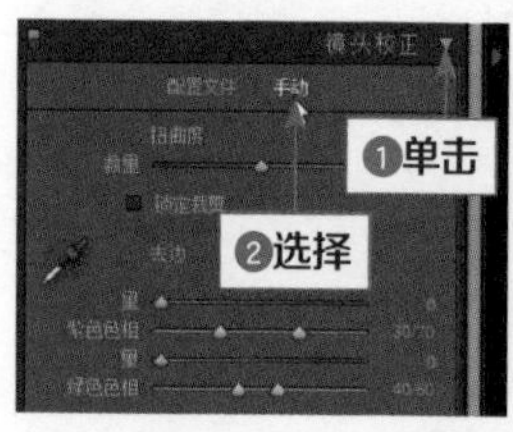

图 5-71 选择“手动”选项卡

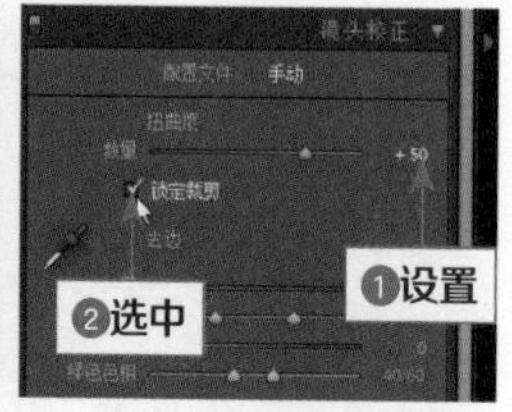

图 5-72 选中“锁定裁剪”复选框

04 执行上述操作后，即可校正变形的画面，效果如图5-73所示。

图 5-73 校正变形的画面

05 展开“色调曲线”面板，在面板中设置“亮色调”为29、“暗色调”为15，❶单击“单击以编辑点曲线”按钮，切换至点曲线；❷使用鼠标光标拖曳曲线，调整画面影调，如图5-74所示。

图 5-74 调整画面影调

06 ❶展开“基本”面板；❷设置“对比度”为-27；❸在“偏好”选项区中设置“鲜艳度”为64、“饱和度”为59，提高照片的鲜艳度，效果如图5-75所示。

图 5-75 提高照片的鲜艳度

5.7 习题测试

习题1 使用Lightroom修正曝光不足的照片

素材位置	素材 > 第 5 章 > 习题 1.jpg
效果位置	效果 > 第 5 章 > 习题 1.jpg
视频位置	视频 > 第 5 章 > 习题 1：使用 Lightroom 修正曝光不足的照片 .mp4

本习题需要读者掌握使用Lightroom修正曝光不足的照片的方法，素材图像如图5-76所示，最终效果如图5-77所示。

图 5-76 素材图像

图 5-77 最终效果

习题2 利用色调曲线校正画面色彩

素材位置	素材 > 第 5 章 > 习题 2.jpg
效果位置	效果 > 第 5 章 > 习题 2.jpg
视频位置	视频 > 第 5 章 > 习题 2：利用色调曲线校正画面色彩 .mp4

本习题需要读者掌握运用Lightroom中的色调曲线功能，校正画面色彩的方法，素材图像如图5-78所示，最终效果如图5-79所示。

图 5-78 素材图像

图 5-79 最终效果

习题3 使用镜头面板修正照片色边

素材位置	素材 > 第 5 章 > 习题 3.jpg
效果位置	效果 > 第 5 章 > 习题 3.jpg
视频位置	视频 > 第 5 章 > 习题 3：使用镜头面板修正照片色边 .mp4

本习题需要读者掌握使用镜头面板，修正照片色边的方法，素材图像如图5-80所示，最终效果如图5-81所示。

图 5-80 素材图像

图 5-81 最终效果

第06章 降噪锐化：清晰呈现照片的画面状态

Lightroom的降噪、锐化和局部调整功能可能没有Photoshop那么丰富，然而，如果能熟练运用Lightroom中的所有局部调整工具，用户依然可以解决大多数后期处理中的问题。本章主要介绍如何在Lightroom中对照片进行降噪、锐化和局部处理。

扫码观看本章实战操作视频

课堂学习目标

- 《海天一线》：照片的降噪与锐化
- 《调皮猴子》：使用画笔工具局部精调
- 《西藏一角》：改变特定区域的颜色
- 《西藏高峰》：照片局部渐变精修
- 《美丽少女》：完美呈现艺术写真
- 《留不住的花》：加深花朵照片的聚焦效果

6.1 《海天一线》：照片的降噪与锐化

【作品名称】：《海天一线》

【作品欣赏】：站在海边，看着一望无际的大海，感觉内心都平静了，在这快节奏的城市生活中看看一望无垠的天空与蓝蓝的大海，真是一件美好的事情。本实例效果如图6-1所示。

海天一线

繁华中带着一丝宁静的气息

图6-1 效果

【作品解说】：蓝蓝的天空中飘着一片片的白云，与天空下的大海相得益彰，构成一幅美好的画卷。遥看远处的城市建筑，仿佛融入了这美景，变得迷人神圣。

【前期拍摄】：这张照片在拍摄时，运用了左单边透视构图法，河边的栏杆透视线，朝画面左侧延伸，体现了画面的立体感；同时，画面中的蓝天白云与水面相互映衬，增强了画面的活力。为了让照片里的风景变得更加优美，可以对画面进行后期处理，如图6-2所示。

图6-2 左单边透视构图法

【主要构图】：左单边透视构图法。

【色彩指导】：如果前期拍摄条件有限，图像难免会产生噪点，画面中出现的噪点会严重影响照片的质量，在这种情况下，就需要在后期的数码暗房中进行处理。本实例中，将图像放大显示可以清楚地看到画面中的噪点，通过在“细节”面板中调整“明亮度”和“颜色”选项，可以去掉画面中的噪点，表现天空之美。

【后期处理】：本实例主要运用Lightroom软件进行处理。

6.1.1 减少画面噪点，展现天空之美 重点

在室外拍照时，因为一些外在原因可能导致拍摄的照片画面不佳，出现噪点，但是我们可以通过Lightroom中的“细节”面板，减少画面噪点。下面介绍减少画面噪点，展现天空之美的方法。

素材位置	素材 > 第 6 章 >6.1.1.jpg
效果位置	效果 > 第 6 章 >6.1.1.jpg
视频位置	视频 > 第 6 章 >6.1.1　减少画面噪点，展现天空之美 .mp4

01 在Lightroom中导入一张照片素材，切换至“修改照片”模块，如图6-3所示。

图 6-3 导入一张照片素材

02 ❶单击“导航器”面板右侧的缩放按钮；❷选择2:1视图级别，如图6-4所示。

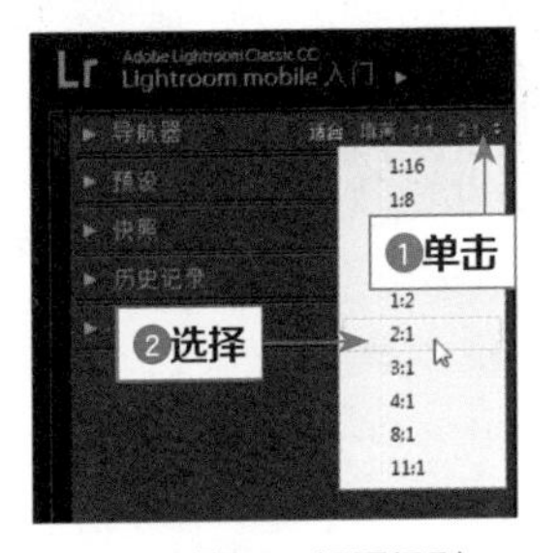

图 6-4 选择 2:1 视图级别

03 放大图像，此时可以清楚地看到照片中的噪点，如图6-5所示。

专家指点

出现噪点在数码照片中是相当常见的一个问题。噪点的明显与否主要取决于以下 3 个因素。

- 噪点的明显与否取决于记录信号的亮度。照片越亮越不容易产生噪点，照片越暗越容易产生噪点。因此，在昏暗环境下拍摄的照片以及照片的阴影部分更容易出现明显的噪点。
- 噪点的明显与否与拍摄照片所采用的感光度有关。感光度越高越容易出现噪点，感光度越低画面相对会越干净。
- 噪点的明显与否与感光元件的物理性能有关，包括单位像素面积以及感光元件的制作工艺水平。

图 6-5 照片中的噪点

04 ❶展开右侧的“细节”面板；❷设置“明亮度”为68、“细节”为59、“对比度”为19，如图6-6所示。

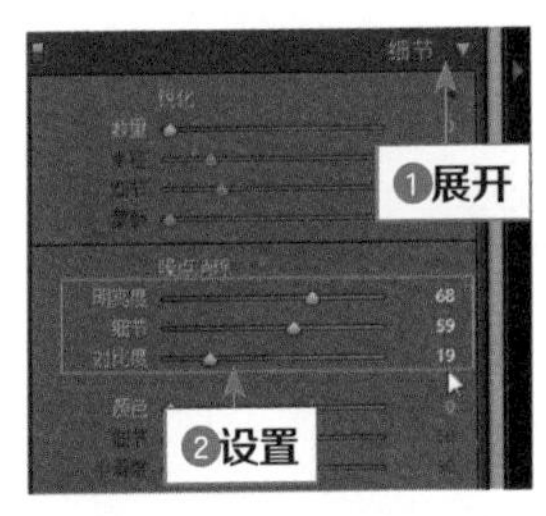

图 6-6 设置相应参数

05 执行上述操作后，即可减少画面中的噪点，如图6-7所示。

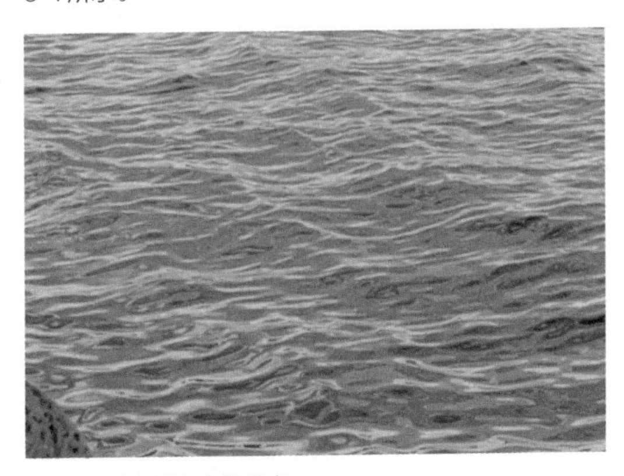

图 6-7 减少画面中的噪点

专家指点

与锐化一样，观察噪点时最好把照片放大到100%，甚至更大。充满普通显示器的尺寸往往无法清晰地显示噪点，而当放大照片后，噪点就变得很明显——这也提醒用户，如果只需要使用小尺寸的照片，很多时候其实可以忽略轻微的噪点问题。

06 继续在“细节”面板中设置“颜色”为72、“细节”为56，执行上述操作后，即可减少画面中的颜色噪点，效果如图6-8所示。

图6-8 减少画面中的颜色噪点

6.1.2 锐化照片，使画面更加清晰 进阶

图像是否足够清晰是评价一张摄影作品画质高低的重要标准。本实例中，利用Lightroom中的锐化功能对模糊的照片进行锐化处理，弥补因前期拍摄不到位而留下的遗憾，从而获取清晰的照片效果。下面介绍锐化照片，使画面更加清晰的操作方法。

素材位置	上一个实例效果图
效果位置	效果 > 第 6 章 >6.1.jpg
视频位置	视频 > 第 6 章 >6.1.2　锐化照片，使画面更加清晰 .mp4

01 展开“细节”面板，设置“数量”为100，锐化图像，如图6-9所示。

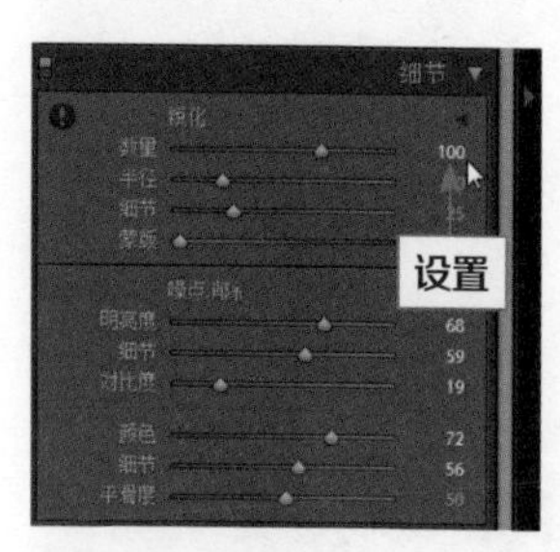

图6-9 锐化图像

02 按住Alt键，拖曳“半径”选项滑块，设置“半径”为2.7，在预览窗口中将显示锐化的照片细节，如图6-10所示。

图6-10 显示锐化的照片细节

03 ❶单击Lightroom右侧面板上的“色调曲线”按钮，展开“色调曲线”面板；❷设置“高光”为-86、“亮色调”为31、“暗色调”为-5、“阴影”为25，如图6-11所示。

04 执行操作后，即可调整画面的明暗对比。❶展开“基本”面板；❷设置“对比度”为29；❸设置“鲜艳度”为56、“饱和度”为33，如图6-12所示。

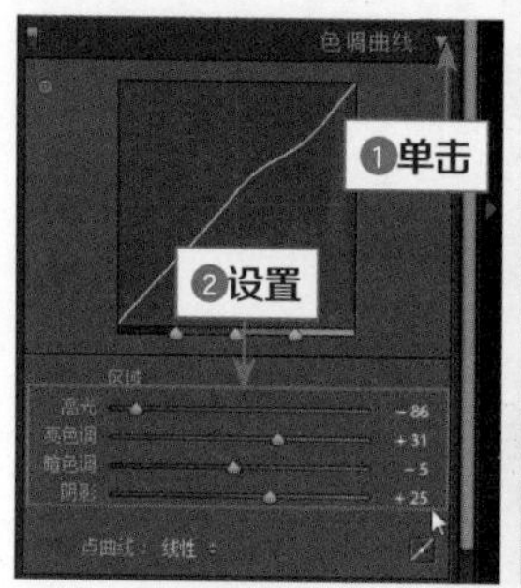

图6-11 设置相应参数　图6-12 设置相应参数

05 执行上述操作后，即可增强图像的画面色彩，效果如图6-13所示。

图6-13 增强图像的画面色彩

6.2 《西藏高峰》：照片局部渐变精修

【作品名称】：《西藏高峰》

【作品欣赏】：身边认识的人中没有谁不对西藏满怀憧憬，身处南方的我离西藏非常遥远，去过西藏的人都说西藏的天很蓝，山脉很壮阔，但直到自己下定决心亲身体验后才深有体会。西藏的天蓝得毫无杂质，就像一张蓝色的纸，站在山顶静看远处的山峰高耸入云，仿佛只要伸手就能触摸到白云，这种感觉真是震撼人心。本实例效果如图6-14所示。

图 6-14　效果

【作品解说】：西藏是一个神奇的地方，充满着神秘感，人们对它的向往丝毫不会受到任何条件的影响。来到西藏看着崇山峻岭，层层叠叠地起伏着，白云堆积在蓝天中，犹如人间仙境一般，美丽到极致，仿佛心中的疲惫都在这一个瞬间被扫光了，只剩无限的活力以及对未来的无限憧憬。

【前期拍摄】：这张照片在拍摄时，运用了V形构图法，利用两边的山形成的V形进行构图。V形构图是富有变化的一种构图方式，能够很好地突出主体，使画面更加丰富。但是为了更突出天空的蓝，使照片达到最好的效果，所以还需要对照片进行后期处理，让照片里的风景变得更加优美，如图6-15所示。

图 6-15　V 形构图法

【主要构图】：V形构图法。

【色彩指导】：拍摄自然风光时，摄影师为了突出天空下的景色忽略了天空，使其缺少应有的层次感，这时就需要通过后期处理增强天空色彩，体现出层次感。本实例中，应用了Lightroom中渐变滤镜工具，从天空区域向下拖曳渐变，增强天空色彩，再通过调整画面色彩，展现完美的画面效果。

【后期处理】：本实例主要运用Lightroom软件进行处理。

6.2.1 渐变滤镜，增强画面色彩　重点

渐变滤镜在Lightroom中是一种很重要的工具，在一定程度上能够起到画龙点睛的作用，只要使用得当必然会产生令人满意的效果，如能够快速将灰蒙的天空变得蔚蓝并且有层次感。下面介绍使用渐变滤镜，增强画面色彩的方法。

素材位置	素材 > 第 6 章 >6.2.1.jpg
效果位置	效果 > 第 6 章 >6.2.1.jpg
视频位置	视频 > 第 6 章 >6.2.1　渐变滤镜，增强画面色彩.mp4

01 在Lightroom中导入一张照片素材，切换至“修改照片”模块，如图6-16所示。

图 6-16　导入一张照片素材

02 ❶在工具栏上选取渐变滤镜工具；❷从图像上方向下方拖曳光标，当拖曳至合适位置时释放鼠标，完成渐变绘制，如图6-17所示。用户可以根据照片的实际状况自行调整拖曳位置。

图6-17 渐变绘制

专家指点

渐变滤镜是一个局部调整工具，它与调整画笔唯一的不同之处是添加蒙版的方法。渐变滤镜通过向照片添加一个过渡选区，来决定哪些区域应用面板中所确定的调整效果。渐变滤镜经常被用来营造特殊效果，但是它最常用的场合可能是对渐变中灰密度镜的模拟。

03 在“渐变滤镜”选项面板中，❶设置“色温”为-81、“色调”为28、“曝光度”为-0.8；❷设置“清晰度”为-30；❸设置“饱和度”为28、“锐化程度”为-89，如图6-18所示，调整天空的明暗对比。

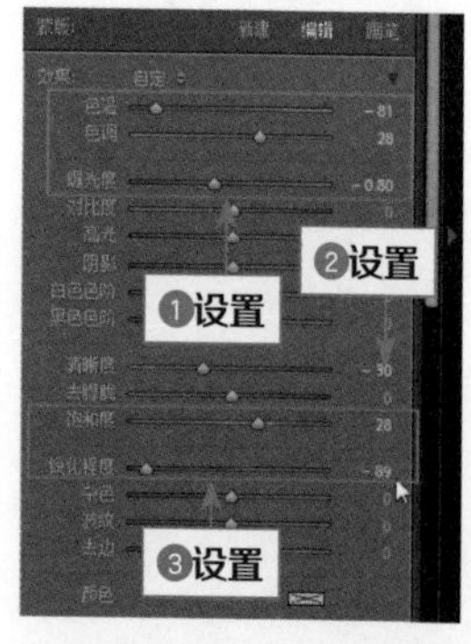

图6-18 调整天空的明暗对比

04 ❶单击“颜色”选项右侧的颜色选择框；❷在打开的颜色拾取器中选择蓝色，加深天空颜色，如图6-19所示。

05 单击主窗口右下角的“完成”按钮，即可添加渐变滤镜效果，修饰天空的色彩，如图6-20所示。

图6-19 加深天空颜色

图6-20 添加渐变滤镜效果

06 展开“HSL/颜色/黑白”面板，❶切换至“饱和度”选项卡；❷设置“红色”为100、“橙色”为100、“黄色”为100，增强饱和度效果，如图6-21所示。

07 ❶切换至“明亮度”选项卡；❷设置“橙色”为78、“黄色”为78、“绿色”为53，增强明亮度效果，如图6-22所示。

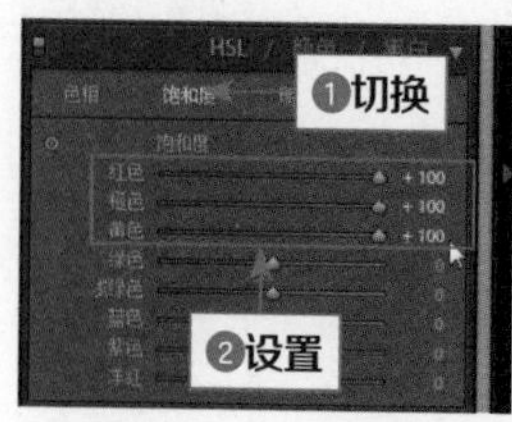

图6-21 设置相应参数

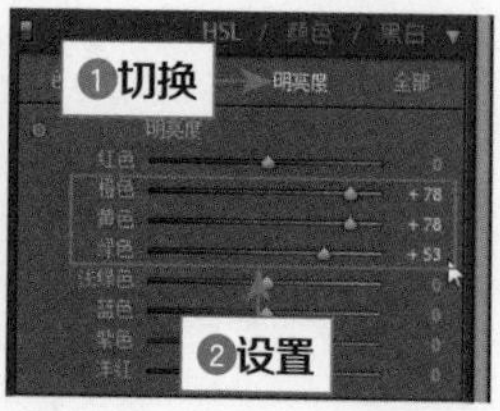

图6-22 设置相应参数

08 ❶展开“基本”面板；❷设置“对比度”为35；❸设置“白色色阶”为35；❹设置“清晰度”为20、“鲜艳度”为30、“饱和度”为21，增强画面色彩，如图6-23所示。

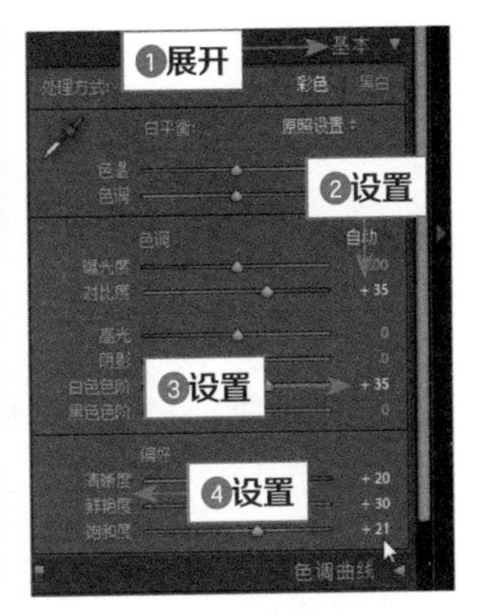

图 6-23 设置相应参数

09 ❶在工具条上选取渐变滤镜工具；❷单击“新建”按钮；❸在右侧的“渐变滤镜”选项面板中设置“清晰度”为80、“饱和度”为20；❹使用渐变滤镜工具在图像上拖曳光标，添加渐变效果，如图6-24所示。

图 6-24 添加渐变效果

10 单击主窗口右下角的“完成”按钮，即可添加渐变滤镜效果，如图6-25所示。

图 6-25 添加渐变滤镜效果

6.2.2 调整细节，使画面更加精细

室外拍摄照片时，很容易导致照片的画质发生改变，使照片不清晰，所以可以通过Lightrom中的锐化功能对照片进行处理。下面介绍调整细节，使画面更加精细的方法。

素材位置	上一个实例效果图
效果位置	效果 > 第 6 章 >6.2.jpg
视频位置	视频 > 第 6 章 >6.2.2　调整细节，使画面更加精细 .mp4

01 ❶展开“细节”面板；❷设置“数量”为100，锐化图像，如图6-26所示。

02 设置“半径”为2.7，如图6-27所示。

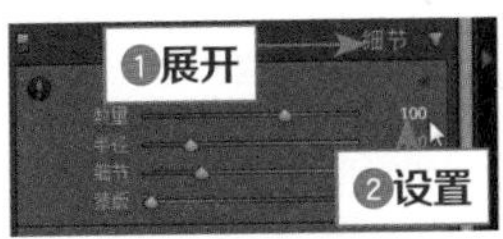

图 6-26 设置相应参数

图 6-27 设置相应参数

03 ❶单击Lightroom右侧面板上的“色调曲线”按钮，展开“色调曲线”面板；❷设置“高光”为22、“亮色调”为-10、“暗色调”为-14、“阴影”为-34，如图6-28所示。

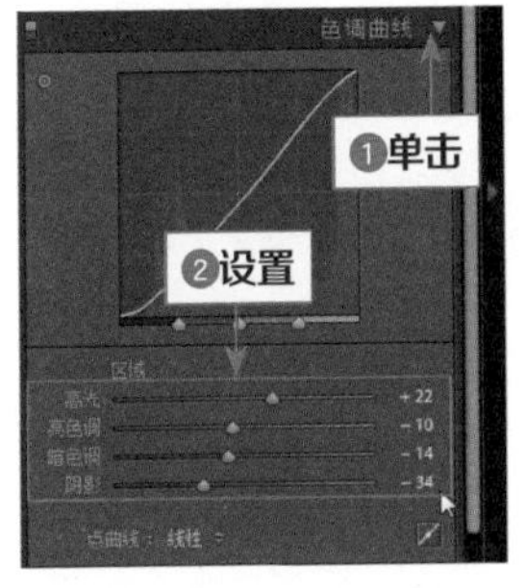

图 6-28 设置相应参数

04 执行操作后，即可调整画面的明暗对比，如图6-29所示。

图 6-29 调整画面的明暗对比

6.3 《调皮猴子》：使用画笔工具局部精调

【作品名称】：《调皮猴子》

【作品欣赏】：动物是人类的朋友，看，那只猴

子，猴子是一种很机灵的动物，它的动作非常有趣，只见它双手抱着树枝，两只眼睛一动不动地直视着你，像是在打着什么主意一样，有趣极了。本实例效果如图6-30所示。

图 6-30 效果

【作品解说】：这只猴子真调皮，双脚踩在一根细细的树枝上，双手扶着树枝，又长又细的尾巴自然垂下，任凭它在空中摇荡。不知道是什么吸引了它的视线，目不转睛地看着远处，都说猴子是一种非常有灵性的动物，这么一看确实很人性化。

【前期拍摄】：这张照片在拍摄时，运用了左三分线构图法，将猴子置于左向三分线的位置，使其处于画面左侧的三分之一处，将背景虚化，更突出主体，使人一目了然。不过对于画面背景的虚化还可以做得更好，可以通过后期处理来实现，如图6-31所示。

图 6-31 左三分线构图法

【主要构图】：左三分线构图法。

【色彩指导】：为拍摄的照片添加景深，可以突出照片的主体对象。本实例中，利用Lightroom中的调整画笔工具在照片中的背景区域涂抹，将背景从原照片中选取出来，再使用“调整画笔”选项面板下的清晰度和锐化程度设置，对选取出来的背景进行模糊处理，为照片添加景深效果。

【后期处理】：本实例主要运用Lightroom软件进行处理。

6.3.1 使用画笔工具，增强景深效果 重点

调整画笔是Lightroom中使用自由度最大的局部调整工具，因为通过画笔，用户能够任意在画面上描画选区和蒙版。使用调整画笔工具，可以通过在照片上进行“喷涂”，有选择性地应用“曝光度”“清晰度”“亮度”和其他调整。下面介绍使用画笔工具，增强景深效果的方法。

素材位置	素材 > 第 6 章 >6.3.1.jpg
效果位置	效果 > 第 6 章 >6.3.1.jpg
视频位置	视频 > 第 6 章 >6.3.1　使用画笔工具，增强景深效果 .mp4

01 在Lightroom中导入一张照片素材，切换至“修改照片”模块，如图6-32所示。

图 6-32 导入一张照片素材

02 在工具条上选取调整画笔工具，如图6-33所示。

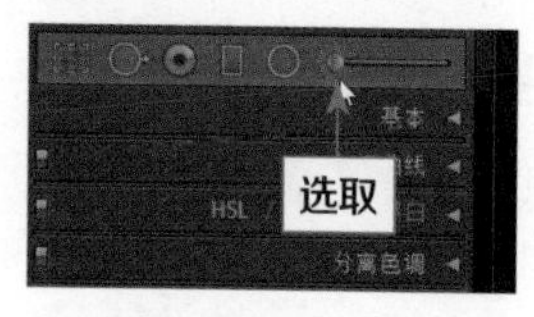

图 6-33 选取调整画笔工具

03 选中照片显示区域下方的“显示选定的蒙版叠加”

复选框，如图6-34所示。

图 6-34 选中相应复选框

04 在右侧“调整画笔”选项面板中的“画笔”选项下，设置“大小”为15、“羽化”为50，如图6-35所示。

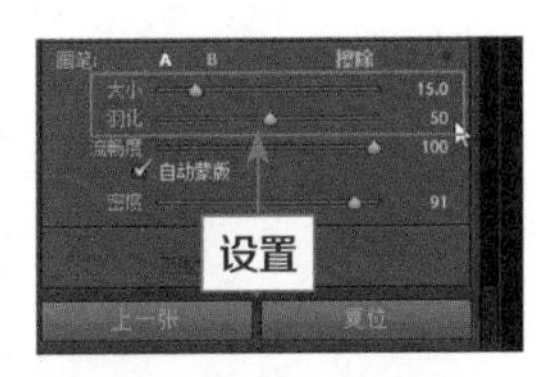

图 6-35 设置相应参数

05 设置完毕后，在图像的背景区域进行涂抹，如图6-36所示。

图 6-36 涂抹背景区域

06 在“调整画笔”选项面板中对画笔大小、羽化等选项进行调整，继续使用调整画笔工具在背景区域进行涂抹，如图6-37所示。

图 6-37 继续涂抹背景区域

07 在“画笔”选项区中单击“擦除”按钮，擦除多余的蒙版区域，如图6-38所示。

图 6-38 擦除多余的蒙版区域

08 ❶在“调整画笔”选项面板中设置“对比度”为-100；❷设置“清晰度”为-100；❸设置“锐化程度”为-100，如图6-39所示。

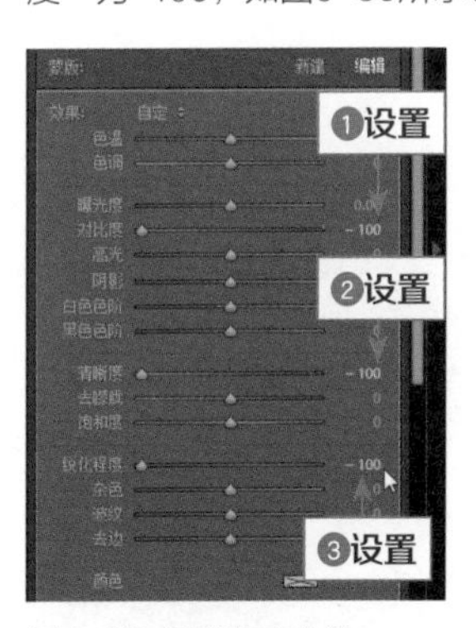

图 6-39 设置相应参数

09 取消选中图像显示区域下方的“显示选定的蒙版叠加”复选框，如图6-40所示。

图 6-40 取消选中相应复选框

10 单击右下角的“完成”按钮，查看模糊后的图像，效果如图6-41所示。

图6-41 单击右下角的“完成”按钮

11 ❶展开“色调曲线”面板；❷设置“亮色调”为35，如图6-42所示。

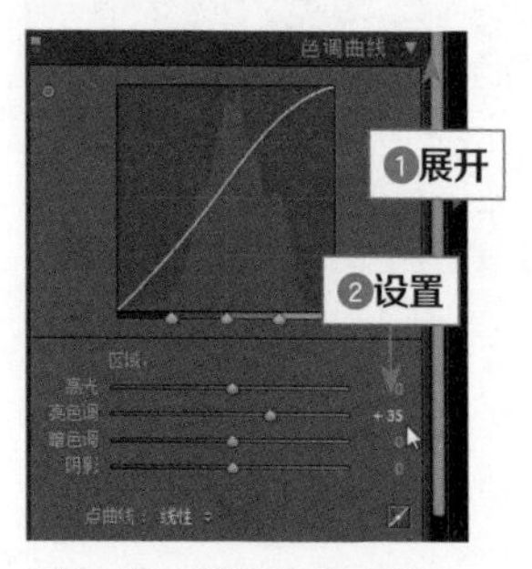

图6-42 设置亮色调参数

12 执行上述操作后，即可增加照片的亮度，效果如图6-43所示。

图6-43 增加照片的亮度

专家指点

无论是调整画笔还是滤镜渐变，都可以将它们看作是一种动态的局部调整工具，它们赋予用户自由与可重复的调整功能，与“基本”面板和“色调曲线”面板等全局调整工具有机结合，能够为用户提供非常丰富的照片控制手段。

6.3.2 改变聚焦效果，突出画面主体 重点

Lightroom中的径向滤镜工具可以创建椭圆形的选区并进行编辑，利用该工具的特性，可以对一些聚焦效果不理想的照片进行处理，改变或者增强照片的聚焦效果。下面介绍改变聚焦效果，突出画面主体的方法。

素材位置	上一个实例效果图
效果位置	效果 > 第 6 章 >6.3.jpg
视频位置	视频 > 第 6 章 >6.3.2　改变聚焦效果，突出画面主体 .mp4

01 展开“细节”面板，设置“数量”为100，锐化图像，如图6-44所示。

图6-44 锐化图像

02 ❶在工具栏上选取径向滤镜工具；❷在图像预览窗口中单击并进行拖曳，创建椭圆形的编辑区域，如图6-45所示。

图6-45 创建椭圆形的编辑区域

03 完成径向滤镜应用范围的编辑后，❶设置“色调”为25、“曝光度”为0.2；❷设置“清晰度”为-100；❸设置“饱和度”为1、“锐化程度”为-100、“杂色”为-100，如图6-46所示。

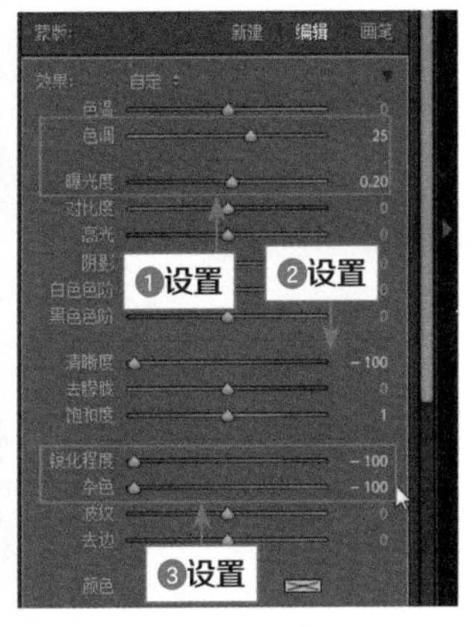

图 6-46　设置相应参数

04 完成参数设置后，在图像预览窗口中可以看到椭圆形区域以外的图像显示出更朦胧的效果，如图6-47所示。

图 6-47　图像效果

05 ❶单击“颜色”选项右侧的颜色选择框；❷在打开的颜色拾取器中选择黄色，如图6-48所示。

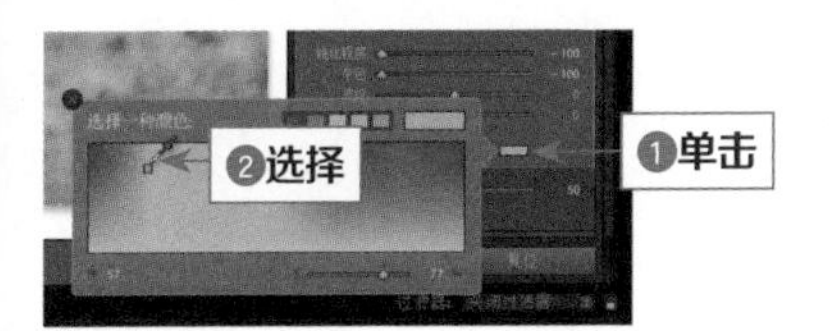

图 6-48　选择黄色

06 执行操作后，单击“完成”按钮，应用径向滤镜，效果如图6-49所示。

图 6-49　应用径向滤镜

07 展开“基本”面板，设置“清晰度”为11、“鲜艳度”为8、“饱和度”为3，加深图像饱和度，如图6-50所示。

图 6-50　加深图像饱和度

08 为了使整体的颜色更加均匀，还需要对特定的颜色进行调整。❶展开“HSL/颜色/黑白”面板；❷在HSL的“饱和度”选项卡中设置“黄色”为21、“绿色”为29、“浅绿色”为-21，调整画面颜色，如图6-51所示。

图 6-51　调整画面颜色

6.4 《美丽少女》：完美呈现艺术写真

【作品名称】：《美丽少女》

【作品欣赏】：这张照片展现的是一名女子，浓浓的妆容让面相可爱的女子变得更加成熟，只见她甜美一笑，露出一排洁白的牙齿，让成熟的气质中又带了一点可爱。本实例效果如图6-52所示。

图 6-52 效果

【作品解说】：女子将头发全梳上去，给人一种朝气蓬勃的生机感，两耳边分别留下一缕头发显得该女子的脸愈发小，甜美的妆容更是衬托得整个人脸色特别好，成熟中带着点娇羞，实在是引人注目。

【前期拍摄】：这张照片在拍摄时，运用了平视构图法。拍摄时根据拍摄物品透视变形的大小，来调整拍摄的距离，让对象处于平视的角度，这样拍出来的透视变形感是最弱的，画面会显得很端正，可以通过后期处理可以让人物呈现更美丽的一面，如图6-53所示。

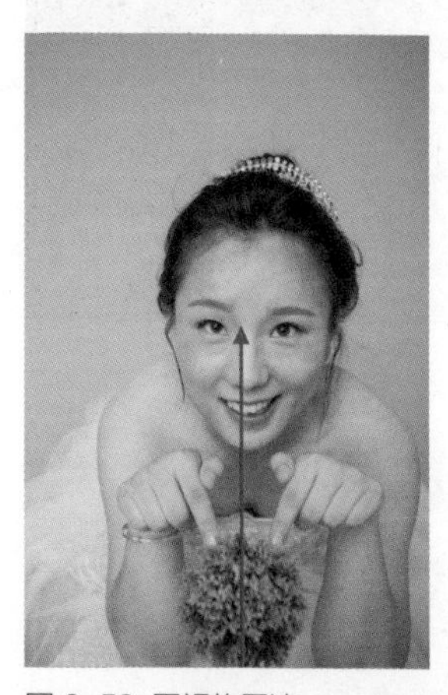

图 6-53 平视构图法

【主要构图】：平视构图法

【色彩指导】：拍摄人物近景时，因为拍摄过近会导致照片呈现出不好的一面，如放大人物脸部的皮肤状态，显得人的皮肤暗淡等问题。本实例运用Lightroom的调整画笔工具，在人物的脸上涂抹，使照片呈现不一样的效果。

【后期处理】：本实例主要运用Lightroom软件进行处理。

6.4.1 磨皮处理，修饰人物皮肤颜色

皮肤的效果会影响照片中人物的整体感觉和气氛，利用Lightroom中的调整画笔工具可以轻松将照片中人物的皮肤部分创建为编辑区域，通过降低编辑区域的清晰度和锐化程度来对人物进行磨皮处理，并通过提高曝光度来提亮肤色，制作出细腻滑嫩的肌肤效果。下面介绍磨皮处理，修饰人物皮肤颜色的方法。

素材位置	素材 > 第 6 章 >6.4.1.jpg
效果位置	效果 > 第 6 章 >6.4.1.jpg
视频位置	视频 > 第 6 章 >6.4.1　磨皮处理，修饰人物皮肤颜色 .mp4

01 在Lightroom中导入一张照片素材，切换至“修改照片”模块，如图6-54所示。

图 6-54 导入一张照片素材

02 ❶在工具栏上选取调整画笔工具；❷选中照片显示区域下方的“显示选定的蒙版叠加”复选框；❸在右侧“调整画笔”选项面板中的“画笔”选项下设置“大小”为15、“羽化”为50，在图像的皮肤区域进行涂抹，如图6-55所示。

图 6-55 涂抹皮肤区域

03 ❶在“调整画笔”选项面板中设置“曝光度”为0.55、“对比度”为-15；❷设置“清晰度”为-21；

❸设置“锐化程度”为-29、“杂色”为100，如图6-56所示。

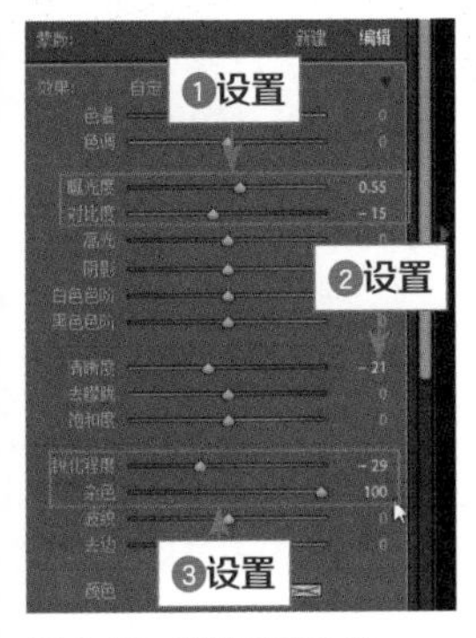

图 6-56 设置相应参数

04 取消选中“显示选定的蒙版叠加”复选框，单击“完成”按钮，即可修饰人物皮肤颜色，效果如图6-57所示。

图 6-57 修饰人物皮肤颜色

6.4.2 打造妆容，使人物更加甜美 进阶

运用Lightroom中的调整画笔工具，在人物的脸上涂抹，可以添加美丽的妆容，使照片呈现不一样的效果。下面介绍打造妆容，使人物更加甜美的方法。

素材位置	上一个实例效果图
效果位置	效果 > 第 6 章 >6.4.jpg
视频位置	视频 > 第 6 章 >6.4.2 打造妆容，使人物更加甜美 .mp4

01 ❶在工具栏上选取调整画笔工具，选中照片显示区域下方的“显示选定的蒙版叠加”复选框；❷在右侧“调整画笔”选项面板中的“画笔”选项下设置“大小”为10、“羽化”为100；❸在图像的人脸区域进行涂抹，如图6-58所示。

图 6-58 在图像的人脸区域进行涂抹

02 ❶在“画笔”选项下选择“擦除”选项；❷设置“大小”为2、“羽化”为100，擦除相应的蒙版区域，如图6-59所示。

图 6-59 擦除相应的蒙版区域

03 ❶在“调整画笔”选项面板中单击“颜色”右侧的颜色选择框；❷在打开的“选择一种颜色”拾色器中单击需要的颜色；❸设置“饱和度”为70，如图6-60所示，为人物添加粉红的腮红效果。

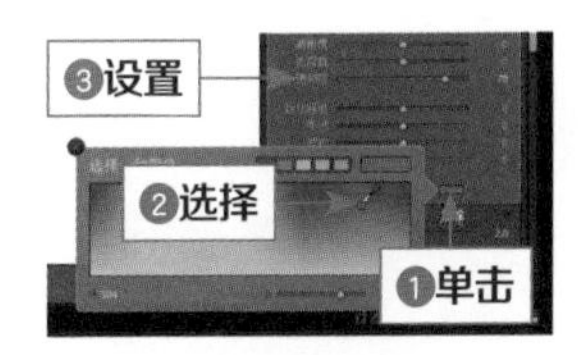

图 6-60 设置相应参数

04 取消选中图像显示区域下方的“显示选定的蒙版叠加”复选框，在图像显示区域将显示调整颜色后的效果，如图6-61所示。

图 6-61 调整颜色后的效果

05 单击“调整画笔”选项面板上的“新建”按钮，选中图像显示区域下方的“显示选定的蒙版叠加”复选框，使用调整画笔工具在人物的眼睛下方涂抹，并运用“擦除”选项修饰蒙版区域，如图6-62所示。

图 6-62 修饰蒙版区域

06 在“调整画笔”选项面板中单击“颜色”右侧的颜色选择框，在打开的“选择一种颜色”拾色器中单击选择需要的颜色，更改图像的颜色；在“画笔”选项下选择“擦除”选项，设置“大小”为2、“羽化”为100，在人物的眼睛上面进行涂抹，擦除相应的蒙版区域，如图6-63所示。

图 6-63 擦除相应的蒙版区域

07 ❶单击“调整画笔”选项面板上的“新建”按钮，在“调整画笔”选项面板中单击“颜色”右侧的颜色选择框，在打开的“选择一种颜色”拾色器中单击选择需要的颜色；❷设置“色温”为2、“色调”为14、“曝光度”为-0.03；❸设置“清晰度”为20、“饱和度”为36，继续在图像上涂抹，如图6-64所示，添加更丰富的眼影色彩。

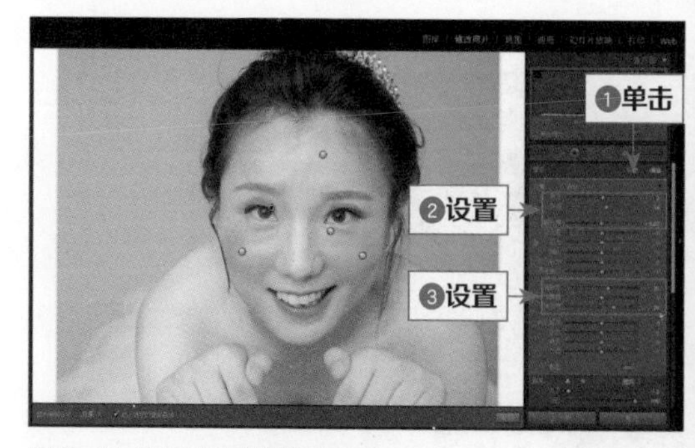

图 6-64 添加丰富的眼影色彩

08 ❶单击“调整画笔”选项面板上的“新建”按钮；❷在“调整画笔”选项面板中单击“颜色”右侧的颜色选择框，在打开的“选择一种颜色”拾色器中单击选择需要的颜色；❸设置“饱和度”为65，使用调整画笔工具在人物的嘴唇上涂抹，如图6-65所示。

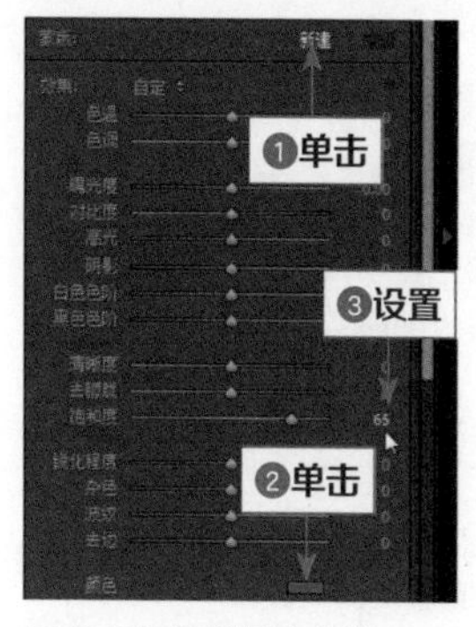

图 6-65 设置相应参数

09 取消选中图像显示区域下方的“显示选定的蒙版叠加”复选框，单击页面右下角的“完成”按钮，即可为人物添加口红效果，如图6-66所示。

图 6-66 为人物添加口红效果

6.5 《西藏一角》：改变特定区域的颜色

【作品名称】：《西藏一角》

【作品欣赏】：这张照片展现的是西藏美景，站在美丽的湖泊旁边，看着眼前的湖泊就像大海一样一望无际，遥远的湖那边还能看到层叠的山峰，让人的心情顿时开阔。本实例效果如图6-67所示。

图 6-67 效果

【作品解说】：摸着湖边的安全防护护栏，上面系着充满民族特色的布条，一切是那么令人心生向往，美丽的湖泊就像是圣水一般，无尽地冲刷着我的内心，让我的心归于平静，西藏真是一个好地方。

【前期拍摄】：拍摄这张照片时，一眼望去看到了远处的山峰，使用了水平线构图法，将湖水与山峰形成的水平线作为分割线，给人一种宁静的感觉；还运用了斜线透视构图法，护栏向前延伸形成斜线，给人视觉延伸的效果。不过，画面上的湖水颜色还可以再鲜艳一点，可以通过后期处理，使画面更美观，如图6-68所示。

图 6-68 斜线透视构图法

【主要构图】：水平线构图法、斜线透视构图法。

【色彩指导】：拍摄自然风光时，最重要的表现方式就是色彩，不同的色彩可以向人们呈现出不同的视觉效果。Lightroom中不仅可以对照片整体进行颜色调整，还可以通过调整画笔工具更改特定区域的颜色。

【后期处理】：本实例主要运用Lightroom软件进行处理。

素材位置	素材 > 第 6 章 >6.5.jpg
效果位置	效果 > 第 6 章 >6.5.jpg
视频位置	视频 > 第 6 章 >6.5 《西藏一角》：改变特定区域的颜色 .mp4

01 打开Lightroom软件，在Lightroom中导入一张照片素材，切换至“修改照片”模块，如图6-69所示。

图 6-69 导入一张照片素材

02 ❶在工具条上选取调整画笔工具；❷选中照片显示区域下方的“显示选定的蒙版叠加”复选框；❸在右侧“调整画笔”选项面板中的“画笔”选项下设置“大小”为15、“羽化”为50，选中“自动蒙版”复选框，在图像的背景区域进行涂抹，如图6-70所示。

图 6-70 设置相应参数

03 ❶在“画笔”选项下选择“擦除”选项；❷设置“大小”为2、“羽化”为100，在图像的背景区域进行涂抹，擦除相应的蒙版区域，如图6-71所示。

图 6-71 擦除相应的蒙版区域

04 ❶在“调整画笔”选项面板中单击“颜色”右侧的颜色选择框；❷在打开的“选择一种颜色”拾色器中单击选择需要的颜色；❸设置“色温”为25；❹设置“对比度”为31、“阴影”为-60；❺设置“清晰度”为28、“饱和度”为21，如图6-72所示。

图 6-72 设置相应参数

05 取消选中图像显示区域下方的“显示选定的蒙版叠加”复选框，在图像显示区域将显示调整颜色后的效果，如图6-73所示。

图 6-73 调整颜色后的效果

06 ❶单击“调整画笔”选项面板上的“新建”按钮；❷选中图像显示区域下方的“显示选定的蒙版叠加”复选框，使用调整画笔工具涂抹图像，并运用“擦除”选项修饰蒙版区域，效果如图6-74所示。

图 6-74 修饰蒙版区域

07 在“调整画笔”选项面板中，❶单击“颜色”右侧的颜色选择框；❷在打开的“选择一种颜色”拾色器中单击选择需要的颜色；❸设置“色温”为-34、“色调”为91；❹设置“饱和度”为19、“锐化程度”为-38，如图6-75所示。

图 6-75 设置相应参数

08 取消选中图像显示区域下方的“显示选定的蒙版叠加”复选框，单击“完成”按钮，在图像显示区域将显示调整颜色后的效果，如图6-76所示。

图 6-76 调整颜色后的效果

09 展开“基本”面板，设置“清晰度”为16、“鲜艳度”为30，调整照片色彩，效果如图6-77所示。

图 6-77 调整照片色彩

6.6 《留不住的花》：加深花朵照片的聚焦效果

【作品名称】：《留不住的花》

【作品欣赏】：这张照片展现的是蝴蝶吸食花粉的场景，眼前呈现的是一面网状的护栏，在护栏的前面有一朵盛开着的花，就像是一个还不懂事的少女，在家里腻了想要看看其他的地方，所以从缝隙中伸出了自己的身子。谁知刚绽放，就迎来了一只蝴蝶采花粉，不知这朵花是高兴还是悲伤。本实例效果如图6-78所示。

【作品解说】：路过时刚好看到蝴蝶正在采花粉，感觉这一幕特别有意思，其他的花都在这面护栏后面，偏偏这一朵从护栏中钻出来，真像一个调皮的孩子。

图 6-78 效果

【前期拍摄】：我们在拍摄这张照片的时候，焦点在图片中的蝴蝶与花朵上，运用了中心构图法与虚实对比构图法，将蝴蝶置于画面中心，将背后的草地虚化，既可以突出蝴蝶采花粉的主体，也可以达到吸引人视线的作用，如图6-79所示。

图 6-79 中心构图法、虚实构图法

【主要构图】：中心构图法、虚实对比构图法

【色彩指导】：拍摄自然风光时，最重要的表现方式就是色彩，不同的色彩可以向人们呈现出不同的视觉效果。Lightroom中不仅可以对照片整体进行颜色调整，还可以通过调整画笔工具更改特定区域的颜色。

【后期处理】：本实例主要运用Lightroom软件进行处理。

素材位置	素材 > 第 6 章 >6.6.jpg
效果位置	效果 > 第 6 章 >6.6.jpg
视频位置	视频 > 第 6 章 >6.6 《留不住的花》：加深花朵照片聚焦效果 .mp4

01 打开Lightroom软件，在Lightroom中导入一张照片素材，切换至“修改照片”模块，如图6-80所示。

图 6-80 导入一张照片素材

02 ❶在工具栏上选取径向滤镜工具；❷在图像预览窗口中单击并进行拖曳，创建椭圆形的编辑区域，如图

6-81所示。

图 6-81 创建椭圆形的编辑区域

03 完成径向滤镜应用范围的编辑后，❶设置“色调”为25、“曝光度”为0.89；❷设置“清晰度”为-100；❸设置“饱和度”为1、“锐化程度”为-100、“杂色”为-100，如图6-82所示。

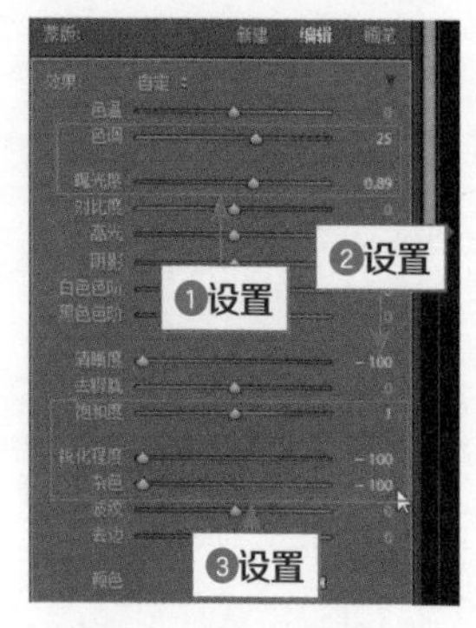

图 6-82 设置相应参数

04 完成参数的设置后，在图像预览窗口中可以看到，椭圆形区域以外的图像显示出朦胧的效果，如图6-83所示。

图 6-83 朦胧的效果

05 ❶单击“颜色”选项右侧的颜色选择框；❷在打开的颜色拾取器中选择黄色，如图6-84所示。

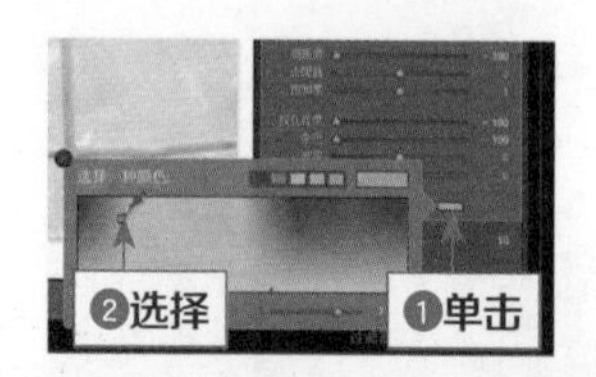

图 6-84 在打开的颜色拾取器中选择黄色

06 执行操作后，单击“完成”按钮，应用径向滤镜，效果如图6-85所示。

图 6-85 径向滤镜效果

07 ❶展开“基本”面板；❷设置“清晰度”为11、“鲜艳度”为8、“饱和度”为3，如图6-86所示，加深画面的色彩。

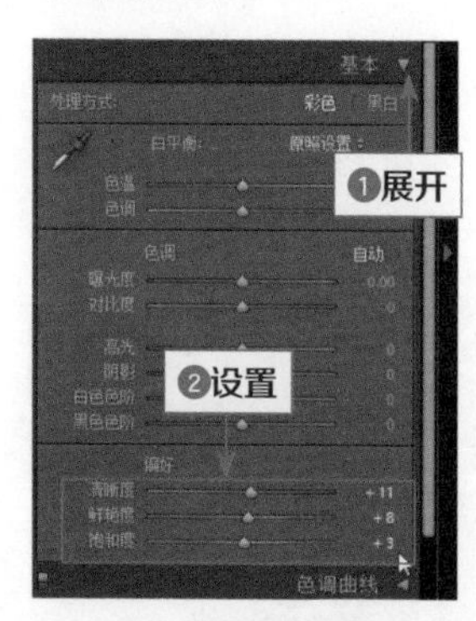

图 6-86 设置相应参数

08 展开“HSL/颜色/黑白”面板，❶在HSL的“饱和度”选项卡中设置“红色”为-36；❷设置“紫色”为12、“洋红”为22，效果如图6-87所示。

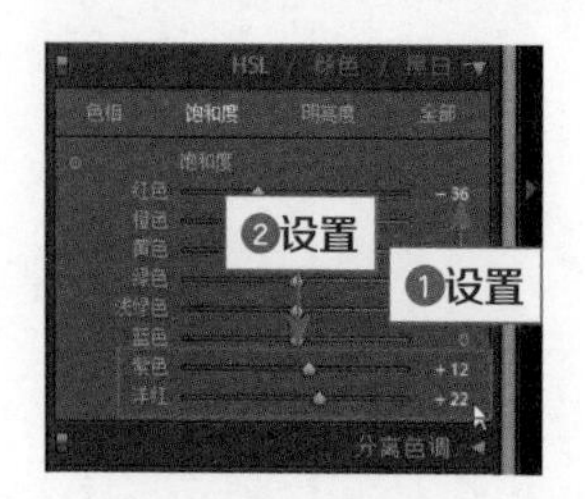

图 6-87 设置相应参数

09 执行上述操作后，即可调整特定的颜色，让整体的颜色更加均匀，如图6-88所示。

图 6-88 调整特定的颜色

6.7 习题测试

习题1 使用径向滤镜，增强照片的聚焦效果

素材位置	素材 > 第 6 章 > 习题 1.jpg
效果位置	效果 > 第 6 章 > 习题 1.jpg
视频位置	视频 > 第 6 章 > 习题 1：使用径向滤镜，增强照片的聚焦效果 .mp4

本习题需要读者掌握运用径向滤镜工具，增强照片的聚焦效果的方法，素材图像如图6-89所示，最终效果如图6-90所示。

图 6-89 素材图像

图 6-90 最终效果

习题2 使用渐变滤镜，增强照片的色彩效果

素材位置	素材 > 第 6 章 > 习题 2.jpg
效果位置	效果 > 第 6 章 > 习题 2.jpg
视频位置	视频 > 第 6 章 > 习题 2：使用渐变滤镜，增强照片的色彩效果 .mp4

本习题需要读者掌握运用渐变滤镜工具，增强照片的色彩效果的方法，素材图像如图6-91所示，最终效果如图6-92所示。

图 6-91 素材图像

图 6-92 最终效果

习题3 降噪与锐化双管齐下，打造清晰美照

素材位置	素材 > 第 6 章 > 习题 3.jpg
效果位置	效果 > 第 6 章 > 习题 3.jpg
视频位置	视频 > 第 6 章 > 习题 3：降噪与锐化双管齐下，打造清晰美照 .mp4

本习题需要读者掌握降噪与锐化的处理方法，使画面更加清晰，素材图像如图6-93所示，最终效果如图6-94所示。

图 6-93 素材图像

图 6-94 最终效果

第07章

修改影调：快速调整画面，展现理想效果

除了构图之外，照片的所有信息都蕴含在对比与颜色之间。一张照片的好坏，说到底就是影调分布是否足够体现光线的美感，以及色彩是否表现得恰到好处。可以说，影调与色彩是后期处理的核心，几乎所有的工具运用都是在处理这两个方面的问题，那么想要将照片处理得更加完美，就必须清楚每一张照片的缺点与优点，这样才能达到自己想要的目标。

扫码观看本章
实战操作视频

课堂学习目标

- 《秋韵》：妙用直方图面板
- 《赛场》：巧用色调曲线功能
- 《奔袭而来》：巧用HSL面板功能
- 《不一样的城市》：巧用分离色调，调整画面色彩
- 《晨曦初开》：展现唯美的日出画面
- 《美好的未来》：营造甜美的人物写真照

7.1 《秋韵》：妙用直方图面板

【作品名称】：《秋韵》

【作品欣赏】：秋天最常见的便是枯黄的树叶飘落在地上的场景。黄澄澄的树叶是由绿变黄的，慢慢地干枯，失去了所有的力气，顺着风儿的抚摸最终掉落在地上，行人踩在这被树叶覆盖的路上，看过去颇有一番韵味。本实例效果如图7-1所示。

图 7-1 效果

【作品解说】：秋天是凉爽的季节，也是收获的季节，秋天的到来是为了更好地迎接冬天，趁着冬天还没到来，大树们为了展现自己最后的风采，纷纷穿上了黄色的衣服，随着风儿飘荡。

【前期拍摄】：在对这张照片进行拍摄的时候，道路两旁树木的轮廓形成了下双边透视，道路的延伸都是由远及近，形成了极佳的透视效果，这个画面就是一个很好的构图画面，这样的构图让画面显得更有视觉张力，纵深感很强。但是照片中的色彩显得不是很鲜艳，可以通过后期处理使画面更加鲜艳，如图7-2所示。

图 7-2 下双边透视构图法

【色彩指导】：本实例中，图像的色彩显得过于平淡，看上去没有令人眼前一亮的感觉，这种色彩缺陷的情况，在室外拍摄是很常见的，可以通过后期处理使画面更加鲜艳。本实例通过运用直方图面板快速调整需要调整的色调，使照片变得更加鲜活。

【主要构图】：下双边透视构图法

【后期处理】：本实例主要运用Lightroom软件进行处理。

7.1.1 运用直方图，快速调整图像色调

在“修改照片”模块中，“直方图”面板中的某些特定区域与“基本”面板中的色调滑块相关。用户可以通过在直方图中进行拖动来调整色调，且所做的调整将反映在“基本”面板上的对应滑块中。下面介绍运用直方图，快速调整图像色调的方法。

素材位置	素材 > 第 7 章 >7.1.1.jpg
效果位置	效果 > 第 7 章 >7.1.1.jpg
视频位置	视频 > 第 7 章 > 7.1.1　运用直方图，快速调整图像色调 .mp4

01 在Lightroom中导入一张照片素材，切换至“修改照片”模块，如图7-3所示。

图 7-3 导入一张照片素材

02 ❶展开右侧的“直方图”面板；❷将指针移至直方图中要调整的区域，此时受影响的区域将会高亮显示；❸受影响的色调控件的名称显示在面板左下角，如图7-4所示。

03 将指针向左或向右拖动，调整“基本”面板中的相应滑块值。根据需要拖曳直方图中的相应区域，设置“高光”为16、“阴影”为-100、“白色色阶”为50、“黑色色阶”为-20，如图7-5所示。

专家指点

直方图左端表示明亮度为 0 的像素，右端表示明亮度为 100% 的像素。直方图由三个颜色层组成，分别表示红色、绿色和蓝色通道。这三个通道发生重叠时将显示灰色；RGB 通道中任意两者发生重叠时，将显示黄色、洋红或青色：黄色相当于“红色”+“绿色”通道，洋红相当于“红色”+“蓝色”通道，青色相当于“绿色”+“蓝色”通道。

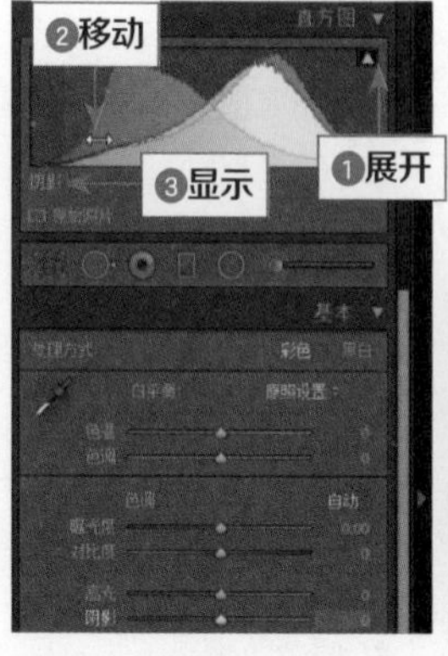

图 7-4 “直方图”面板

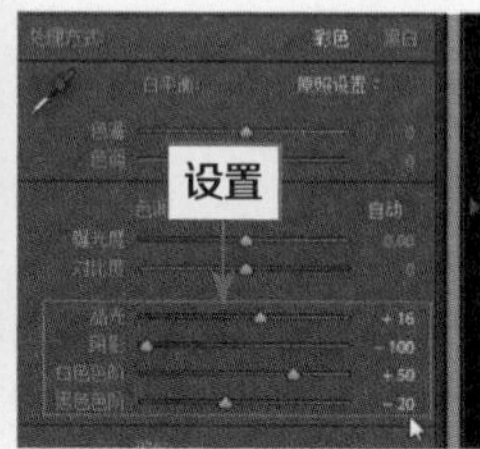

图 7-5 设置相应参数

04 在“基本”面板中设置“清晰度”为33、“鲜艳度”为69，增加画面清晰度和色彩，效果如图7-6所示。

图 7-6 增加画面清晰度和色彩

7.1.2 运用剪影，调整高光与阴影色调

在Lightroom中，用户可以在处理照片时预览照片中的色调剪切。“剪切”是指像素值向最大高光值或最小阴影值的偏移。剪切区域是全黑或全白的，不含任何图像细节。当用户调整“基本”面板中的色调滑块时，可以预览剪切区域。剪切指示器位于“修改照片”模块中“直方图”面板的顶端。黑色（阴影）剪切指示器▲在左上角，白色（高光）剪切指示器▲在右上角。下面介绍运用剪影，调整高光与阴影色调的方法。

素材位置	上一个实例效果图
效果位置	效果 > 第 7 章 >7.1.jpg
视频位置	视频 > 第 7 章 >7.1.2　运用剪影，调整高光与阴影色调 .mp4

01 在“直方图”面板中，单击“显示阴影剪切”按钮，如图7-7所示。

02 执行上述操作后，照片中的黑色剪切区域将呈蓝色，如图7-8所示。

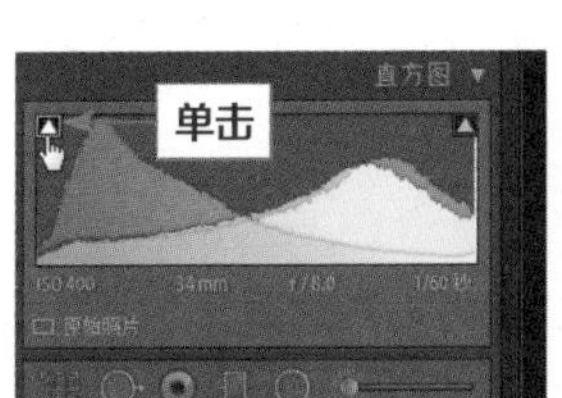

图 7-7 单击“显示阴影剪切”按钮

图 7-8 黑色剪切区域将呈蓝色

专家指点

在图像处理和摄影领域中，颜色直方图（Color Histogram）指图像中颜色分布的图形表示。数字图像的颜色直方图覆盖该图像的整个色彩空间，标绘各个颜色区间中的像素数。

03 在“直方图”面板中，单击“显示高光剪切”按钮，如图7-9所示。

04 执行上述操作后，照片中的白色剪切区域将呈红色，如图7-10所示。

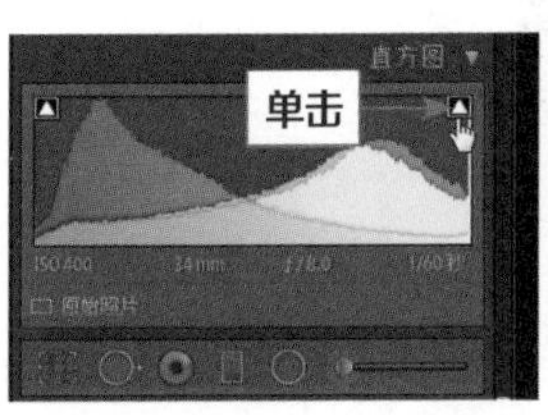

图 7-9 单击“显示高光剪切”按钮

图 7-10 白色剪切区域将呈红色

05 在“基本”面板中设置“阴影”为13、“高光”为-63与“白色色阶”为-4，调整图像的明暗程度，如图7-11所示。

图 7-11 调整图像的明暗程度

7.2 《赛场》：巧用色调曲线功能

【作品名称】：《赛场》

【作品欣赏】：这张照片展现的是赛场的风景，虽然此时的赛场中空无一人，但是看着干净的赛道，仰望着蓝天，心中顿时感到辽阔，可以想到比赛时的激动、兴奋之情。本实例效果如图7-12所示。

图 7-12 效果

【作品解说】：在拍摄这张照片时，天气特别好，蓝蓝的天空中飘着几朵白云，与草地和赛道颜色形成对比，摄影师以一种较高的视角拍摄，体现出了赛道的纵深感。

【前期拍摄】：见过热闹的赛场，人声鼎沸、激情满满，观众的加油呐喊声、裁判的呼喊声，都表明着赛场状况的激烈，但是安静的赛场又有着不一样的感觉。拍摄这张照片的时候天气不错，天空中的云向四处发散，赛道的曲线是那么的有魅力，因此我们在拍摄时运用了曲线透视构图法与放射线透视构图法，突出画面中赛道的完美曲线，同时将云表现得更加生动，足够吸引观看者的目光，赋予了整个画面特殊的艺术表现力。但是拍摄的画面光线过于暗淡，可以进行后期调整，如图7-13所示。

图 7-13 曲线透视构图法、放射线透视构图法

【主要构图】：曲线透视构图、放射线透视构图。

【色彩指导】：照片中的画面很明显鲜艳度不够，显得周围的景物色彩都比较暗淡，可以通过Lightroom的色调曲线来调整图像的色调对比，使图像呈现更好的效果。

【后期处理】：本实例主要运用Lightroom软件进行处理。

7.2.1 合理运用色调曲线，使照片更加和谐 重点

随着用户对曲线工具的熟练运用，原来那些即便是焦点不清、对焦不实的照片在日后也会有修复还原的可能。曲线原本就是对影调区域分别加以控制的工具，根据照片的特点设置曲线才是最大化利用曲线价值的方法。因此，用户不要模仿别人的曲线设置，而应努力描画适合自己照片的曲线。下面介绍合理运用色调曲线，使照片更加和谐的方法。

素材位置	素材 > 第 7 章 >7.2.1.jpg
效果位置	效果 > 第 7 章 >7.2.1.jpg
视频位置	视频 > 第 7 章 >7.2.1　合理运用色调曲线，使照片更加和谐 .mp4

01 在Lightroom中导入一张照片素材，切换至“修改照片”模块，如图7-14所示。

图 7-14 导入一张照片素材

02 展开右侧的“基本”面板，❶设置“对比度”为100；❷设置“清晰度”为23、“鲜艳度”为53，增强画面亮度和色彩，如图7-15所示。

图 7-15 增强画面亮色彩

03 ❶展开“色调曲线”面板；切换至点曲线视图，❷为曲线添加两个锚点，如图7-16所示。

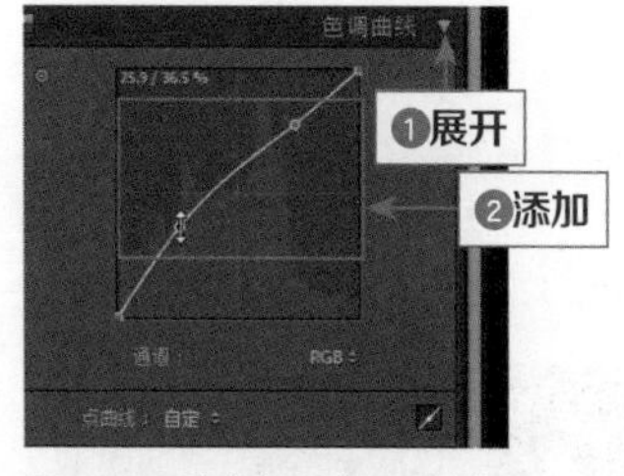

图 7-16 为曲线添加两个锚点

专家指点

本实例中，虽然这张照片经过“基本”面板的调整比之前好了很多，但是画面的对比度还是有些不足。存在的问题是，第二步中已经把对比度设置为 100 了，没有余地了，所以，可以通过曲线来进一步增加对比度。这个例子采用了一条 S 形曲线：略微拉高阴影部分，略微压低高光部分。从曲线上可以看出，阴影和高光部分的曲线变化大了，因此照片主体的对比度得到了加强，所以画面看去显得更加好看。

04 执行上述操作后，画面的对比度更加和谐，如图7-17所示。

图 7-17　画面的对比度更加和谐

7.2.2 修饰画面的细节，使画质更加细腻

锐化是数码后期处理的一个必需步骤。锐化无疑是为了获得更为锐利的照片，更具体一些，锐化的作用可以总结为两个方面：一是为了补偿照片记录和输出过程中的锐度损失；二是为了获得锐利的效果，让照片看起来更漂亮。下面介绍修饰画面的细节，使画质更加细腻的方法。

素材位置	上一个实例效果图
效果位置	效果 > 第 7 章 >7.2.jpg
视频位置	视频 > 第 7 章 >7.2.2　修饰画面的细节，使画质更加细腻 .mp4

01 展开"细节"面板，设置"数量"为100，锐化图像，如图7-18所示。

图 7-18　锐化图像

02 按住Alt键，设置"半径"为2.7，在预览窗口中将显示锐化的照片细节，如图7-19所示。

图 7-19　锐化的照片细节

03 执行上述操作后，即可将照片的细节变得更清晰，如图7-20所示。

图 7-20　照片的细节变得更清晰

7.3 《奔袭而来》：巧用HSL面板功能

【作品名称】：《奔袭而来》

【作品欣赏】：这张照片展现的是一条在草地上奔跑的宠物狗，迈着长而有力的四肢，自信地扬起身后的尾巴，兴致勃勃地向前奔跑的场景。本实例效果如图7-21所示。

图 7-21　效果

【作品解说】：拍摄这张照片的时候，宠物狗睁着大大的眼睛、嘴巴微张，蓬松的尾巴在风中飘荡，奔跑使它兴奋，它快速地向前奔跑着，真是一条精力充沛、活泼可爱的宠物狗。

【前期拍摄】：拍摄这张照片的时候，将奔跑中的宠物狗作为主体，因此运用了虚实对比构图法与景深构图法。将草地虚化突出宠物狗的身躯，形成背景与主体的虚实区别，这样拍摄通常会让人们忽略这些模糊的背景，将视线放在画面中清晰的物体上，加上景深的效果的衬托，整个画面显得更有渲染力，如图7-22所示。

图 7-22 虚实对比构图法、景深构图法

【主要构图】：虚实对比构图法、景深构图法。

【色彩指导】：大自然的神奇在于每个季节都拥有其独特的美，但是也因为受到季节限制，想要拍摄到每个季节都美丽的风景就变得不容易了。本实例可以通过Lightroom中的HSL影调和色彩调整功能，对虚化的草地背景颜色进行调整，将夏季风景转换为美丽的金秋风景，看上去别有一番风味。

【后期处理】：本实例主要运用Lightroom软件进行处理。

7.3.1 使用HSL面板，快速改变草地颜色 重点

使用“基本”面板和“色调曲线”面板，可以控制照片的整体影调与色彩，但是如果用户需要单独调整某一颜色区域的亮度与饱和度，则需要使用HSL工具。使用“修改照片”模块中的“HSL”和“颜色”面板，可以调整照片中的各种颜色范围。下面介绍使用HSL面板，快速改变草地颜色的方法。

素材位置	素材 > 第 7 章 >7.3.1.jpg
效果位置	效果 > 第 7 章 >7.3.1.jpg
视频位置	视频 > 第 7 章 >7.3.1　使用 HSL 面板，快速改变草地颜色 .mp4

01 在Lightroom中导入一张照片素材，切换至“修改照片”模块，如图7-23所示。

图 7-23 导入一张照片素材

02 ❶展开“HSL/颜色/黑白”面板；❷在“HSL”面板中切换至“色相”选项卡；❸设置“黄色”为-100、“绿色”为-100、“浅绿色”为-83，如图7-24所示。

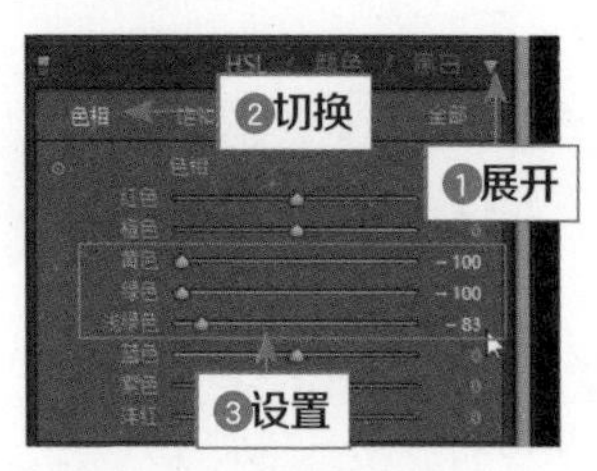

图 7-24 设置相应的参数

03 执行上述操作后，即可改变草地的颜色，效果如图7-25所示。

图 7-25 改变草地的颜色

04 ❶展开“基本”面板；❷设置“对比度”为55、“高光”为-21、“阴影”为15；❸设置“鲜艳度”为20、“饱和度”为12，如图7-26所示，增加图片的色彩浓度。

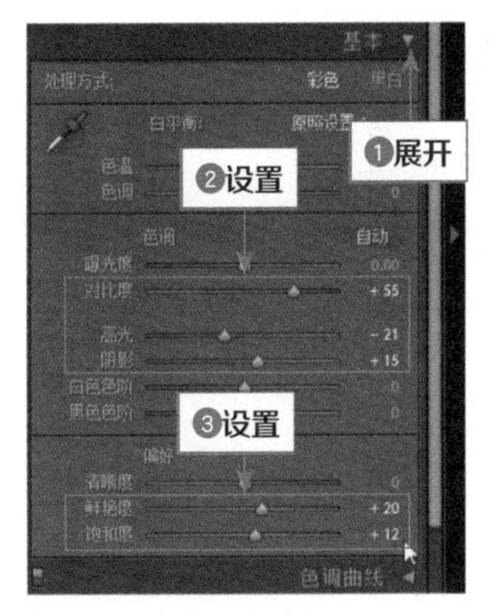

图 7-26　设置相应参数

05 执行上述操作后，即可增强照片的色彩，效果如图7-27所示。

图 7-27　增强照片的色彩

06 ❶展开"色调曲线"面板；❷切换至"区域"编辑模式，设置"高光"为19、"亮色调"为-13、"暗色调"为16、"阴影"为-29，如图7-28所示，调整照片的明暗效果。

图 7-28　设置相应参数

07 ❶展开"细节"面板；❷在"噪点消除"选项区中设置"明亮度"为100、明亮度"细节"为78、"对比度"为34、"颜色"为85、"细节"为68、"平滑度"为60，如图7-29所示，可以减少照片中的杂色，使照片的观赏效果更好。

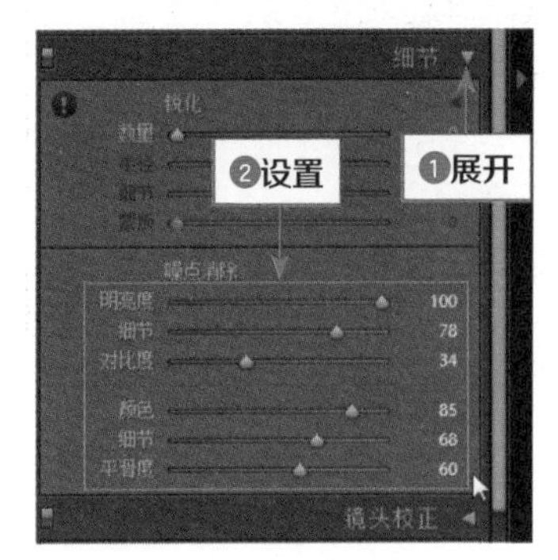

图 7-29　设置相应参数

08 执行上述操作后，即可减少照片中的杂色，效果如图7-30所示。

图 7-30　减少照片中的杂色

7.3.2 修饰局部色调，让画面更美好

当用户需要单独调整某一灰度的值时，到底是调整高光，还是调整亮调、暗调或阴影，有时还真不好判断，有了目标调整工具，就可以直接在想要调整的地方进行调整。下面介绍修饰局部色调，让画面更美好的方法。

素材位置	上一个实例效果图
效果位置	效果 > 第 7 章 >7.3.jpg
视频位置	视频 > 第 7 章 >7.3.2　修饰局部色调，让画面更美好 .mp4

01 ❶在工具条上选取画笔工具；❷选中照片显示区域下方的"显示选定的蒙版叠加"复选框；❸在右侧"调整画笔"选项面板中的"画笔"选项下设置"大小"为8、"羽化"为50，如图7-31所示。

图 7-31 设置相应参数

02 设置完毕后，在图像的背景区域进行涂抹，如图7-32所示。

图 7-32 在图像的背景区域进行涂抹

03 ❶在“画笔”选项下选择“擦除”选项；❷设置“大小”为2、“羽化”为100，在图像的背景区域进行涂抹，擦除相应的蒙版区域，如图7-33所示。

图 7-33 擦除相应的蒙版区域

04 ❶在“调整画笔”选项面板中设置“对比度”为-100；❷设置“阴影”为32；❸设置“黑色色阶”为81；❹设置“锐化程度”为100，如图7-34所示。

05 取消选中图像显示区域下方的“显示选定的蒙版叠加”复选框，查看图像效果，如图7-35所示。单击右下角的“完成”按钮。

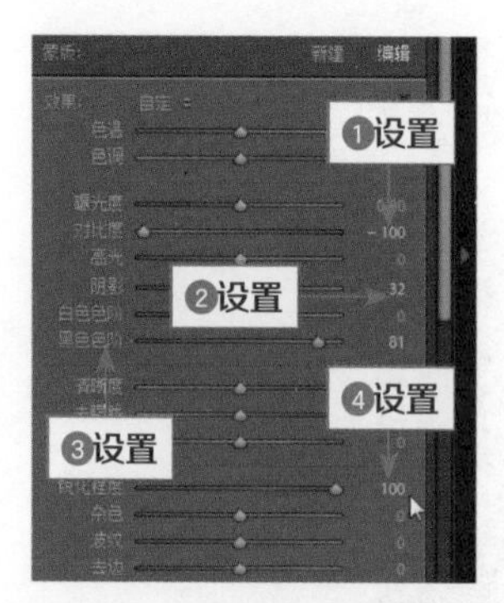

图 7-34 设置相应参数

图 7-35 查看图像效果

06 展开“效果”面板，在“裁剪后暗角”选项区中设置“数量”为32、“中点”为22、“圆度”为50与“羽化”为100，如图7-36所示。

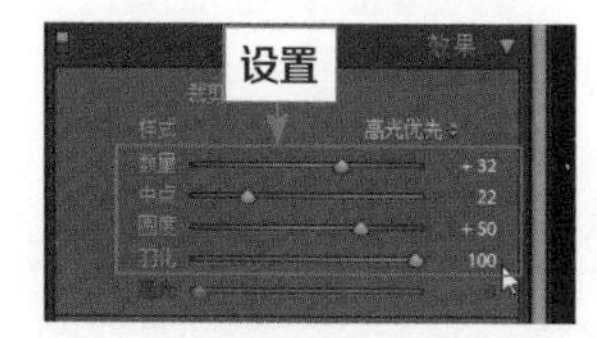

图 7-36 设置相应参数

07 执行上述操作后，即可添加暗角，效果如图7-37所示。

图 7-37 添加暗角

7.4 《不一样的城市》：巧用分离色调，调整画面色彩

【作品名称】：《不一样的城市》

【作品欣赏】：这张照片展现的是城市中某一片区域的场景，站在高处看着眼前的场景，心中感慨万千，一眼望去密密麻麻的建筑一个连着一个，仿佛此刻自己生活的城市已经不是自己所认为的那个城市了，一切是那么的陌生。本实例效果如图7-38所示。

图 7-38 效果

【作品解说】：拍摄这张照片的时候，天空很蓝，天空中漂浮着硕大的白云，层层叠叠的，天空下的河流、城市，感觉是那么渺小。

【前期拍摄】：拍摄这张照片的时候，运用了水平线构图法与曲线构图法。让远处的天空与天空下的城市形成一条分界线，将河道旁的建筑与河的界线形成一条曲线，让整个画面看上去显得特别柔美，别有一番风味。如果在画面上想要突出另外一种不一样的效果，可以通过后期进行处理，如图7-39所示。

图 7-39 水平线构图法、曲线构图法

【主要构图】：水平线构图法、曲线构图法。

【色彩指导】：色调分离效果是传统暗房中的一种常用技巧，通过不同的化学药水组合，给画面中的高光、阴影等不同影调部分染上不同的色彩。用户可以在数码暗房中重现这一效果，给黑白照片带来全新的创意体验。在Lightroom中，色调分离效果针对高光或阴影等特定影调，使用不同色彩上色，其撞色、上色效果的艺术感更强，更加吸引眼球。

【后期处理】：本实例主要运用Lightroom软件进行处理。

7.4.1 使用分离色调功能，打造画面特殊色调 重点

在Lightroom中的“分离色调”面板，将图像的影调分为“高光”与“阴影”两大区域，这两个区域能够对图像的高光与阴影部分单独进行调整，能够快速地调整图像画面，使其更好看。下面介绍使用分离色调功能，打造画面特殊色调的方法。

素材位置	素材 > 第 7 章 >7.4.1.jpg
效果位置	效果 > 第 7 章 >7.4.1.jpg
视频位置	视频 > 第 7 章 >7.4.1　使用分离色调功能，打造画面特殊色调 .mp4

01 在Lightroom中导入一张照片素材，切换至“修改照片”模块，如图7-40所示。

图 7-40 导入一张照片素材

02 展开“分离色调”面板，❶单击“高光”选项区中的颜色色块；❷在弹出的颜色拾取器中选择一种颜色，如图7-41所示。

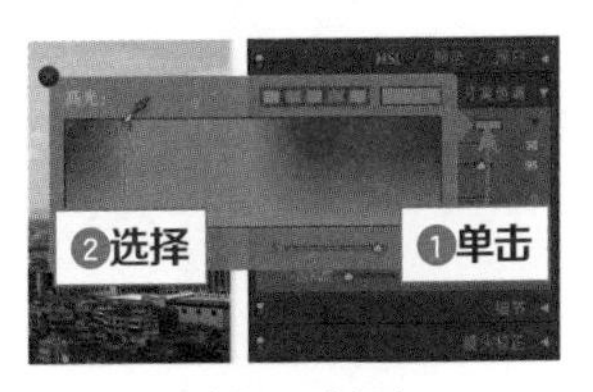

图 7-41 选择一种颜色

03 在“高光”选项区中设置“色相”为61、“饱和度”为98，如图7-42所示。

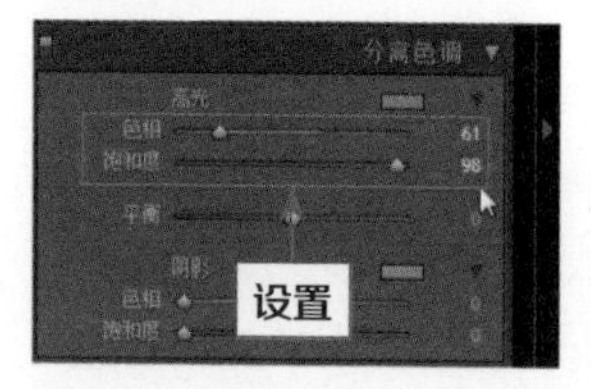

图7-42 设置相应参数

04 执行上述操作后，即可分离高光色调，效果如图7-43所示。

图7-43 分离高光色调

专家指点

通常情况下，Photoshop中的灰度模式图像不含任何颜色数据，但用户可以在Lightroom中使用“基本”面板或“色调曲线”面板上的色调调整控件，对图像色调进行调整。还可以使用“分离色调”面板中的选项，应用色调调整效果。Lightroom会将此类照片作为RGB图像进行处理，并将其导出为RGB格式。

05 在“分离色调”面板的“阴影”选项区中设置“色相”为235、“饱和度”为36，如图7-44所示。

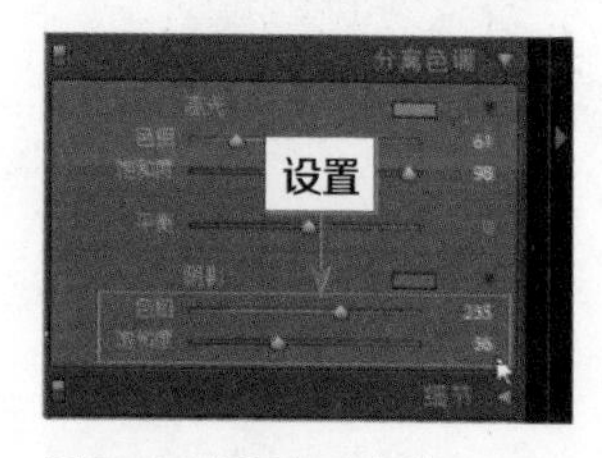

图7-44 设置相应参数

专家指点

去色是增强照片魅力的一种有效方法，能使画面的明暗对比变得更加突出，让景物的形态与纹理变化更吸引观众的注意力。黑白作品的色彩倾向能增强画面的审美趣味，同时加强画面的情绪感染力。如果用户能给画面的阴影与高光部分适当加入一些新的颜色，产生分离色调的特效，则照片的美感还会得到进一步提高。

06 执行上述操作后，即可分离阴影色调，效果如图7-45所示。

图7-45 分离阴影色调

07 ❶展开“色调曲线”面板；❷设置“高光”为-82、“亮色调”为20、“暗色调”为-17与“阴影”为17，如图7-46所示。

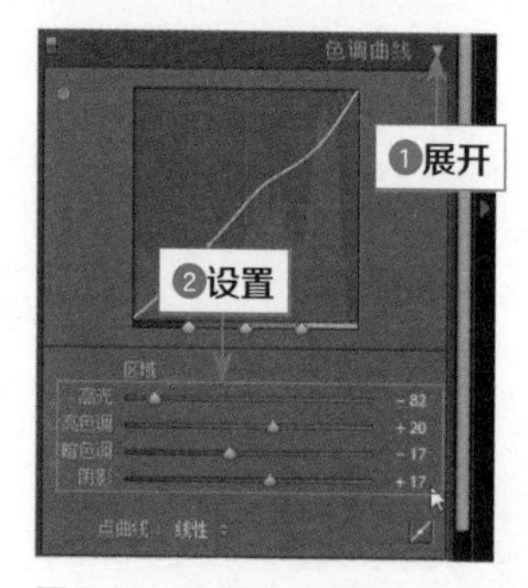

图7-46 设置相应参数

08 执行上述操作后，即可调整照片的明暗对比，效果如图7-47所示。

图7-47 调整照片的明暗对比

专家指点

“分离色调”面板用于为黑白图像着色，或者创建具有彩色图像的特殊效果。分离色调是指一幅图像原本是由紧紧相邻的渐变色阶构成，被数种突然的颜色转变所代替。这一种突然的转变，亦称作“跳阶”。分离色调可以是因为系统或档案格式对渐变色阶的支持不够而构成，但亦可通过 Lightroom 软件而达到相同效果，通常情况下，最暗和最亮部分保持为黑色和白色。“色相”滑块可用于设置色调颜色，“饱和度”滑块可用于设置效果的强度。设置“平衡”滑块，以平衡高光和阴影滑块之间的效果，正值可增强高光滑块的效果，负值可增强阴影滑块的效果，效果如图 7-48 所示。

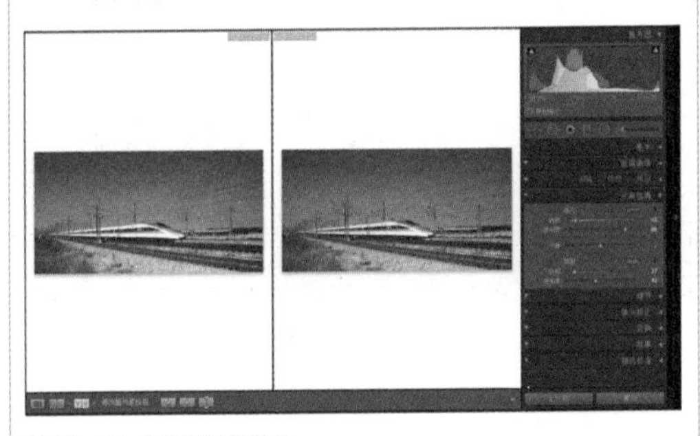

图 7-48 色调分离效果

7.4.2 增加画面清晰度，让画面更有视觉冲击力

拍摄照片时，一般很难所有人都能够拍出清晰的画面，绝大多数人拍出来的照片都会存在一些小瑕疵，这时候可以通过后期处理来对画面进行调整。下面介绍增加画面清晰度，让画面更有视觉冲击力的方法。

素材位置	上一个实例效果图
效果位置	效果 > 第 7 章 >7.4.jpg
视频位置	视频 > 第 7 章 >7.4.2　增加画面清晰度，让画面更有视觉冲击力 .mp4

01 切换至“图库”模块，展开右侧的“快速修改照片”面板，单击“自动调整色调”按钮，提亮画面，效果如图7-49所示。

02 切换至“修改照片”模块，在“基本”面板中设置“清晰度”为61，增加画面清晰度，效果如图7-50所示。

图 7-49 提亮画面

图 7-50 增加画面清晰度

03 设置“鲜艳度”为39，增强画面色彩，效果如图7-51所示。

图 7-51 增强画面色彩

7.5 《晨曦初开》：展现唯美的日出画面

【作品名称】：《晨曦初开》

【作品欣赏】：这张照片展现的是日出美景，日出之时，就像是打破了大地的一层平静，耀眼的光芒直透人心，伫立在柱子上的小鸟仿佛正在等待这一刻的到来。本实例效果如图7-52所示。

【作品解说】：拍摄这张照片的时候太阳正好出

来，鸟儿站在建筑上等待着这一刻，太阳出来后，有些小鸟正挥动着自己的翅膀准备展翅高飞。

图 7-52 效果

【前期拍摄】：我们在拍摄这个场景的时候，运用了逆光构图法与明暗对比构图法，逆光拍摄很好地将小鸟以及建筑的轮廓体现出来，然后天空日出的明亮，与建筑的黑暗形成鲜明对比，显得整个画面非常和谐，但是这样拍摄的唯一缺陷就是画面效果过于暗淡，不够鲜活，所以需要对照片进行后期调整，如图7-53所示。

图 7-53 明暗对比构图法、逆光构图法

【主要构图】：明暗对比构图法、逆光构图法。

【色彩指导】：拍摄日出的照片时，有时候因逆光拍摄会导致天空的颜色变得稍许暗淡。本实例中，可以通过Lightroom中的渐变滤镜工具使天空变得更加亮丽，再通过色调曲线修饰画面效果，使照片变得更有生机。

【后期处理】：本实例主要运用Lightroom软件进行处理。

素材位置	素材 > 第 7 章 >7.5.jpg
效果位置	效果 > 第 7 章 >7.5.jpg
视频位置	视频 > 第 7 章 > 7.5 《晨曦初开》：展现唯美的日出画面 .mp4

01 在Lightroom中导入一张照片，切换至“修改照片”模块，如图7-54所示。

图 7-54 导入一张照片

02 ❶在工具栏上选取渐变滤镜工具；❷从图像上方向下方拖曳光标，当拖曳至合适位置时释放鼠标，完成渐变绘制，如图7-55所示。

图 7-55 渐变绘制

03 在“渐变滤镜”选项面板中，❶设置“色温”为-46；❷设置“曝光度”为-1.31，如图7-56所示，调整天空的颜色。

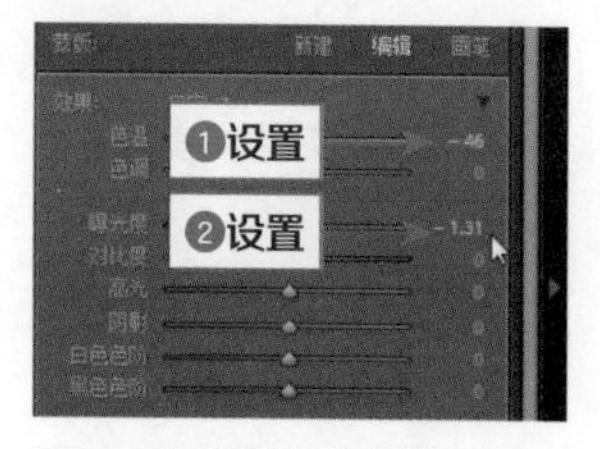

图 7-56 设置相应参数

04 在“渐变滤镜”选项面板中，❶单击“新建”按钮；❷设置“色温”为15、“色调”为46、“曝光度”为0.38；❸设置“清晰度”为10和“饱和度”为46，使用此工具在图像上拖曳光标；❹单击页面右下角的“完成”按钮；添加渐变效果，如图7-57所示。

图 7-57　添加渐变效果

05 ❶展开“基本”面板；❷设置“曝光度”为0.31、“对比度”为-14；❸设置“清晰度”为20、“鲜艳度”为36和“饱和度”为25，如图7-58所示，使画面更加清晰且对比更为强烈。

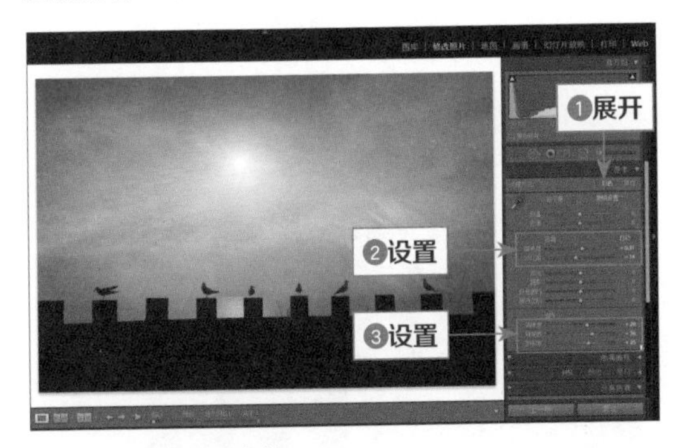

图 7-58　设置相应参数

06 ❶展开“色调曲线”面板；❷单击面板右下角的“单击以编辑点曲线”按钮；❸单击“通道”右侧的下拉按钮，在其中选择“红色”通道；❹调整通道曲线，如图7-59所示。

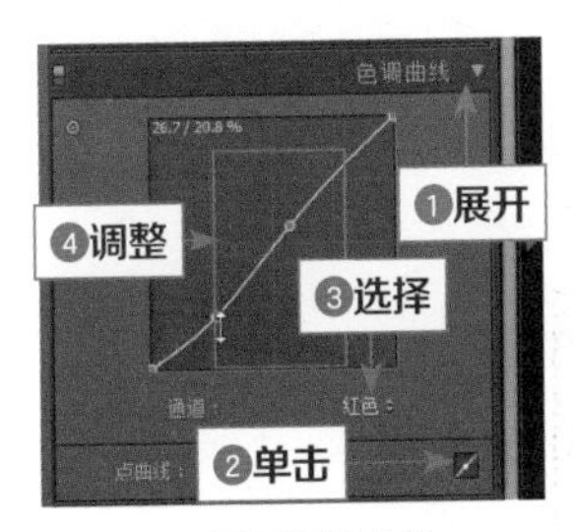

图 7-59　调整通道曲线

07 执行上述操作后，即可调整画面的明暗对比效果，如图7-60所示。

图 7-60　调整画面的明暗对比效果

08 展开“基本”面板，设置“高光”为-26、“阴影”为20、“白色色阶”为-16和“黑色色阶”为16，如图7-61所示。

图 7-61　设置相应参数

09 展开“分离色调”面板，在“阴影”选项区中设置“色相”为244、“饱和度”为65，调整画面阴影，如图7-62所示。

图 7-62　调整画面阴影

7.6 《美好的未来》：营造甜美的人物写真

【作品名称】：《美好的未来》

【作品欣赏】：这张照片是人物艺术写真，以蓝色的门窗作为背景，男子骑着小电动车，女子幸福地坐在男子身后，双手抱着男子的腰，两个人同时望向远方，整个画面流露出一种淡淡的温馨气息，可以看出他们之间的甜蜜幸福。本实例效果如图7-63所示。

图 7-63 效果

【作品解说】：拍摄这张照片的时候天气晴朗，在现在的生活中，很多人追求的不过是和自己喜欢的人一起生活，一起玩乐，画面中的男女也是这样，即使是骑着小电动车，但两个人在一起也可以想去哪儿就去哪儿，一起向往着美好的未来，幸福美好地相守一辈子。

【前期拍摄】：我们在拍摄这个场景的时候，运用了前景构图法与左三分线构图法。照片以蓝色基调作为背景，以花草装饰品作为前景，整个画面显得很丰富，将人物置于画面左三分之一处，两人的双眼同时向远方眺望，更突出了画面中的人物主题。不过在户外进行人像拍摄时，有的时候会因为光线等因素，让照片显得并不是那么完美，所以需要对照片进行后期调整，如图7-64所示。

图 7-64 前景构图法、左三分线构图法

【主要构图】：前景构图法、左三分线构图法。

【色彩指导】：人像摄影是摄影中一个重要的主题，拍摄后的人像照片结合后期处理，能够让画面中的人物更加完美。本实例在后期中使用淡雅的色彩、细腻的光影，展现出浪漫、甜美的日系风格画面氛围，传递给观赏者温暖、柔美的感受。

【后期处理】：本实例主要运用Lightroom软件进行处理。

素材位置	素材 > 第 7 章 >7.6.jpg
效果位置	效果 > 第 7 章 >7.6.jpg
视频位置	视频 > 第 7 章 >7.6 《美好的未来》：营造甜美的人物写真 .mp4

01 在Lightroom中导入一张素材，切换至“修改照片”模块，如图7-65所示。

图 7-65 导入一张素材

02 ❶展开“基本”面板；❷设置“白平衡”为“自动”，如图7-66所示，恢复照片的白平衡。

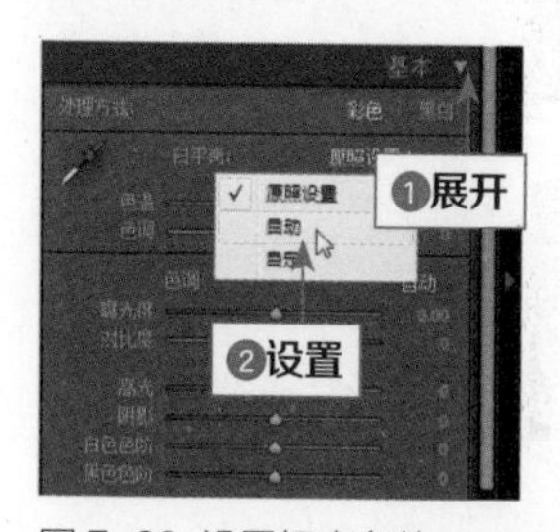

图 7-66 设置相应参数

03 设置“曝光度”为0.15、“对比度”为8、“高光”为-10、“阴影”为10、“白色色阶”为10和“黑色色阶”为-4，调整照片的影调，如图7-67所示。

图 7-67　调整照片的影调

04 在“偏好”选项区中设置“清晰度”为8和“鲜艳度”为16，加强照片色彩，如图7-68所示。

图 7-68　加强照片色彩

05 ❶展开“色调曲线”面板；❷设置“高光”为-3、“亮色调”为3、“暗色调”为8和“阴影”为-8，如图7-69所示，调整曲线形态。

06 ❶展开“HSL/颜色/黑白”面板；❷在HSL的“色相”选项卡中设置“绿色”为40、“浅绿色”为18、“蓝色”为-5和“洋红”为11，如图7-70所示，调整照片局部色相。

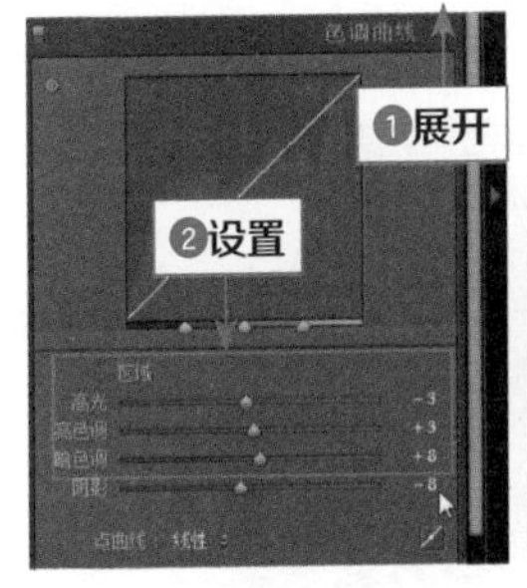

图 7-69　设置相应参数

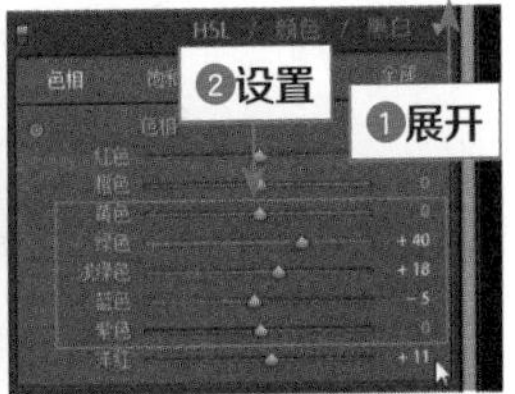

图 7-70　设置相应参数

07 在HSL的“饱和度”选项卡中，❶设置“红色”为16、“橙色”为-18、“黄色”为29；❷设置“浅绿色”为100和“蓝色”为100，如图7-71所示，调整照片局部颜色的饱和度。

08 ❶展开“分离色调”面板；❷在“阴影”选项区中设置“色相”为353和“饱和度”为2，如图7-72所示，分离阴影区域的色调。

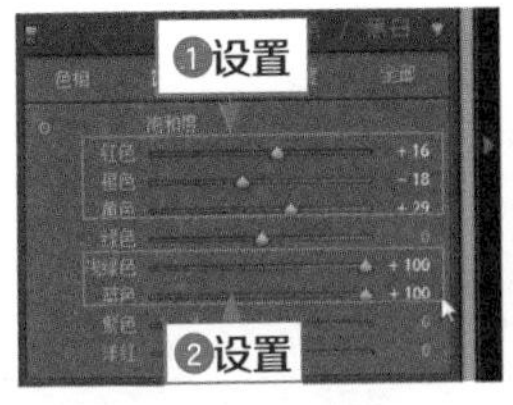

图 7-71　设置相应参数

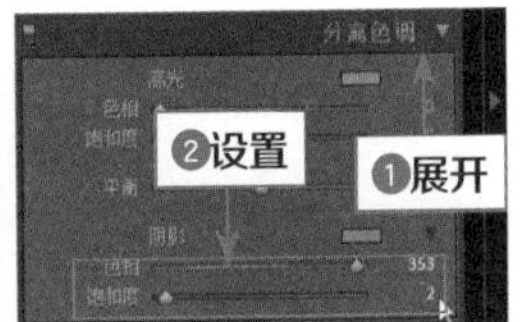

图 7-72　设置相应参数

09 ❶展开“细节”面板；❷单击“锐化”后面的三角形按钮，将放大显示窗口展开；❸在“锐化”选项区中设置“数量”为63、“半径”为1.3、“细节”为25和“蒙版”为56，如图7-73所示，对照片进行锐化处理。

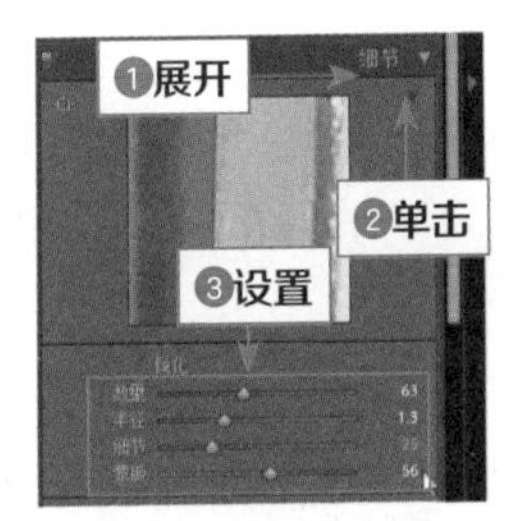

图 7-73　设置相应参数

10 在“噪点消除”选项区中，❶设置“明亮度”为20、“细节”为18；❷设置“颜色”为20，对照片进行降噪处理，使人物照片中的细节更加清晰，如图7-74所示。

图 7-74　对照片进行降噪处理

7.7 习题测试

习题1 增强照片的色彩冲击力

素材位置	素材 > 第 7 章 > 习题 1.jpg
效果位置	效果 > 第 7 章 > 习题 1.jpg
视频位置	视频 > 第 7 章 > 习题 1：增强照片的色彩冲击力 .mp4

本习题需要读者掌握调整照片光线与色彩，增强照片色彩冲击力的方法，素材图像如图7-75所示，最终效果如图7-76所示。

图 7-75 素材图像

图 7-76 最终效果

习题2 快速更改画面局部颜色

素材位置	素材 > 第 7 章 > 习题 2.jpg
效果位置	效果 > 第 7 章 > 习题 2.jpg
视频位置	视频 > 第 7 章 > 习题 2：快速更改画面局部颜色 .mp4

本习题需要读者掌握快速更改画面局部颜色的方法，素材图像如图7-77所示，最终效果如图7-78所示。

图 7-77 素材图像

图 7-78 最终效果

习题3 快速改变照片的色调效果

素材位置	素材 > 第 7 章 > 习题 3.jpg
效果位置	效果 > 第 7 章 > 习题 3.jpg
视频位置	视频 > 第 7 章 > 习题 3：快速改变照片的色调效果 .mp4

本习题需要读者掌握快速改变照片色调的方法，素材图像如图7-79所示，最终效果如图7-80所示。

图 7-79 素材图像

图 7-80 最终效果

后期优化篇

第08章

艺术创造：巧用Lightroom的特效技巧

在旅行中，我们不仅可以感受异国他乡的风土人情，开阔眼界，还可以拍到不错的摄影作品，来记录这段旅行。因为在拍摄时，总会有一些因素导致照片的状态不是那么理想，Lightroom中的艺术特效很适合用于照片中，它能将每一张不完美的照片处理成完美的状态，这是一件令人开心的事情。

扫码观看本章实战操作视频

课堂学习目标

- 《放飞自我》：暗角艺术的妙用
- 《纯真的美好》：分离色调的妙用
- 《奔腾的马》：恢复照片原有色彩
- 《青檐一角》：颗粒效果的妙用
- 《勇往直前》：黑白艺术的妙用
- 《暮色下的大桥》：打造超强的视觉效果

8.1 《放飞自我》：暗角艺术的妙用

【作品名称】：《放飞自我》

【作品欣赏】：这个场景是在西藏旅游的时候让友人帮忙拍下来的，我背靠蓝色的湖水，坐在冰堆上，心情似乎在这一刻完全得到了释放，平常在繁忙的工作或者喧嚣的城市中很难做到这么放松心情，可是在遥远的西藏做着平常可能不会做的事情，这种感觉很幸福。本实例效果如图8-1所示。

图 8-1 效果

【作品解说】：在这美丽的景色中淋漓大笑，双臂张开仿佛拥抱着这来之不易的轻松、自在，心中充满激动之情。有时候在高压的工作状态下也需要放松，去享受美好的景色，享受一切。

【前期拍摄】：这张照片在拍摄时，运用了下三分线构图法，湖水以下的部分占了整个画面的三分之一，天空占了画面的三分之二。这样的构图可以使图片看起来更加舒适，具有美感。为了使照片突显人物主体，所以还需要对照片进行后期处理，如图8-2所示。

图 8-2 下三分线构图法

【主要构图】：下三分线构图法。

【色彩指导】：在Lightroom中使用径向滤镜工具可以快速为照片添加暗角效果。径向滤镜工具可让用户定义椭圆选框，然后将局部校正应用到选定区域，可以在选框区域的内部或外部应用校正。用户还可以在一张图像上放置多个径向滤镜，并可以为每个径向滤镜设置不同的调整。

【后期处理】：本实例主要运用Lightroom软件进行处理。

8.1.1 增强画面明暗对比，使画面更有层次感

处理一张照片时，最常用的手法便是增强照片的明暗对比，让画面主体更突出，这样也可以使画面更有成就感。下面介绍增强画面明暗对比，使画面更有层次感的方法。

素材位置	素材 > 第 8 章 >8.1.1.jpg
效果位置	效果 > 第 8 章 >8.1.1.jpg
视频位置	视频 > 第 8 章 >8.1.1　增强画面明暗对比，使画面更有层次感 .mp4

01 打开Lightroom，在“图库”模块中导入一张照片素材，如图8-3所示。

图 8-3 导入一张照片素材

02 展开右侧的“快速修改照片”面板，单击“自动调整色调”按钮，如图8-4所示。

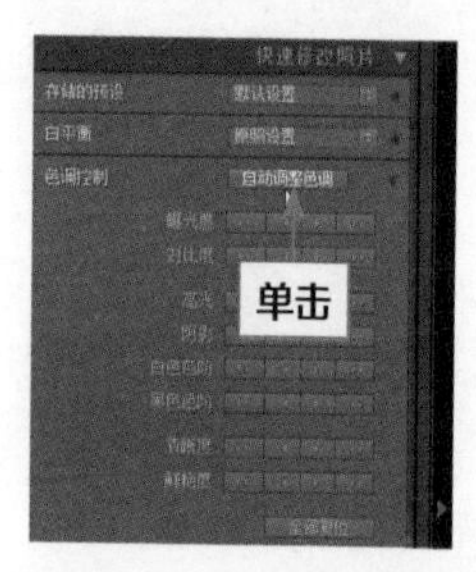

图 8-4 单击“自动调整色调”按钮

03 执行上述操作后，即可自动校正照片影调，如图8-5所示。

图 8-5 自动校正照片影调

04 对画面应用“微调”预设效果后，在下方的色调控制选项下，单击“增加对比度”按钮，提高画面的对比度效果，如图8-6所示。

图 8-6 提高画面的对比度效果

05 单击“增加白色色阶剪切”按钮，提亮照片中的白色区域，如图8-7所示。

图 8-7 提亮照片中的白色区域

06 单击“增加黑色色阶剪切”按钮，在画面中可以看到调整后的效果，得到明暗分明的画面，如图8-8所示。

图 8-8 得到明暗分明的画面

07 展开“修改照片”模块下的“基本”面板，设置“清晰度”为20、“鲜艳度”为60，增加画面的色彩强度，加强效果，如图8-9所示。

图 8-9 加强效果

8.1.2 合理运用暗角效果，使其成为照片的点睛之笔 进阶

拍摄照片时因受到环境的限制，不能保证每个进入镜头的元素都是自己想要的，如一个突兀的垃圾桶，不小心入镜的路人甲，或者杂乱无章的背景，如果拍摄出来的画面内容过多，便不能很好地表现主题。因此，“暗角”的精髓就在于它能将人的视觉引向光亮处，突出拍摄主体或趣味中心，尤其是修饰人像作品，“暗角”还可以营造出时尚大片的光影氛围。下面介绍合理运用暗角效果，使其成为照片点睛之笔的方法。

素材位置	上一个实例效果图
效果位置	效果 > 第 8 章 >8.1.jpg
视频位置	视频 > 第 8 章 >8.1.2　合理运用暗角效果，使其成为照片的点睛之笔 .mp4

01 单击工具栏上的“裁剪叠加”按钮，自动创建一个裁剪框，如图8-10所示。

图 8-10 自动创建一个裁剪框

02 在“裁剪叠加”选项面板中设置“角度”为2.21，如图8-11所示。

03 执行上述操作后，即可在预览窗口中看到调整角度后的图像，如图8-12所示。

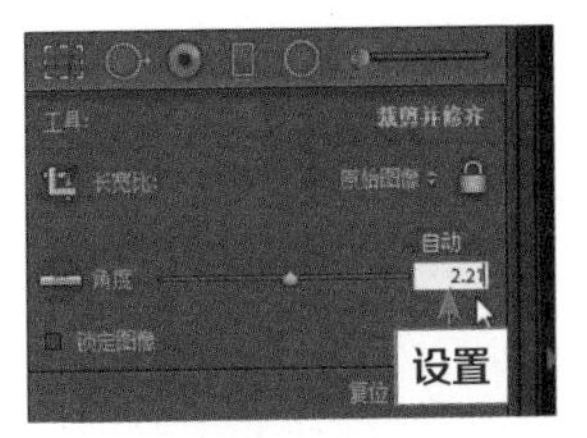

图 8-11 设置“角度”参数

图 8-12 调整角度后的图像

04 单击预览窗口右下角的“完成”按钮，完成图像的裁剪，纠正倾斜的照片，如图8-13所示。

图 8-13 纠正倾斜的照片

05 ❶在工具条上选取径向滤镜工具；❷设置“曝光度”为-1.66、“高光”为-100、“阴影”为-100；❸设置“锐化程度”为-100，如图8-14所示。

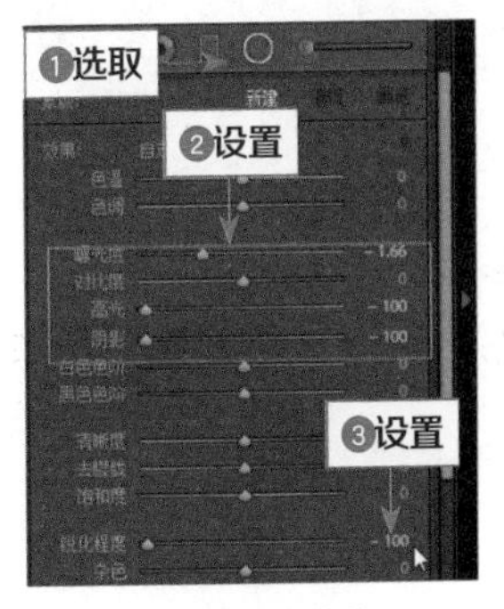

图 8-14 设置相应参数

06 使用径向滤镜工具在图像上绘制一个椭圆选框，如图8-15所示。

图 8-15 绘制一个椭圆选框

07 通过手型工具适当调整椭圆选框的位置和大小，如图8-16所示。

图 8-16 调整椭圆形状的位置和大小

08 单击图像显示区域右下角的“完成”按钮，即可为照片添加暗角效果，如图8-17所示。

图 8-17 为照片添加暗角效果

8.2 《青檐一角》：颗粒效果的妙用

【作品名称】：《青檐一角》

【作品欣赏】：这张照片展现的是屋檐一角，屋檐尾端向上卷曲，有一种旧时代建筑的特色。本实例效果如图8-18所示。

图 8-18 效果

【作品解说】：拍摄这张照片的时候天色还早，独特的屋檐造型，搭配着红色和黄色，两者产生的碰撞令人惊喜不已，可见传统建筑艺术文化的博大精深。

【前期拍摄】：这张照片在拍摄时，运用了Z线构图法，利用屋檐形成Z线式递进，向上翘的尖角给人以力不均衡的感受，在刺激感官、感叹设计精巧的神奇之时，也会深感不安，一种强烈视觉冲击尽显眼前，如图8-19所示。

图 8-19 Z 线构图法

【主要构图】：Z线构图法。

【色彩指导】：本实例利用Lightroom来实现手绘很难达到的黑白颗粒效果，它另类、特别且充满怀旧感，表现出只有粗粒度的黑白照片才有的力度，把照片处理成为主题突出、具有戏剧性效果的作品。

【后期处理】：本实例主要运用Lightroom软件进行处理。

8.2.1 添加颗粒，使照片更有年代感 重点

通过Lightroom“修改照片”模块中的“效果”面板，可以很方便地为照片创建出变暗的外部边缘和柔和的灯光效果，完成暗角特效的制作。下面介绍添加颗粒，使照片更有年代感的方法。

素材位置	素材 > 第 8 章 >8.2.1.jpg
效果位置	效果 > 第 8 章 >8.2.1.jpg
视频位置	视频 > 第 8 章 >8.2.1　添加颗粒，使照片更有年代感 .mp4

01 在Lightroom中导入一张照片素材，切换至“修改照片”模块，如图8-20所示。

图 8-20 导入一张照片素材

02 展开“效果”面板，在“裁剪后暗角”选项区中设置“数量”为-66、“中点”为35，如图8-21所示。

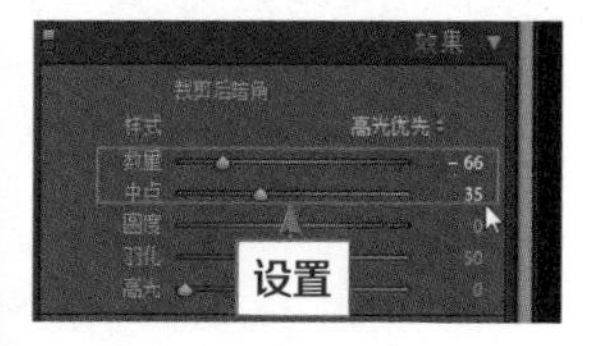

图 8-21 设置相应参数

03 执行上述操作后，即可添加暗角效果，如图8-22所示。

图 8-22 添加暗角效果

04 在“颗粒”选项区中设置“数量”为66、“大小”为32、“粗糙度”为58，如图8-23所示，为照片添加颗粒效果。

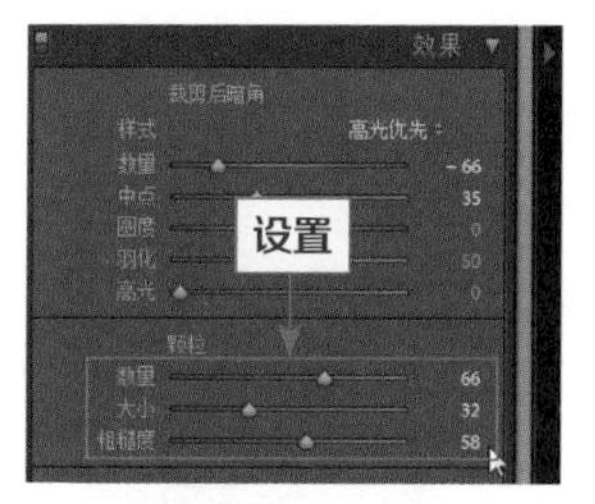

图 8-23 设置相应参数

05 执行上述操作后，即可为照片添加颗粒效果，如图8-24所示。

图 8-24 为照片添加颗粒效果

8.2.2 调整画面，使照片充满怀旧气息

很多时候，拍摄出来的彩色照片效果并不出色，对于一些建筑尤其是古城来说，彩色照片不足以表达出那个年代的时代气息，所以可以通过后期处理来实现。下面介绍调整画面，使照片充满怀旧气息的方法。

素材位置	上一个实例效果图
效果位置	效果 > 第 8 章 >8.2.jpg
视频位置	视频 > 第 8 章 >8.2.2 调整画面，使照片充满怀旧气息 .mp4

01 ❶展开“色调曲线”面板；❷设置“亮色调”为-56、“阴影”为58，如图8-25所示。

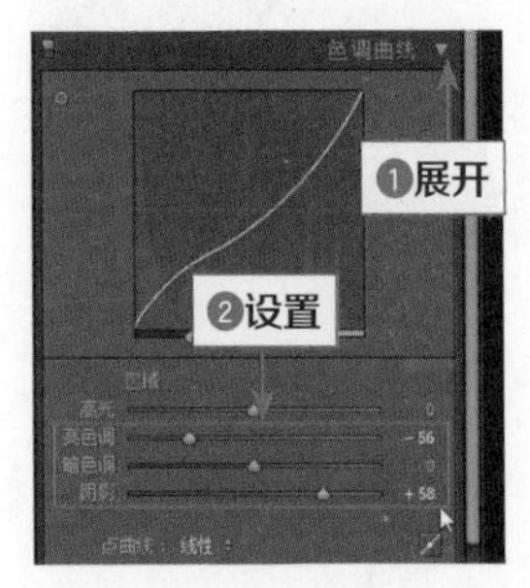

图 8-25 设置相应参数

02 执行上述操作后，即可平衡画面的整体亮度，效果如图8-26所示。

图 8-26 平衡画面的整体亮度

03 展开“HSL/颜色/黑白”面板，单击“HSL/颜色/黑白”面板右侧的“黑白”按钮，将照片转换为黑白效果，如图8-27所示。

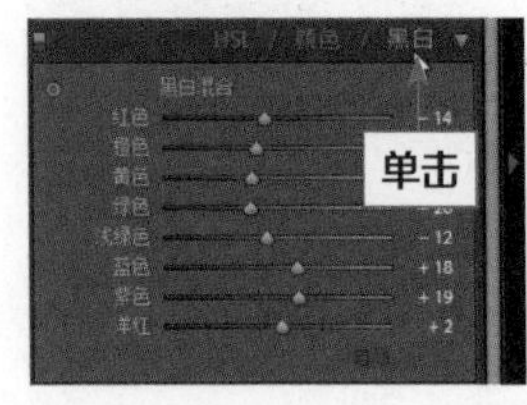

图 8-27 单击“黑白”按钮

04 ❶在工具条上选取渐变滤镜工具；❷设置“色温”为61；❸设置“曝光度”为-3.33、“对比度”为97；❹设置“饱和度”为39；❺设置“杂色”为100，如图8-28所示。

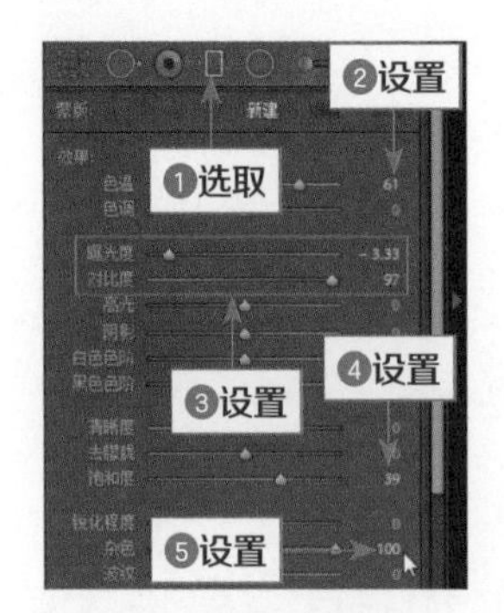

图 8-28 设置相应参数

05 运用渐变滤镜工具在图像上向下拖曳，添加渐变效果，如图8-29所示，单击“完成”按钮。

图 8-29 添加渐变效果

06 展开“基本”面板，设置“清晰度”为86，更改照片清晰度，如图8-30所示。

图 8-30 更改照片清晰度

8.3 《纯真的美好》：分离色调的妙用

【作品名称】：《纯真的美好》

【作品欣赏】：蓝色的房子，房子上画着朵朵白云，屋顶侧面立着一个大风车，整体散发的是满满的童真味道，就像是一个儿时的梦成真了。本实例效果如图8-31所示。

图 8-31 效果

【作品解说】：美丽的风车房子呈现在眼前，房子外涂着蓝色的涂料，上面画着白色的云朵，十分好看，屋顶的风车享受着风的抚摸，缓缓地转动着，让我突然想起了小时候拿着小风车奔跑的情景，真是纯真又美好。

【前期拍摄】：这张照片在拍摄时，运用了交叉式斜线构图法，风车的风翼形成交叉线条，由交叉斜线分割的画面往往不是很均等，画面比较灵活多变，这种构图使画面看起来很新颖，给人一种眼前一亮的感觉。不过在画面上颜色略显暗淡，还需要进行后期处理，将画面变得鲜艳美丽，如图8-32所示。

图 8-32 交叉式斜线构图法

【主要构图】：交叉式斜线构图法。

【色彩指导】：Lightroom中的“分离色调”面板可以为灰度照片着色，而且可以在整个色调范围内添加一种颜色（如棕褐色效果），还可以生成分离色调效果，从而对阴影和高光应用不同的颜色。

【后期处理】：本实例主要运用Lightroom软件进行处理。

8.3.1 重现色调分离，突出照片的艺术感

分离色调最大的优点就是能够让一张看起来并不出色的照片，拥有自己的特色。下面介绍重现色调分离，突出照片艺术感的方法。

素材位置	素材 > 第 8 章 >8.3.1.jpg
效果位置	效果 > 第 8 章 >8.3.1.jpg
视频位置	视频 > 第 8 章 >8.3.1　重现色调分离，突出照片的艺术感 .mp4

01 在Lightroom中导入一张照片素材，切换至“修改照片”模块，如图8-33所示。

图 8-33 导入一张照片素材

02 展开“分离色调”面板，❶单击“高光”选项区中的颜色色块，在弹出的颜色拾取器中选择一种颜色；❷设置“色相”为229、“饱和度”为41，如图8-34所示。

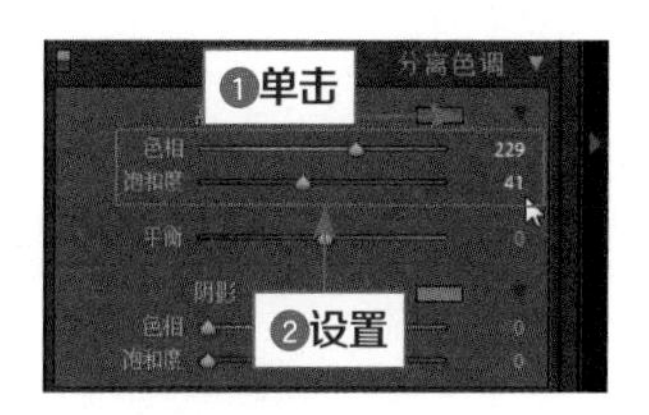

图 8-34 设置相应参数

03 执行上述操作后，即可分离高光色调，效果如图8-35所示。

图 8-35 分离高光色调

04 在“分离色调”面板的“阴影”选项区中设置“色相”为189、“饱和度”为13，如图8-36所示。

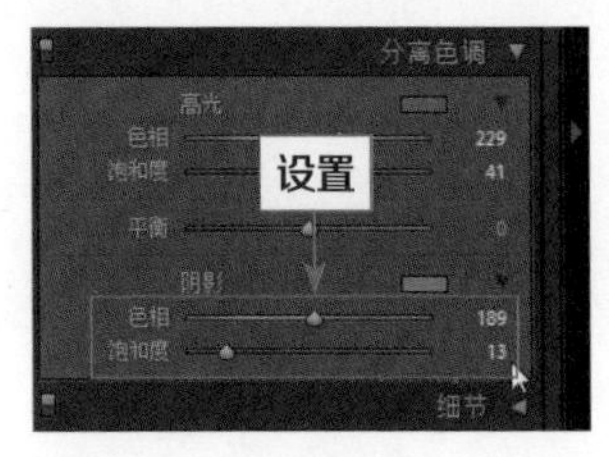

图 8-36 设置相应参数

05 执行上述操作后，即可分离阴影色调，效果如图8-37所示。

图 8-37 分离阴影色调

8.3.2 锐化细节，让画面更加清晰

无论是在室内还是室外进行照片拍摄，产生照片模糊或者不清晰的情况是很正常的，此时可以对照片进行锐化，使照片更加清晰。下面介绍锐化细节，让画面更加清晰的方法。

素材位置	上一个实例效果图
效果位置	效果 > 第 8 章 >8.3.jpg
视频位置	视频 > 第 8 章 >8.3.2　锐化细节，让画面更加清晰 .mp4

01 ❶展开“色调曲线”面板；❷设置“高光”为52、“暗色调”为-40、“阴影”为-49，如图8-38所示。

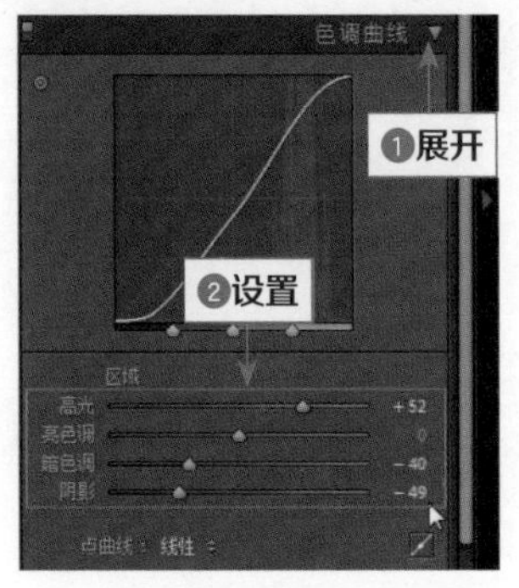

图 8-38 设置相应参数

02 执行上述操作后，即可调整照片的明暗对比，效果如图8-39所示。

图 8-39 调整照片的明暗对比

03 在“基本”面板中设置“清晰度”为27、“鲜艳度”为27、“饱和度”为13，增强色彩，效果如图8-40所示。

图 8-40 增强色彩

04 ❶展开“细节”面板；❷在“锐化”选项区中设置“数量”为100与“半径”为2.0，如图8-41所示。

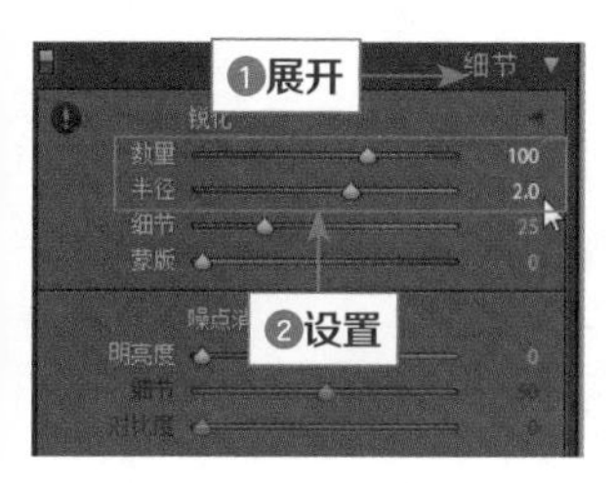

图 8-41 设置相应参数

05 执行上述操作后，即可将画面的细节锐化，使照片显得更加清晰，如图8-42所示。

图 8-42 将画面的细节锐化

8.4 《勇往直前》：黑白艺术的妙用

【作品名称】：《勇往直前》

【作品欣赏】：照片中的台阶就像是人生的道路一样，不管这个台阶有多高、多长，我们都必须勇敢并坚强地走下去，一路向前，这样才能度过人生中磕磕碰碰的坎。本实例效果如图8-43所示。

图 8-43 效果

【作品解说】：道路很宽广，但是如何走要看个人的选择。这张照片拍摄的是体育馆外的台阶，要想进入体育馆必须要走很长的台阶，人生也是一样，人生很长但是还是要一步一步地去走。

【前期拍摄】：这张照片在拍摄时，运用了透视牵引构图法，透视牵引构图法是一种经典的构图方法，近大远小表现的就是透视感，这个场景将台阶的多条线条构成透视牵引向远方发散。这种构图可以让观众的视线向远处发散，突出空间感，而且会让人会觉得作品有内涵，间接引起沉思，如图8-44所示。

图 8-44 透视牵引构图法

【主要构图】：透视牵引构图法。

【色彩指导】：高饱和度的黑白照片即使没有鲜艳的色彩修饰，也令人印象深刻。本实例使用“HSL/颜色/黑白”面板将彩色照片快速转换为黑白效果，再结合面板中的选项设置，增强画面对比，即可得到高饱和度的黑白风光照片。

【后期处理】：本实例主要运用Lightroom软件进行处理。

8.4.1 黑白照片，快速改变照片氛围 重点

有些照片经过后期处理，由彩色变成黑白效果后，反而更吸引人的视线。下面介绍处理黑白照片，快速改变照片氛围的方法。

素材位置	素材 > 第 8 章 >8.4.1.jpg
效果位置	效果 > 第 8 章 >8.4.1.jpg
视频位置	视频 > 第 8 章 >8.4.1　黑白照片，快速改变照片氛围 .mp4

01 在Lightroom中导入一张照片素材，切换至“修改照片”模块，如图8-45所示。

图 8-45 导入一张照片素材

02 在“基本”面板中设置“清晰度”为22、“饱和度”为100，锐化图像，增强画面色彩，如图8-46所示。

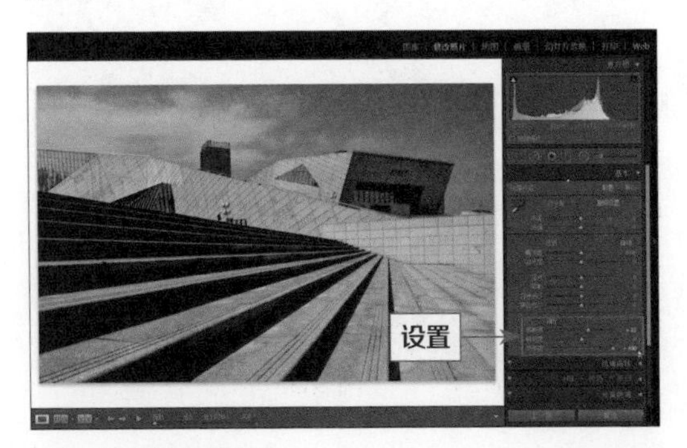

图 8-46 增强画面色彩

03 单击“HSL/颜色/黑白”面板右侧的“黑白”按钮，并自动调整“黑白混合”选项组下的颜色值，将图像转换为黑白效果，效果如图8-47所示。

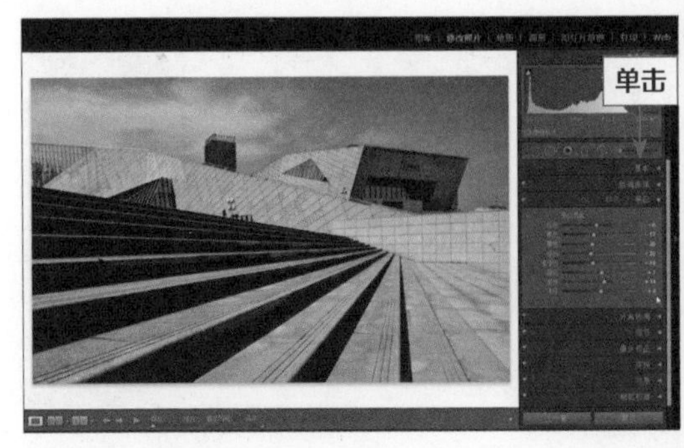

图 8-47 将图像转换为黑白效果

04 ❶在“黑白混合”选项区中设置“红色”为42、“橙色”为-60、“黄色”为-100、“绿色”为25；❷设置“蓝色”为-43，如图8-48所示。

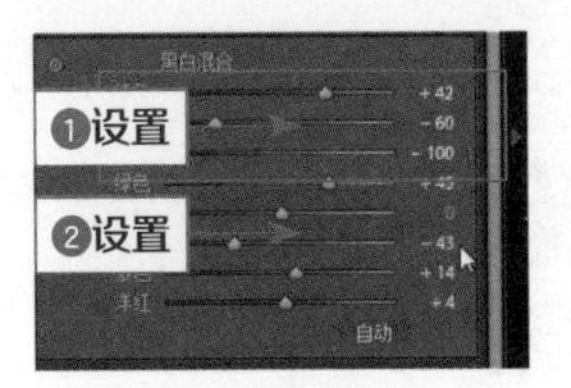

图 8-48 设置相应参数

05 执行上述操作后，即可修饰黑白图像的明暗对比，如图8-49所示。

图 8-49 修饰黑白图像的明暗对比

8.4.2 处理细节，让照片更有冲击力

彩色照片转化为黑白效果后，为了让黑白照片更有冲击力，可以通过色调曲线增强黑白颜色的对比。下面介绍处理细节，让照片更有冲击力的方法。

素材位置	上一个实例效果图
效果位置	效果 > 第 8 章 >8.4.jpg
视频位置	视频 > 第 8 章 >8.4.2　处理细节，让照片更有冲击力 .mp4

01 ❶展开“色调曲线”面板；❷在“区域”选项区中

设置“高光”为21、“亮色调”为-1、“暗色调”为-3与“阴影”为-2，如图8-50所示。

02 ❶单击“单击以编辑点曲线”按钮，转换为点曲线；❷单击并拖曳点曲线，调整曲线，如图8-51所示。

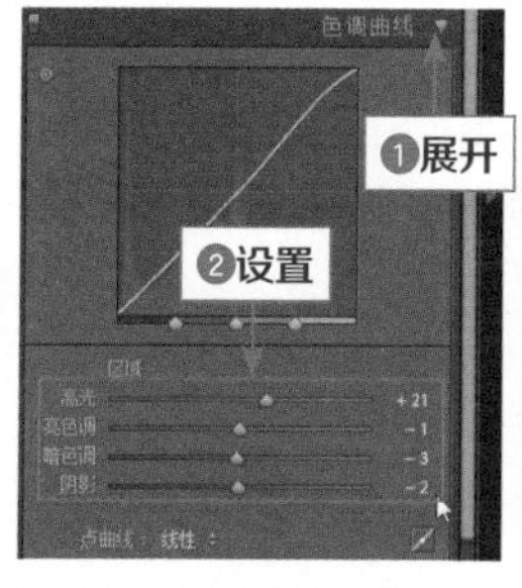

图 8-50 设置相应参数

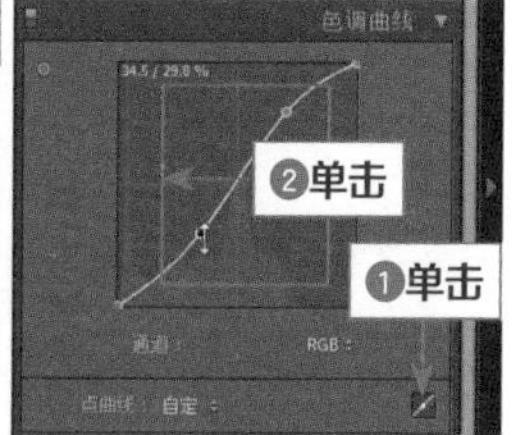

图 8-51 调整曲线

03 执行上述操作后，即可调整画面的明暗程度，如图8-52所示。

图 8-52 调整画面的明暗程度

04 展开“细节”面板，在“锐化”选项区中设置“数量”为59、“半径”为3、“细节”为47，锐化图像，如图8-53所示，使画面更加清晰。

图 8-53 锐化图像

05 在“细节”面板的“噪点消除”选项区中设置“颜色”为66，处理照片细节，效果如图8-54所示。

图 8-54 处理照片细节

8.5 《奔腾的马》：恢复照片原有色彩

【作品名称】：《奔腾的马》

【作品欣赏】：这张照片展现的是一群马奔跑的场景，枣红色的马与棕色的马成群结队地向前奔跑，高大健硕的身躯不畏惧任何事物，就像是一个英勇的军人，勇往直前。本实例效果如图8-55所示。

图 8-55 效果

【作品解说】：拍摄这张照片的时候，我刚好路过此地，看到一群马，前一刻还在草地上觅食，下一刻突然向前奔跑，仿佛看到了什么东西，或者是因为激起了它们之间的比赛，它们是多么高大威武，令人感到震撼。

【前期拍摄】：在拍摄这张照片时运用了多点构图法，因为马的数量很多，所以将多匹马置于画面的中间位置，会让人的眼光被画面的主体所吸引，还可以记录完整画面，不过画面中出现了偏色的现象，可以通过后期处理来调整画面效果，如图8-56所示。

图 8-56 多点构图法

【主要构图】：多点构图法。

【色彩指导】：拍摄风光照片时，经常会出现或多或少的偏色现象，Lightroom中预置了色彩调整功能，可以校正偏色的照片。本实例中，由于原照片整体色调偏黄，后期处理时可以先适当应用色调曲线提亮画面，再展开"分离色调"面板，在面板中设置高光和阴影颜色，还原照片的真实色彩。

【后期处理】：本实例主要运用Lightroom软件进行处理。

素材位置	素材 > 第 8 章 >8.5.jpg
效果位置	效果 > 第 8 章 >8.5.jpg
视频位置	视频 > 第 8 章 >8.5 《奔腾的马》：恢复照片原有色彩 .mp4

01 在Lightroom中导入一张照片素材，切换至"修改照片"模块，如图8-57所示。

图 8-57 导入一张照片素材

02 展开"基本"面板，在"白平衡"选项区中设置"色温"为-50、"色调"为15，修复照片白平衡，如图8-58所示。

03 ❶在"基本"面板中设置"对比度"为17；❷设置"黑色色阶"为-29；❸设置"鲜艳度"为29，如图8-59所示。

图 8-58 修复照片白平衡

图 8-59 设置相应参数

04 执行上述操作后，即可增强照片的对比效果，如图8-60所示。

图 8-60 增强照片的对比效果

05 ❶展开"色调曲线"面板；❷设置"高光"为21、"亮色调"为-39、"暗色调"为-15、"阴影"为-8，如图8-61所示。

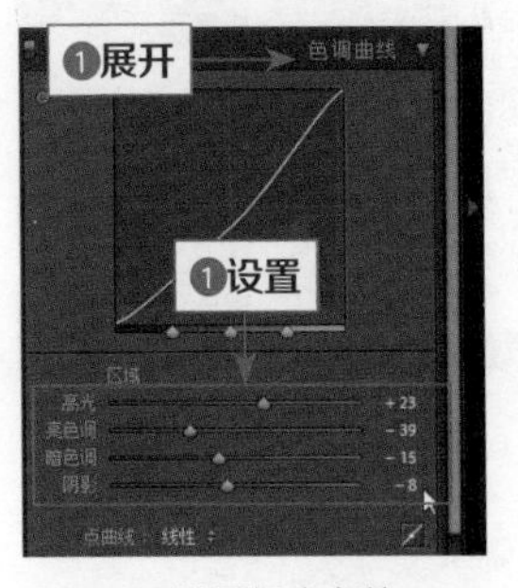

图 8-61 设置相应参数

06 执行上述操作后，即可调整照片的明暗，效果如图8-62所示。

图 8-62 调整照片的明暗

07 展开“分离色调”面板，在“高光”选项区中设置“色相”为208、“饱和度”为31，在“阴影”选项区中设置“色相”为203、“饱和度”为45，设置“平衡”为100，如图8-63所示。

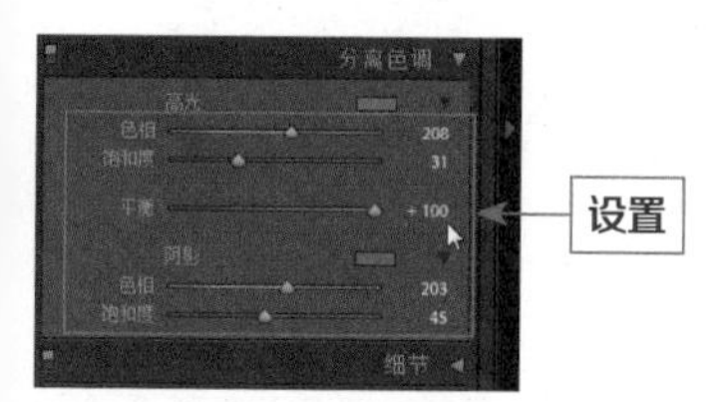

图 8-63 设置相应参数

08 执行上述操作后，即可平衡照片的颜色，效果如图8-64所示。

图 8-64 平衡照片的颜色

09 展开“HSL/颜色/黑白”面板，切换至“色相”选项卡，❶设置“红色”为17、“橙色”为8；❷设置“蓝色”为14、“紫色”为15、“洋红”为25，如图8-65所示。

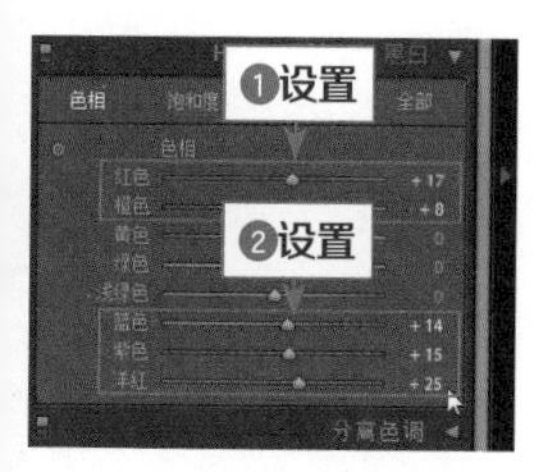

图 8-65 设置相应参数

10 执行上述操作后，即可修复偏黄的照片，恢复照片原有色彩，使照片看上去更美观，效果如图8-66所示。

图 8-66 恢复照片原有色彩

8.6 《暮色下的大桥》：打造超强的视觉效果

【作品名称】：《暮色下的大桥》

【作品欣赏】：这张照片展现的是暮色下的大桥场景，夜色渐浓，强而有力的桥梁仿佛一个守护者，默默地守护着在桥上来回穿梭的车辆，在桥上霓虹灯的映照下可以感受到城市的快节奏生活，让人不禁发出感叹。本实例效果如图8-67所示。

图 8-67 效果

【作品解说】：拍摄这张照片的时候天色已晚，桥上已经打开了环绕桥梁的霓虹灯，在桥上依稀可以看到远处的高楼大厦，来回穿梭的车辆也已打开了车灯，有条不紊地前往自己的目的地。

【前期拍摄】：夜色笼罩下的大桥显得愈发高大，因此我们在拍摄这张照片的时候运用了下双边透视构图法，桥梁的中心分界线形成了下双边透视，道路由近向远延伸，形成了极佳的透视效果，在线条的汇聚过程中，有些直线、平行线都以斜线的方式呈现，这样让画面更有视觉张力，纵深感很强。同时，还运用了左右对称构图法，以桥梁的中心线为标准，使拍摄的画面呈现左右对称的效果，增强了画面的艺术感，如图8-68所示。

图 8-68 下双边透视构图法、左右对称构图法

【主要构图】：下双边透视构图法、左右对称构图法。

【色彩指导】：本实例是一张夜景照片，通过Lightroom中的分离色调、渐变滤镜功能，将照片呈现出一种独特的夜景感觉，能够让人眼前一亮。

【后期处理】：本实例主要运用Lightroom软件进行处理。

素材位置	素材 > 第 8 章 >8.6.jpg
效果位置	效果 > 第 8 章 >8.6.jpg
视频位置	视频 > 第 8 章 >8.6 《暮色下的大桥》：打造超强的视觉效果 .mp4

01 在Lightroom中导入一张照片素材，切换至“修改照片”模块，如图8-69所示。

专家指点

按 Ctrl + Shift + Alt + G 组合键可以快速启动黑白混合目标调整工具，按 Ctrl + Shift + Alt + N 组合键退出工具。

图 8-69 导入一张照片素材

02 单击“HSL/颜色/黑白”面板右侧的“黑白”标签，将照片转换为黑白效果，如图8-70所示。

图 8-70 将照片转换为黑白效果

03 展开“基本”面板，设置“曝光度”为0.41、“对比度”为21、“高光”为-45、“阴影”为16、“白色色阶”为-11、“黑色色阶”为7、“清晰度”为73，增强照片的对比度和清晰度，如图8-71所示。

图 8-71 增强照片的对比度和清晰度

04 选取工具条上的渐变滤镜工具，在图像的天空上方向下拖曳光标，确认渐变区域，如图8-72所示。

图 8-72　确认渐变区域

05 ❶在“渐变滤镜”选项面板中设置“对比度”为25；❷设置“清晰度”为-58、“饱和度”为51；❸单击“颜色”色块；❹在弹出的颜色拾取器中选择蓝色，如图8-73所示。

图 8-73　设置相应参数

06 单击图像显示区域右下角的“完成”按钮，即可在图像的天空区域添加渐变效果，如图8-74所示。

图 8-74　添加渐变效果

07 展开“色调曲线”面板，设置“高光”为19、“亮色调”为20、“暗色调”为-16、“阴影”为-27，改变高光和阴影的色调，如图8-75所示。

图 8-75　改变高光和阴影的色调

08 展开“细节”面板，在“锐化”选项区中设置“数量”为29、“半径”为0.8，提高照片的锐化程度，如图8-76所示。

图 8-76　提高照片的锐化程度

8.7 习题测试

习题1 营造出时尚大片的光影氛围

素材位置	素材 > 第 8 章 > 习题 1.jpg
效果位置	效果 > 第 8 章 > 习题 1.jpg
视频位置	视频 > 第 8 章 > 习题 1：营造出时尚大片的光影氛围 .mp4

本习题需要读者掌握Lightroom中径向滤镜功能的使用方法，营造出时尚大片的光影氛围效果，素材图像如图8-77所示，最终效果如图8-78所示。

图 8-77 素材图像

图 8-78 最终效果

习题2 应用暗角改变照片的意境

素材位置	素材 > 第 8 章 > 习题 2.jpg
效果位置	效果 > 第 8 章 > 习题 2.jpg
视频位置	视频 > 第 8 章 > 习题 2：应用暗角改变照片的意境 .mp4

本习题需要读者掌握运用暗角改变照片意境的方法，素材图像如图8-79所示，最终效果如图8-80所示。

图 8-79 素材图像

图 8-80 最终效果

习题3 给照片带来全新的撞色效果

素材位置	素材 > 第 8 章 > 习题 3.jpg
效果位置	效果 > 第 8 章 > 习题 3.jpg
视频位置	视频 > 第 8 章 > 习题 3：给照片带来全新的撞色效果 .mp4

本习题需要读者掌握使用分离色调给照片带来全新撞色效果的方法，素材图像如图8-81所示，最终效果如图8-82所示。

图 8-81 素材图像

图 8-82 最终效果

第09章 照片技巧：不同风格照片的处理实操

高质量的摄影作品离不开合理的构图、舒服的色彩搭配、协调的光线及必要的后期处理。每一张照片都有其存在的意义与价值，每个摄影师在对画面进行拍摄时都有着自己的想法，不同的后期处理技巧会赋予照片不同的效果。

课堂学习目标

- 《行走在路上》：让暗淡的照片重获生机
- 《无尽的远方》：黑白呈现不同效果
- 《最美夕阳红》：制作美丽的晚霞
- 《如花似玉》：快速修复人物瑕疵
- 《温馨一刻》：LOMO风格的人像
- 《霓虹光影》：增加静物的质感

扫码观看本章实战操作视频

9.1 《行走在路上》：让暗淡的照片重获新生

【作品名称】：《行走在路上》

【作品欣赏】：这个场景是在旅游途中拍摄的，当时经过一条公路，公路两旁立着一排排的树木，郁郁葱葱，让人感到生机勃勃。抬头看向远处，远处的山峰上掺杂着一抹白，那是山上有雪的标志。旅行有时候不一定要有周密的计划，有时候想去就去了，伴着年龄的增大，偶尔来一场说走就走的旅行也是很不错的。本实例效果如图9-1所示。

图 9-1 效果

【作品解说】：在忙碌的城市生活中偶尔看看不一样的风景，是很美好的。工作之余抽出一点时间来一场说走就走的旅行，这种美好的感受让人心中充满生机。静静地享受旅途中的风景，让忙碌的心情得到洗涤，缓解高压的情绪。

【前期拍摄】：这张照片在拍摄时，运用了双边透视构图法。透视构图法是一种很经典的构图法，道路两边的线条与山脉的轮廓形成透视感，形成极佳的透视效果，让人的视线不自觉跟着线条向前延伸，不过因为拍摄时天气不好，整个画面显得灰蒙蒙的，可以通过后期对画面进行处理，如图9-2所示。

图 9-2 双边透视构图法

【主要构图】：双边透视构图法。

【色彩指导】：在天气不好的时候拍摄室外风景，会让拍摄出来的画面呈现一种灰蒙蒙、不清楚的状态，本实例中首先通过“基本”面板调整画面色彩均衡，然后通过“细节”面板对画面的细节进行调整，最后通过“HSL”面板更改画面的色相，让画面显得更为鲜艳，使画面呈现不一样的效果。

【后期处理】：本实例主要运用Lightroom软件进行处理。

9.1.1 提高画面的清晰度，使照片更加高清

在室外进行拍摄时，很容易导致拍出来的照片不清晰或者光线暗淡，此时可以通过Lightroom对照片进行后期处理。下面介绍提高画面的清晰度，使照片更加高清的方法。

素材位置	素材 > 第 9 章 >9.1.1.jpg
效果位置	效果 > 第 9 章 >9.1.1.jpg
视频位置	视频 > 第 9 章 > 9.1.1　提高画面的清晰度，使照片更加高清 .mp4

01 在Lightroom中导入一张照片素材，切换至“修改照片”模块，如图9-3所示。

图 9-3 导入一张照片素材

02 展开“基本”面板，设置“曝光度”为0.11、“对比度”为100，增加照片的明暗对比，如图9-4所示。

图 9-4 增加照片的明暗对比

03 在“基本”面板中设置“高光”为-89、“阴影”为-15、“白色色阶”为-62、“黑色色阶”为19，调整图像明暗，如图9-5所示。

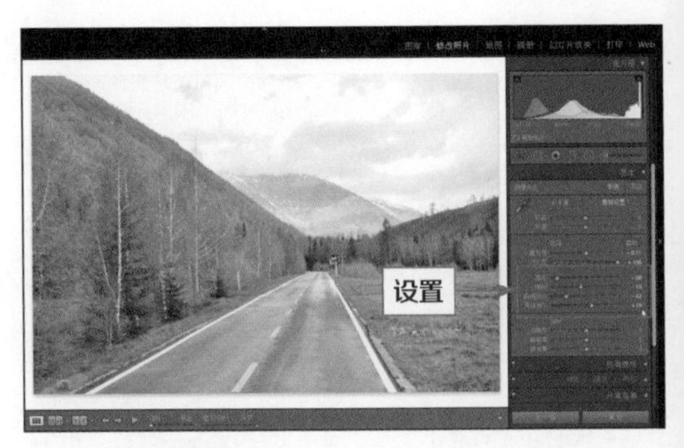

图 9-5 调整图像暗调

04 在“基本”面板的“偏好”选项区中设置“清晰度”为80、“鲜艳度”为14、“饱和度”为19，对图像进行锐化处理，得到更鲜艳的画面，如图9-6所示。

图 9-6 得到更鲜艳的画面

05 展开“细节”面板，在“锐化”选项区中设置“数量”为100、“半径”为2.0，让细节更加清晰，如图9-7所示。

图 9-7 让细节更加清晰

9.1.2 改变照片的色相，让画面显得更加鲜艳 进阶

改变照片的色相可以对画面的色彩进行调整，使画面的色彩达到一个均衡地展现。下面介绍改变照片的色

相，让画面显得更加鲜艳的方法。

素材位置	上一个实例效果图
效果位置	效果 > 第 9 章 >9.1.jpg
视频位置	视频 > 第 9 章 >9.1.2　改变照片的色相，让画面显得更加鲜艳 .mp4

01 ❶展开“HSL/颜色/黑白”面板；❷在“HSL”面板中单击“饱和度”标签，如图9-8所示。

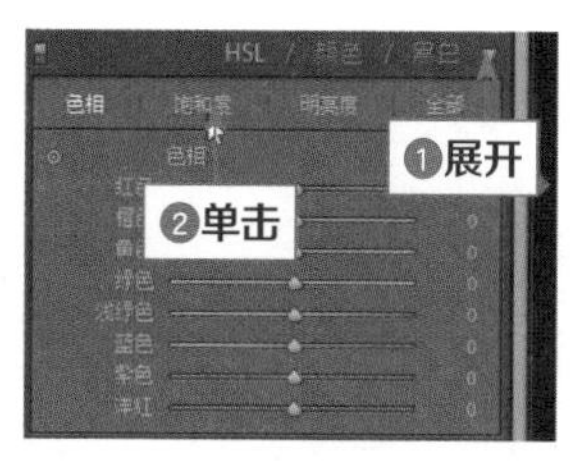

图 9-8 单击“饱和度”标签

02 执行上述操作后，切换至“饱和度”选项卡，❶设置“红色”为100、“橙色”为100；❷设置“绿色”为73，调整画面颜色的饱和度，如图9-9所示。

图 9-9 调整画面颜色的饱和度

03 ❶单击“明亮度”标签，切换至“明亮度”选项卡；❷设置“绿色”为21、“浅绿色”为28、“蓝色”为-25，设置特定的颜色亮度，增强色彩对比效果，如图9-10所示。

图 9-10 增强色彩对比效果

9.2 《如花似玉》：快速修复人物瑕疵

【作品名称】：《如花似玉》

【作品欣赏】：这个画面是女子写真照，女子身下的灰白色彩与她身上裙子的颜色形成鲜明的对比。她着淡淡的妆容，自然地躺在地下，头发随意地散开，此动作很好地将女子的身体曲线展现了出来。本实例效果如图9-11所示。

图 9-11 效果

【作品解说】：该女子面露轻松，嘴巴微张，露出一排整齐洁白的牙齿，双眸中带着一抹笑，让人感到她满满的优雅姿态，给人一种赏心悦目的感觉。

【前期拍摄】：这张照片在拍摄时，运用了对角线构图法与躺姿构图法。躺姿是一个富有诱惑力的姿势，能够展现人体的线条，画面中人物的手部置于肩上，增添了画面的丰富感，整个人物在画面中呈对角线展示，很好地突出了画面的人物主题，但是在拍摄时因室内光线不好，造成人物脸部有瑕疵，所以还需要对照片进行后期处理，如图9-12所示。

图 9-12 对角线构图法、躺姿构图法

【主要构图】：对角线构图法、躺姿构图法。

【色彩指导】：本实例中的人物出现红眼与污渍瑕疵，可以运用Lightroom中的红眼校正工具与污点去除工具，修复人物红眼与去除污渍，这两种工具使用起来十分方便，它们可以自动采样，快速修复瑕疵图像。

【后期处理】：本实例主要运用Lightroom软件进行处理。

9.2.1 修复红眼，纠正人物眼睛色彩 重点

在夜晚或者室内光线不是特别明亮的情况下进行拍照，有可能会导致拍摄出来的人物照片出现红眼的情况。下面介绍修复红眼，纠正人物眼睛色彩的方法。

素材位置	素材 > 第 9 章 >9.2.1.jpg
效果位置	效果 > 第 9 章 >9.2.1.jpg
视频位置	视频 > 第 9 章 >9.2.1　修复红眼，纠正人物眼睛色彩 .mp4

01 在Lightroom中导入一张照片素材，切换至“修改照片”模块，如图9-13所示。

图 9-13 导入一张照片素材

02 选取工具条上的红眼校正工具，如图9-14所示。

图 9-14 选取红眼校正工具

专家指点

去除人物红眼时，为获得最佳效果，应选择整只眼睛而不仅是选择瞳孔部分。在“红眼校正”选项面板中，向右拖动“瞳孔大小”滑块，使校正区域增大；向右拖动“变暗”滑块，使选区中的瞳孔区域和选区外的虹膜区域变暗。按H键可以隐藏或显示红眼圆。要移去有关红眼的更改，可以选择红眼圆，并按Enter或Delete键。单击“复位”按钮可清除使用红眼校正工具所做的更改，并关闭所选区域。

03 当光标变为定位标记后，将其移动到画面上的红眼位置，如图9-15所示。

图 9-15 移动到画面上的红眼位置

04 在右侧眼睛位置处单击，即可去除红眼，如图9-16所示。

图 9-16 去除红眼

05 继续使用红眼校正工具，去除图像左侧的红眼，如图9-17所示。然后单击右下角的“完成”按钮保存即可。

图 9-17 去除图像左侧的红眼

9.2.2 修复瑕疵，使人物面部更完美 重点

人物照片如果有瑕疵的话，可以通过Lightroom的污点去除工具对瑕疵进行修复。下面介绍修复瑕疵，使人物面部更完美的有效方法。

素材位置	上一个实例效果图
效果位置	效果 > 第 9 章 >9.2.jpg
视频位置	视频 > 第 9 章 >9.2.2　修复瑕疵，使人物面部更完美 .mp4

01 ❶选取工具条上的污点去除工具；❷在展开的“污点去除”选项面板中设置“大小”为68、“羽化”为18，如图9-18所示。

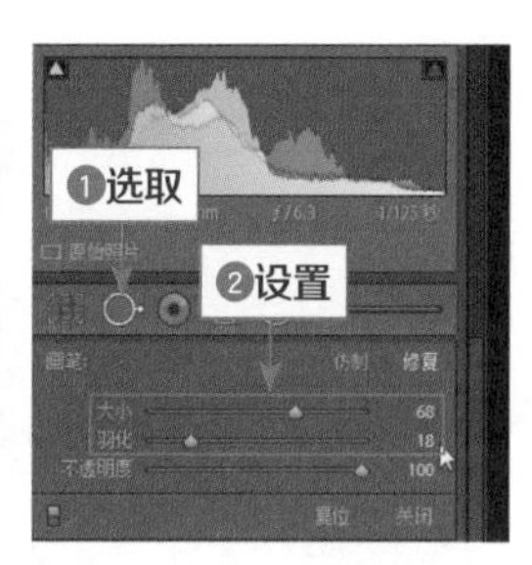

图 9-18 设置相应参数

02 在人物脸部右侧的污点上单击鼠标左键，即可修复瑕疵，如图9-19所示。然后单击右下角的“完成”按钮保存。

图 9-19 修复瑕疵

03 展开“基本”面板，设置“曝光度”为0.20、“对比度”为19、“白色色阶”为5，修饰画面色调，如图9-20所示。

图 9-20 修饰画面色调

9.3 《无尽的远方》：黑白呈现不同效果

【作品名称】：《无尽的远方》

【作品欣赏】：这个场景是在旅行的路上拍摄下来的。冬天，树木的叶子基本已经掉落在地上归为尘土了，道路两旁的树木整齐地排列着，即使树上的叶子掉光了，它们也仍守护着这片土地。就像人生中没有什么可以一帆风顺，美好也不会一直存在，但是仍要拥有对生活的信心。本实例效果如图9-21所示。

图 9-21 效果

【作品解说】：开着车行驶在公路上，两旁的树木成了旅途中可以欣赏的美好风景，看着前方的道路似乎找不到终点，但是这有什么关系，不去想前方有什么等着自己，先静下心享受这美好的时光。

【前期拍摄】：这张照片在拍摄时，运用了双边透视构图法，道路两边的线条与两旁树木形成的轮廓构成了透视感，将人的视线无限拉长，向前延伸，使本

来平淡的画面变得有特色，更吸引人的目光。拍摄这种没有树叶的树木，有的时候彩色画面不一定比黑白画面有特色，所以可以将画面转换为黑白效果，使画面更有艺术气息，此效果可以通过后期处理实现，如图9-22所示。

图 9-22 双边透视构图法

【主要构图】：双边透视构图法。

【色彩指导】：本实例中彩色画面显得过于平庸，可以运用Lightroom中的“HSL/颜色/黑白”面板，使画面转变为黑白色调，然后通过画笔工具、渐变滤镜对画面进行调整，使画面变得更有感染力。

【后期处理】：本实例主要运用Lightroom软件进行处理。

9.3.1 黑白色调，突出画面的沧桑感

黑白色调的照片效果对于一部分人来说可能觉得不是很认同，但是每种色彩都是相通的，即使是黑白画面也会呈现出不一样的感觉。下面介绍使用黑白色调，突出画面沧桑感的方法。

素材位置	素材 > 第 9 章 >9.3.1.jpg
效果位置	效果 > 第 9 章 >9.3.1.jpg
视频位置	视频 > 第 9 章 >9.3.1　黑白色调，突出画面的沧桑感 .mp4

01 在Lightroom中导入一张照片素材，切换至“修改照片”模块，如图9-23所示。

图 9-23 导入一张照片素材

02 单击“HSL/颜色/黑白”面板右侧的“黑白”按钮，将照片转换为黑白效果，如图9-24所示。

图 9-24 将照片转换为黑白效果

03 展开“基本”面板，❶设置“曝光度”为-1.9、“对比度”为21、“高光”为100；❷设置“白色色阶”为39、“黑色色阶”为60、“清晰度”为73，增强照片的对比度和清晰度，如图9-25所示。

如图 9-25 增强照片的对比度和清晰度

04 ❶选取工具条上的调整画笔工具；❷设置相应的画笔大小；❸选中图像显示区域下方的“显示选定的蒙版叠加”复选框，涂抹公路两边的树木，效果如图9-26所示。

图 9-26 涂抹公路两边的树木

05 ❶在“调整画笔”选项面板中设置“曝光度”为

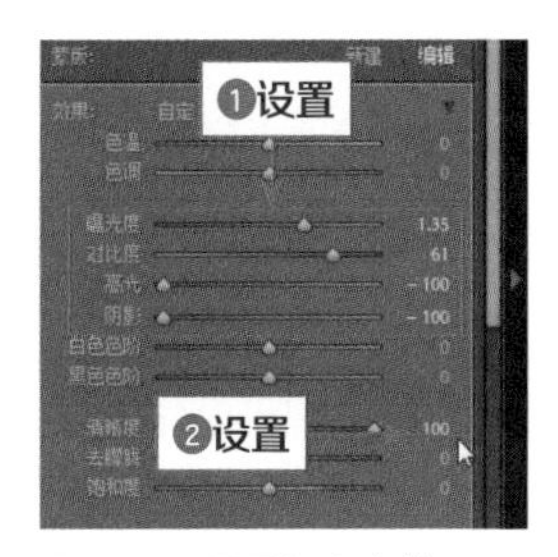

1.35、“对比度”为61、“高光”为-100、“阴影”为-100；❷设置“清晰度”为100，如图9-27所示。

图 9-27 设置相应参数

06 执行上述操作后，❶取消选中图像显示区域下方的“显示选定的蒙版叠加”复选框；❷单击右下角的“完成”按钮，保存设置，如图9-28所示。

图 9-28 单击“完成”按钮

9.3.2 加深色调，突出画面的艺术气息

在Lightroom中，暗角与颗粒都非常适合用于黑白色调的照片。下面介绍加深色调，突出画面艺术气息的方法。

素材位置	上一个实例效果图
效果位置	效果 > 第 9 章 >9.3.jpg
视频位置	视频 > 第 9 章 >9.3.2　加深色调，突出画面的艺术气息 .mp4

01 ❶选取工具条上的渐变滤镜工具；❷在图像的天空上方向下拖曳光标，确认渐变区域，如图9-29所示。

图 9-29 确认渐变区域

02 ❶在“渐变滤镜”选项面板中设置“曝光度”为-1.31、“高光”为68、“阴影”为44；❷设置“清晰度”为1、“饱和度”为18；❸单击“颜色”色块；❹在弹出的颜色拾取器中选择蓝色，如图9-30所示。

图 9-30 在弹出的颜色拾取器中选择蓝色

03 单击图像显示区域右下角的“完成”按钮，即可在图像的天空区域添加渐变效果，如图9-31所示。

图 9-31 在图像天空区域添加渐变效果

04 ❶展开“色调曲线”面板；❷设置“高光”为28；❸设置“阴影”为100，改变高光和阴影的色调，如图9-32所示。

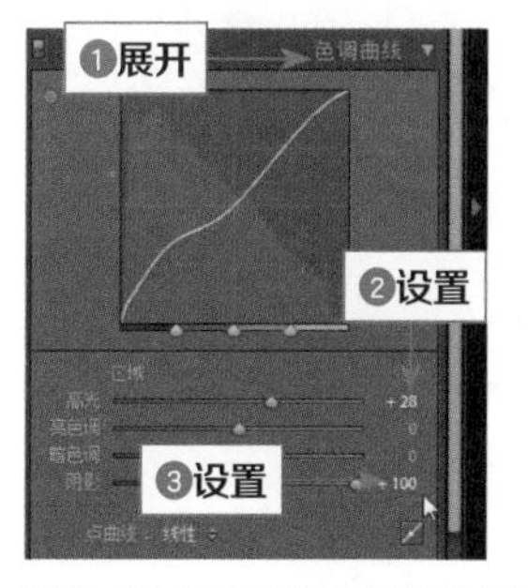

图 9-32 改变高光和阴影的色调

05 展开“效果”面板，❶在“裁剪后暗角”选项区中设置“数量”为-9、“羽化”为60；❷在“颗粒”选项区中设置“数量”为30、“大小”为20，添加暗角

和颗粒效果，如图9-33所示。

图 9-33 添加暗角和颗粒效果

9.4 《温馨一刻》：LOMO风格的人像

【作品名称】：《温馨一刻》

【作品欣赏】：夏日伴着微风，两个相爱的人相互依偎躺在草地上静静地享受这静谧的时光。看着这一幕，让人感到夏天也不是那么炎热，心里想的也只是围绕在他们身边的淡淡温馨。本实例效果如图9-34所示。

图 9-34 效果

【作品解说】：这张照片展现的是一对夫妻的婚纱写真照。男女两人躺在草地上闭着眼，静静地感受大自然的气息，放松身心享受这一刻美好的时光。爱，其实不需要用多么复杂的东西来体现，有时候一个眼神、一次陪伴足已，爱其实很简单。

【前期拍摄】：这张照片在拍摄时，运用了斜线构图法与前景构图法，以倾斜的草地与人物轮廓作为构图线，这种斜线的纵向延伸可加强画面的透视效果，并且斜线构图的不稳定性为画面增添了一种新意，给人独特的视觉效果。因草地上没有什么可以丰富画面的事物，所以将一棵大树垂下的枝叶作为前景，让整个画面显得不单调。为了使画面变得更好看，可以将照片调整为LOMO风格的效果，突出照片最美的一面，所以需要对照片进行后期处理，如图9-35所示。

图 9-35 斜线构图法、前景构图法

【主要构图】：斜线构图法、前景构图法。

【色彩指导】：本案中运用Lightroom调整画面的色彩和清晰度，再通过“色调曲线”面板调整画面的明暗对比效果，最后在画面中添加暗角，让画面显得更加深远、有质感。

【后期处理】：本实例主要运用Lightroom软件进行处理。

9.4.1 调整清晰度，增强画面的质感

室外拍摄时很容易使拍摄出来的画面不清晰或者暗淡，这时候可以调整画面的清晰度与鲜艳度。下面介绍调整清晰度，增强画面质感的方法。

素材位置	素材 > 第 9 章 >9.4.1.jpg
效果位置	效果 > 第 9 章 >9.4.1.jpg
视频位置	视频 > 第 9 章 >9.4.1　调整清晰度，增强画面的质感 .mp4

01 在Lightroom中导入一张照片素材，切换至“修改照片”模块，如图9-36所示。

图 9-36 导入一张照片素材

02 ❶展开“基本”面板；❷设置“白色色阶”为57；❸设置“清晰度”为21、“鲜艳度”为29、“饱和度”为13，如图9-37所示。

03 执行上述操作后，即可增强照片的色彩和清晰度，效果如图9-38所示。

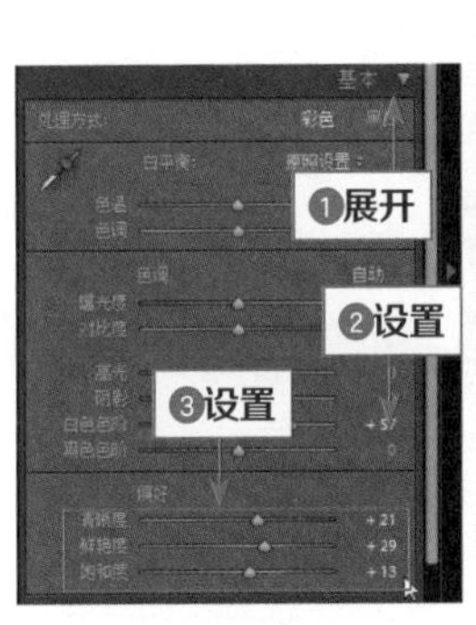

图 9-37 设置相应参数

图 9-38 增强照片的色彩和清晰度

04 ❶展开“色调曲线”面板；❷设置“高光”为57；❸设置“暗色调”为5，如图9-39所示。

05 执行上述操作后，即可修改照片的明暗对比，效果如图9-40所示。

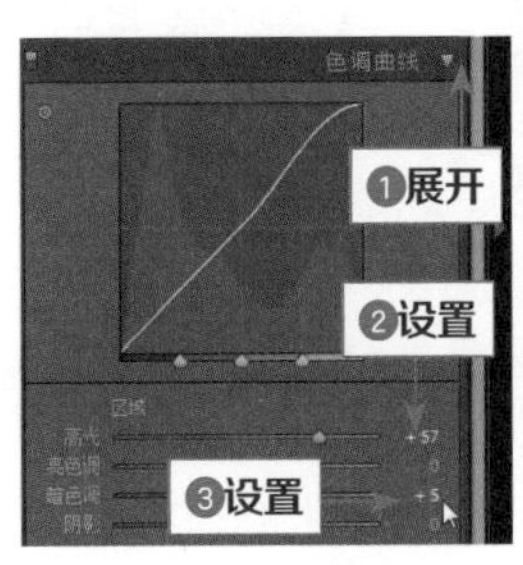

图 9-39 设置相应参数

图 9-40 修改照片的明暗对比

9.4.2 添加镜头暗角，使画面更有情调

LOMO风格的照片并没有特殊的定义，调色的时候让画面带有一种朦胧的灰调，有明显的暗角即可。下面介绍添加镜头暗角，使画面更有情调的方法。

素材位置	上一个实例效果图
效果位置	效果 > 第 9 章 >9.4.jpg
视频位置	视频 > 第 9 章 >9.4.2　添加镜头暗角，使画面更有情调 .mp4

01 展开“分离色调”面板，❶在“高光”选项区中设置“色相”为168、“饱和度”为17；❷在“阴影”选项区中设置“色相”为58、“饱和度”为73，如图9-41所示。

02 执行上述操作后，即可修改照片的色调，效果如图9-42所示。

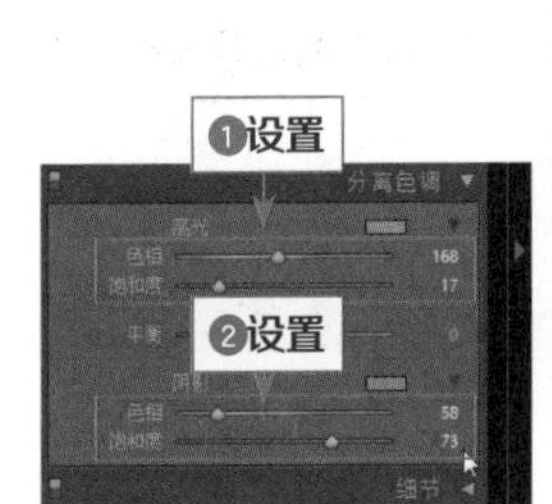

图 9-41 设置相应参数

图 9-42 修改照片的色调

03 ❶展开“镜头校正”面板，切换至“手动”选项卡；❷在“暗角”选项区中设置“数量”为-100、“中点”为9，添加镜头暗角，效果如图9-43所示。

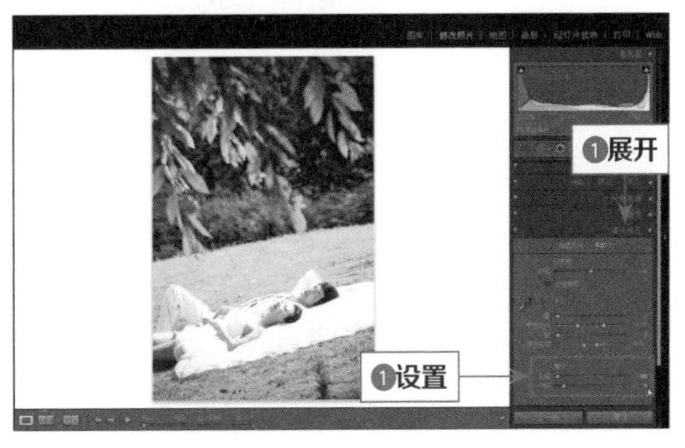

图 9-43 添加镜头暗角

9.5 《最美夕阳红》：制作美丽的晚霞

【作品名称】：《最美夕阳红》

【作品欣赏】：这张照片展现的是迷人的夕阳场景，傍晚时分，太阳释放着最后的光芒，将天空中的云朵染成了一片如血一般的晚霞，映照着城市，原本暗淡无光的水面映照着红橙相间的晚霞，就像是披上了一件薄薄的美丽衣衫。一女子站在水边，提着飞舞的裙摆，目不转睛地看着远方，对未来充满无限期待。本实例效果如图9-44所示。

图 9-44 效果

【作品解说】：天空的颜色映照在河水上，仿佛将河水也染红了，为河水添上了不一样的色彩，构成了一幅美好的画面。尽管太阳辛苦地忙碌了一天，但是它在最后时刻依旧留下了一片色彩，照亮这个世界，让人不由得感叹一句，最美不过夕阳红。

【前期拍摄】：每当太阳快落幕时，仍不忘为天空添上不一样的色彩，夕阳映照着河水更是为整个画面增添了一丝独特的韵味。因此，我们在拍摄夕阳时，运用了逆光构图法，河边的人物在逆光拍摄下与河面以及天空的红形成鲜明的对比，增强了画面的视觉感，提升了画面的整体氛围以及渲染性。不过想要将夕阳如血般夸张地表现出来，还需要对画面进行后期处理，如图9-45所示。

图 9-45 逆光构图法

【主要构图】：逆光构图法。

【色彩指导】：夕阳红是由光的折射与散射造成的，当阳光斜射入大气层时，发生折射，波长较小的蓝、紫、绿等光线散射到太空中；波长较长的红、橙光线进入大气，颜色像血，所以称为“夕阳红”。平时是很难拍摄到这样的风光的，不过，在Lightroom中可以轻松地制作出夕阳红美景。

【后期处理】：本实例主要运用Lightroom软件进行处理。

素材位置	素材 > 第 9 章 >9.5.jpg
效果位置	效果 > 第 9 章 >9.5.jpg
视频位置	视频 > 第 9 章 >9.5 《最美夕阳红》：制作美丽的晚霞 .mp4

01 在Lightroom中导入一张照片素材，切换至“修改照片”模块，如图9-46所示。

图 9-46 导入一张照片素材

02 展开“HSL/颜色/黑白”面板，❶在“HSL”面板中切换至“色相”选项卡；❷设置“橙色”为-100、“黄色”为-100、“绿色”为100，更改照片色相，如图9-47所示。

03 ❶在“HSL”面板中切换至“饱和度”选项卡；❷设置“橙色”为63、“黄色”为82与“绿色”为100，更改相应颜色的饱和度，如图9-48所示。

图 9-47 更改照片色相

图 9-48 更改相应颜色的饱和度

04 展开“基本”面板，在“白平衡”选项区中设置“色温”为-10，如图9-49所示。

05 在“基本”面板中设置“对比度”为11、“高光”为9、“阴影”为25、“白色色阶”为30、“黑色色阶”为5、“清晰度”为14；如图9-50所示。

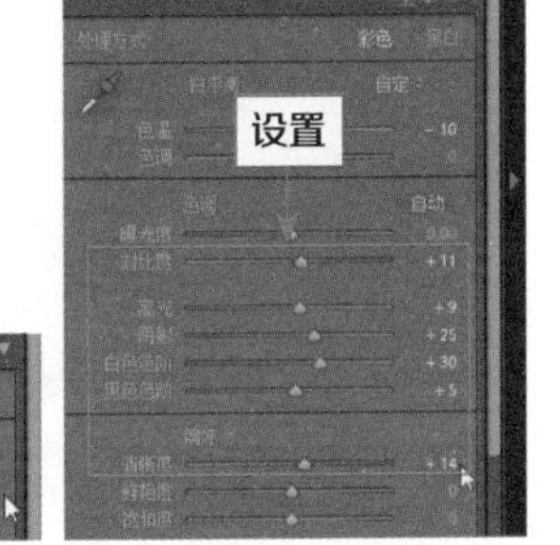

图9-49 设置画面中的色温参数 图 9-50 设置相应参数

06 执行上述操作后，即可提高画面的对比度和清晰度，效果如图9-51所示。

07 ❶展开“镜头校正”面板；❷在“手动”选项卡的“暗角”选项区中设置“数量”为-100、“中点”为10，设置“镜头校正”的相关参数，如图9-52所示。

图 9-51 提高画面的对比度和清晰度

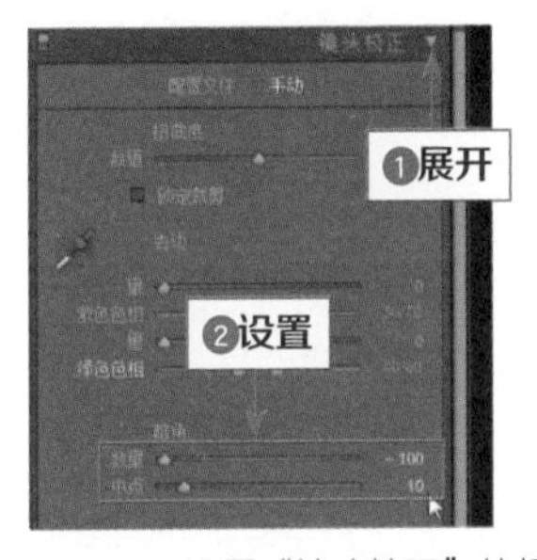

图 9-52 设置“镜头校正”的相关参数

08 执行上述操作后，即可为照片添加镜头暗角，效果如图9-53所示。

图 9-53 为照片添加镜头暗角

9.6 《霓虹光影》：增加静物的质感

【作品名称】：《霓虹光影》

【作品欣赏】：这张照片展现的是一个俱乐部的标志，其由霓虹灯拼凑的五角星包围着一个英文单词构成，看上去是那么引人注目，尤其是在晚上。本实例效果如图9-54所示。

图 9-54 效果

【作品解说】：拍摄这个场景是在一个夜晚，夜晚对于一部分人来说正是活动的开始，这个标志是我路过一条街时突然看到的，因为很醒目，所以就拍了下来。

【前期拍摄】：拍摄这张照片的时候，运用了对称构图法与中心构图法。本照片利用夜晚黑色的背景，将主体置于画面中心，然后利用五角形对称的特质，突出画面的主体，这样呈既中心又对称的画面给人一种平衡、和谐的感觉。还会给人一种宁静、安逸的视觉享受。不过由于是晚上拍摄的，背景过于黑，显得画面质感不高，所以需要对照片进行后期处理，增强画面质感，如图9-55所示。

图 9-55 对称构图法、中心构图法

【色彩指导】：在光线比较暗的情况下进行拍摄，往往会由于曝光控制不当而让拍摄的对象缺乏感染力，在Lightroom中可以通过“基本”面板中的曝光进行调整，以及可以通过“色调曲线”面板中的参数设置来让原本曝光不足的画面变得更加具有层次感。

【主要构图】：对称构图法、中心构图法。

【后期处理】：本实例主要运用Lightroom软件进行处理。

素材位置	素材 > 第 9 章 >9.6.jpg
效果位置	效果 > 第 9 章 >9.6.jpg
视频位置	视频 > 第 9 章 >9.6 《霓虹光影》：增加静物的质感 .mp4

01 在Lightroom中导入一张照片素材，进入“图库”模块，如图9-56所示。

图 9-56 导入一张照片素材

02 切换至“修改照片”模块，显示高光与阴影剪切，以便更准确地对照片影调进行编辑，如图9-57所示。

03 ❶展开“基本”面板；❷设置“色温”为16，提高照片的色温，增强画面中的暖色调，如图9-58所示。

图 9-57 显示高光与阴影剪切

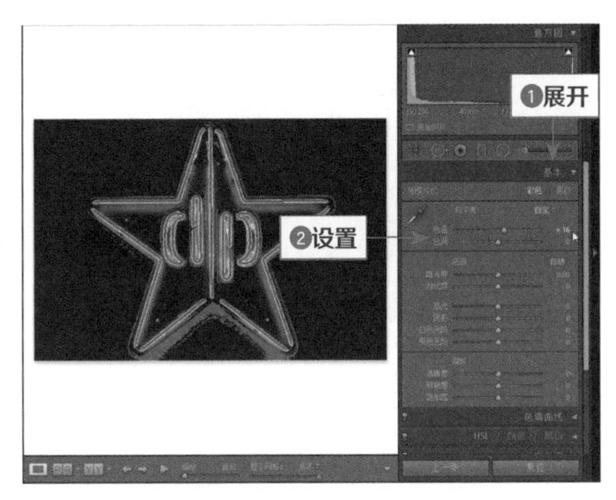

图 9-58 增强画面中的暖色调

04 继续在“基本”面板中进行设置，设置“曝光度”为0.78、“对比度”为5、“高光”为-17、“阴影”为21、“黑色色阶”为26，对照片的曝光度和局部区域的亮度进行调整，如图9-59所示。

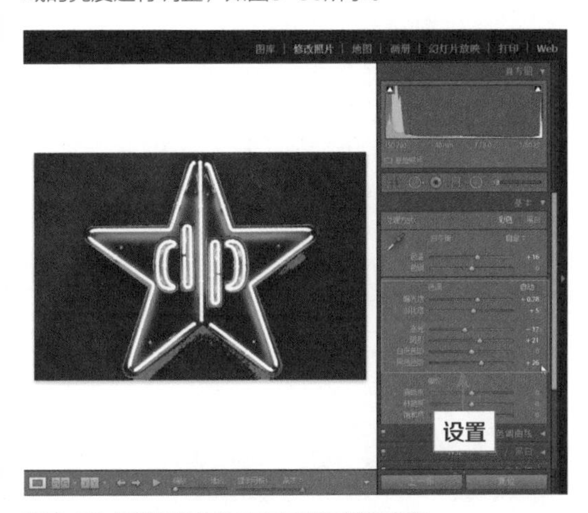

图 9-59 调整照片曝光度与局部区域的亮度

05 ❶展开“色调曲线”面板；❷设置“高光”为26、“亮色调”为-3、“暗色调”为26、“阴影”为-8，如图9-60所示。

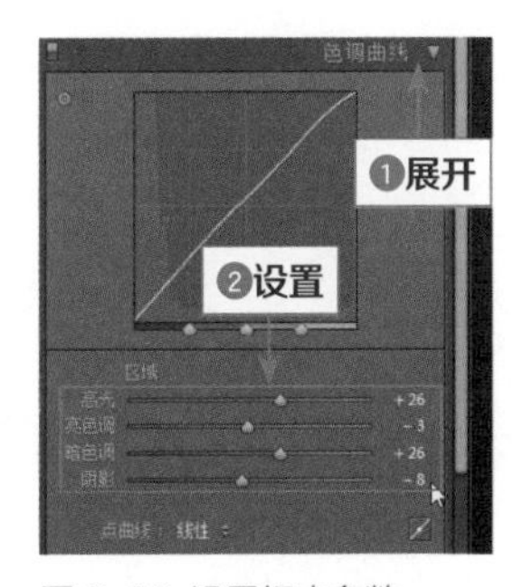

图 9-60 设置相应参数

06 取消显示高光与阴影剪切，即可看到曲线影调调整后的效果，如图9-61所示。

图 9-61 调整后的效果

07 展开“基本”面板，设置“清晰度”为50、“鲜艳度”为-19与“饱和度”为57，提高照片中细节部分的清晰度，降低照片的鲜艳度，让照片中的颜色和细节更加和谐，如图9-62所示。

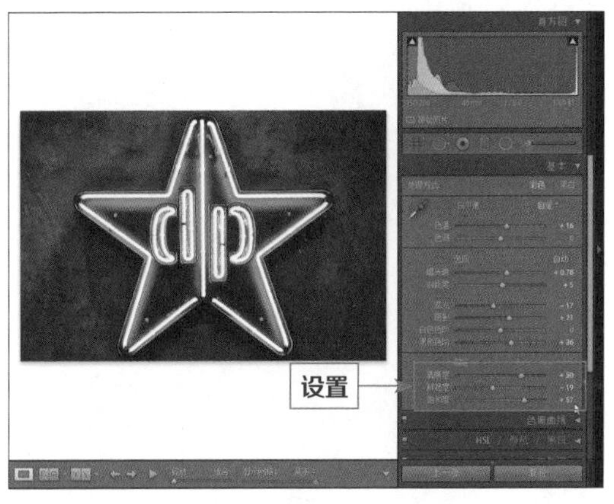

图 9-62 调整照片清晰度与鲜艳度

08 ❶展开“细节”面板；❷在“锐化”选项区中设置“数量”为116、“半径”为2.0、“细节”为61、“蒙版”为62，让静物的质感更加突出，如图9-63所示。

图 9-63 让静物的质感更加突出

9.7 习题测试

习题1 快速将画面变得生机勃勃

素材位置	素材 > 第 9 章 > 习题 1.jpg
效果位置	效果 > 第 9 章 > 习题 1.jpg
视频位置	视频 > 第 9 章 > 习题 1：快速将画面变得生机勃勃 .mp4

本习题需要读者掌握使用Lightroom中的“相机校准”模块进行调色，快速将画面变得生机勃勃的方法，素材图像如图9-64所示，最终效果如图9-65所示。

图 9-64 素材图像

图 9-65 最终效果

习题2 快速增强画面的剪影效果

素材位置	素材 > 第 9 章 > 习题 2.jpg
效果位置	效果 > 第 9 章 > 习题 2.jpg
视频位置	视频 > 第 9 章 > 习题 2：快速增强画面的剪影效果 .mp4

本习题需要读者掌握快速增强画面剪影效果的方法，素材图像如图9-66所示，最终效果如图9-67所示。

图 9-66 素材图像

图 9-67 最终效果

习题3 快速在画面中添加晕影效果

素材位置	素材 > 第 9 章 > 习题 3.jpg
效果位置	效果 > 第 9 章 > 习题 3.jpg
视频位置	视频 > 第 9 章 > 习题 3：快速在画面中添加晕影效果 .mp4

本习题需要读者掌握快速在画面中添加晕影效果的方法，素材图像如图9-68所示，最终效果如图9-69所示。

图 9-68 素材图像

图 9-69 最终效果

第10章

输出照片：体现最佳劳动成果的效果

在Lightroom中对照片进行处理的最终目的是能够让其他人欣赏你修改过的照片，用户需要将在Lightroom中所做的修改嵌入照片文件，生成一个新的文件。因此，用户需要打印或输出照片，使照片从Lightroom的工坊里走出来，成为每个人都能够欣赏的成品。其输出形式无论是照片，还是幻灯片、电子画册或者是网络相片，都是呈现给人看的一种方式。

扫码观看本章
实战操作视频

课堂学习目标

- 《郎情妾意》：使用预设添加水印
- 《幸福永远》：应用Lightroom制作网络相册
- 《美食一刻》：应用Lightroom制作幻灯片
- 《旅行》：应用Lightroom制作电子画册
- 《时光》：设置预设，快速导出照片

10.1 《郎情妾意》：使用预设添加水印

【作品名称】：《郎情妾意》

【作品欣赏】：这张照片展现的是女子弹奏古筝，男子单手与她共弹的场景，男子微微弯腰，右手搭在女子肩上，站在女子身旁和女子一起弹奏乐曲，整个画面温馨而不失优雅，可以看出郎有情、妾有意，好似一对琴瑟和鸣的鸳鸯。本实例效果如图10-1所示。

图10-1 效果

【作品解说】：拍摄这张照片的时候，女子面露微笑，专注地弹奏着古筝，男子在一旁默默地陪着女子弹奏乐曲，仿佛能待在女子身旁就是莫大的幸福。

【前期拍摄】：拍摄这张照片的时候，将古色的建筑作为背景，突出画面的复古气息。此照片中运用了平视构图法，将弹奏的女子与古筝置于画面正中间，这样的构图会使画面显得端正，具有对称美，给人展示出正面全貌的细节，以门框为背景更增加了整个画面的平衡感，不过想要让画面更有旧时光味道的话，还需要进行后期调整，如图10-2所示。

图10-2 平视构图法

【主要构图】：平视构图法。

【色彩指导】：老照片由于时间原因会出现噪点，但也正是由于这些噪点，使老照片更有怀旧意味。我们可以通过Lightroom中的“饱和度”命令设置黑白效果，并应用“效果”面板添加杂点，将普通照片制作为老照片效果，使照片更有复古的气息与旧照片的味道。

【后期处理】：本实例主要运用Lightroom软件进行处理。

10.1.1 添加噪点，使照片显得更加复古 进阶

一般在光线不好的时候，拍摄出来的照片会出现较多的噪点，如晚上进行夜景拍摄时，很容易出现噪点。在照片上添加噪点会使照片显得更加复古。下面介绍添加噪点，使照片显得更加复古的方法。

素材位置	素材 > 第 10 章 >10.1.1.jpg
效果位置	效果 > 第 10 章 >10.1.1.jpg
视频位置	视频 > 第 10 章 >10.1.1　添加噪点，使照片显得更加复古 .mp4

01 在Lightroom中导入一张照片素材，切换至“修改照片”模块，如图10-3所示。

图 10-3 导入一张照片素材

02 ❶在“基本”面板中设置“曝光度”为0.33、“对比度”为19；❷设置“阴影”为14；❸设置“鲜艳度”为16，如图10-4所示，增强画面色彩。

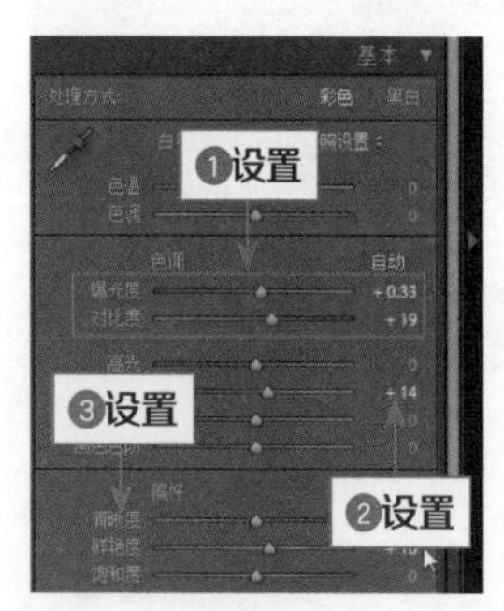

图 10-4 设置相应参数

03 执行上述操作后，即可增强照片的亮度和色彩对比度，如图10-5所示。

04 ❶展开“效果”面板；❷在“颗粒”选项区中设置“数量”为75、“大小”为100、“粗糙度”为98，为照片添加杂色，如图10-6所示。

图 10-5 增强照片的亮度和色彩对比度

图 10-6 为照片添加杂色

05 在“效果”面板的“裁剪后暗角”选项区中设置“数量”为-45、“中点”为51、“圆度”为39、“羽化”为66，为照片添加暗角效果，如图10-7所示。

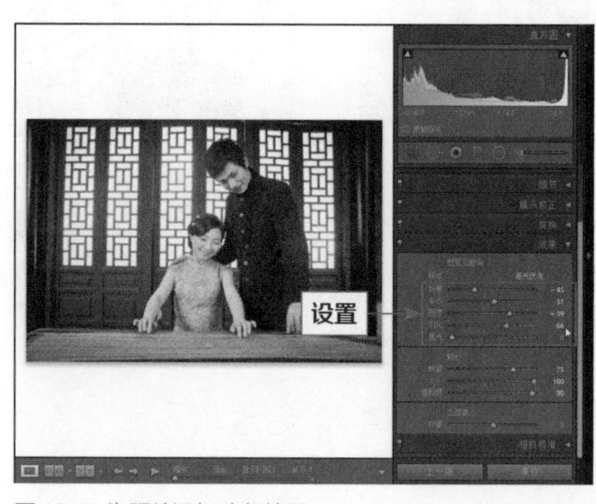

图 10-7 为照片添加暗角效果

06 展开“基本”面板，在“白平衡”选项区中设置“色温”为23、“色调”为11，更改照片的白平衡，如图10-8所示。

图 10-8 更改照片的白平衡

07 ❶在“基本”面板的“偏好”选项区中设置“清晰度”为50；❷设置“饱和度”为-81，增强照片的清晰度，并降低照片的饱和度，如图10-9所示。

图 10-9 增强照片的清晰度

08 ❶展开“色调曲线”面板；❷设置“亮色调”为20、“暗色调”为-35，增强图像的影调，如图10-10所示，使照片更有旧时光味道。

图 10-10 增强图像的影调

10.1.2 添加水印，使照片更有格调 重点

添加水印是很必要的，无论出于保护照片、广告或者其他什么目的。在Lightroom中，用户可以通过非常简单的方法给照片添加水印。同时，使用Lightroom中的水印编辑对话框，用户能够设计自己的水印效果，将这些水印效果存储为预设，应用到任意需要导出的照片上。在照片上添加水印也可以使照片看起来更有格调。下面介绍添加水印，使照片更有格调的方法。

素材位置	上一个实例效果图
效果位置	效果 > 第 10 章 >10.1.jpg
视频位置	视频 > 第 10 章 >10.1.2　添加水印，使照片更有格调 .mp4

01 单击“文件”|“导出”命令，弹出“导出一个文件”对话框，展开“添加水印”选项卡，❶选中“水印”复选框；❷在其后的列表框中选择“编辑水印”选项，如图10-11所示。

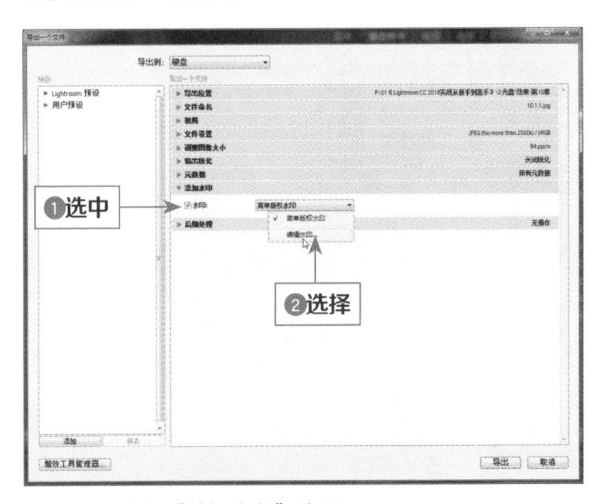

图 10-11 选择“编辑水印”选项

02 执行上述操作后，弹出“水印编辑器”对话框，❶在“水印样式”选项区中选中“文本”单选按钮；❷在图像预览区域下方输入“郎情妾意”，如图10-12所示。

图 10-12 输入相应文字

03 ❶在“文字选项”下方设置“字体”为“微软简行楷”；❷设置“样式”为“粗体”，如图10-13所示。

图 10-13 设置字体样式

04 展开“水印效果”选项区，❶设置“不透明度”为60、“比例”为20；❷设置“水平”和“垂直”均为2，如图10-14所示。

图 10-14 设置“水印效果”相应参数

05 ❶单击“存储”按钮；❷弹出“新建预设”对话框；❸设置“预设名称”为“预设2”，如图10-15所示。

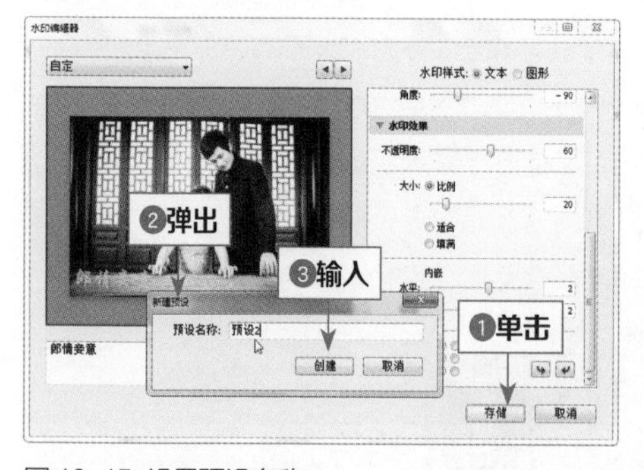

图 10-15 设置预设名称

06 单击“创建”按钮，返回“导出一个文件”对话框，在“水印”列表框中可以看到新建的“预设2”预设文件，单击“导出”按钮，如图10-16所示。

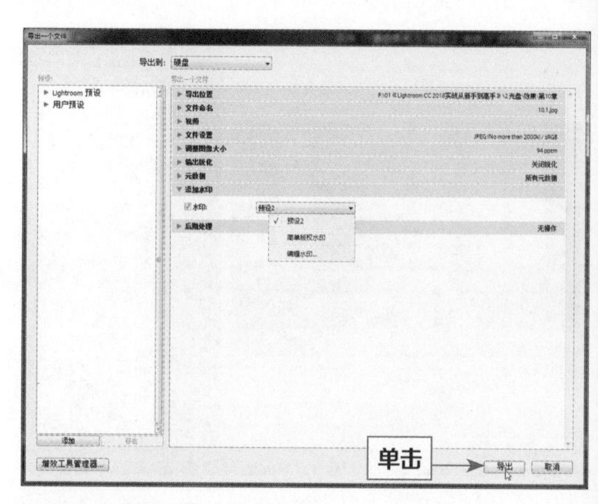

图 10-16 单击“导出”按钮

07 执行上述操作后，即可为输出照片添加水印，效果如图10-17所示。

图 10-17 为输出照片添加水印

10.2 《美食一刻》：应用Lightroom制作幻灯片

一般提起幻灯片，大多数人只会想到用PPT制作，但运用Lightroom制作出来幻灯片，其效果丝毫不输PPT，并有着另一番味道。

10.2.1 批量处理，应用Lightroom的同步功能

在对同一系列照片进行处理的时候，可以使用Lightroom的同步功能，这样不仅可以快速修改照片，还可以节省时间、提高修图的工作效率。下面介绍批量处理，应用Lightroom同步功能的方法。

素材位置	素材 > 第 10 章 >10.2.1
效果位置	效果 > 第 10 章 >10.2.1
视频位置	视频 > 第 10 章 >10.2.1 批量处理，应用 Lightroom 的同步功能 .mp4

01 在Lightroom中导入4张照片素材，进入“图库”模块，如图10-18所示。

图 10-18 进入“图库”模块

02 选择一张照片，进入“放大视图”模式，如图10-19所示。

图 10-19 进入“放大视图”模式

03 ❶展开“快速修改照片”面板；❷单击“增加曝光度：1/3挡”按钮，增加照片亮度，如图10-20所示。

图 10-20 增加照片亮度

04 单击两次“增加鲜艳度”按钮，加强照片色彩，如图10-21所示。

图 10-21 加强照片色彩

05 完成其中一张照片的调整后，在界面下方的胶片显示窗格中按住Ctrl键的同时，单击选择其他3张照片，如图10-22所示。

图 10-22 选择其他 3 张照片

06 单击“同步设置”按钮，弹出“同步设置”对话框，设置照片的同步选项，单击“同步”按钮，如图10-23所示。

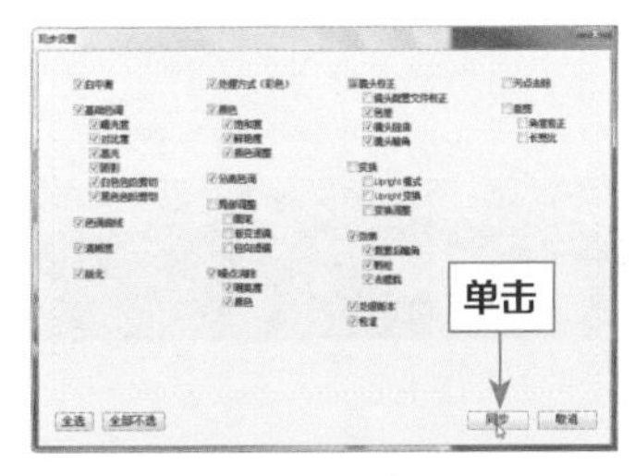

图 10-23 单击“同步”按钮

07 执行操作后，即可查看同步设置后的图像效果，如图10-24所示。

图 10-24 查看同步设置后的图像效果

10.2.2 巧用幻灯片放映模块 重点

应用“幻灯片放映”模块，可以将用户喜爱的照片制作为幻灯片。在“幻灯片放映”模块中，结合内置不同的幻灯片放映模板、面板和工具，并指定演示的照片和文本布局，可以轻松完成幻灯片的制作。下面介绍应用幻灯片放映模块的方法。

素材位置	上一个实例效果图
效果位置	效果 > 第 10 章 >10.2.pdf
视频位置	视频 > 第 10 章 >10.2.2 巧用幻灯片放映模块.mp4

01 进入“图库”模块，❶按住Ctrl键的同时，选择4张照片；❷展开左侧的“收藏夹”面板，单击“创建收藏夹”按钮，如图10-25所示。

图 10-25 单击“创建收藏夹”按钮

02 在弹出的列表框中选择“创建收藏夹”选项，弹出“创建收藏夹”对话框，设置“名称”为“美食一刻”，如图10-26所示。

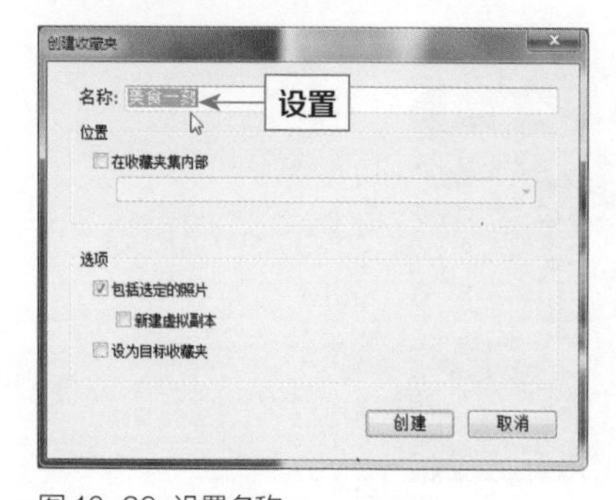

图 10-26 设置名称

专家指点

默认情况下，幻灯片放映模板（除“裁剪以填充”以外）会缩放照片，以便使整个图像填满幻灯片的图像单元格。照片与图像单元格长宽比不匹配的空间会显示幻灯片背景。用户可以设置选项，以便使所有照片完全填满图像单元格。在“幻灯片放映”模块的“选项”面板中，选中“缩放以填充整个框”复选框，可以裁剪部分图像（特别是垂直的图像）以满足图像单元格的长宽比。

03 单击“创建”按钮，即可新建一个收藏夹，如图10-27所示。

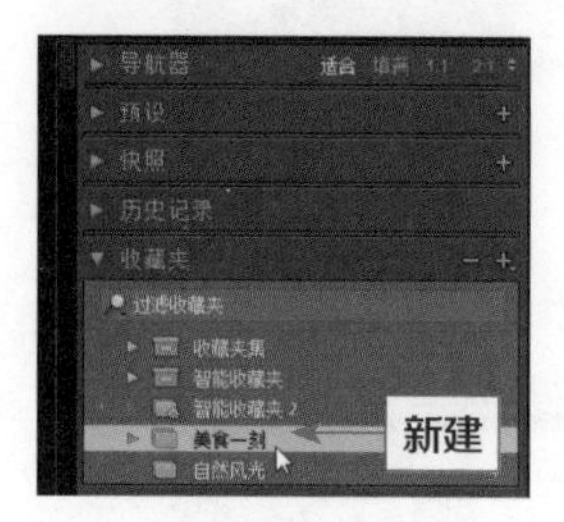

图 10-27 新建一个收藏夹

04 ❶切换至“幻灯片放映”模块；❷展开“模板浏览器”面板，如图10-28所示。

图 10-28 “模板浏览器”面板

05 选择“Lightroom模板”|“Exif元数据”选项，将其作为幻灯片放映模板，如图10-29所示。

图 10-29 选择相应选项

06 ❶展开右侧的“叠加”面板；❷单击“身份标识”

右下角的倒三角按钮，在弹出的列表框中选择“编辑”选项，如图10-30所示。

07 弹出“身份标识编辑器”对话框，❶在文本框中输入文字“正宗湘菜”；❷单击“确定”按钮，如图10-31所示。

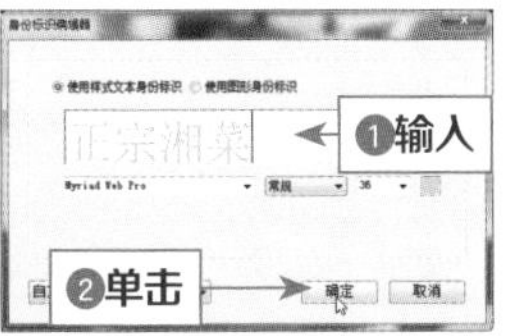

图 10-30 选择“编辑”选项　图 10-31 单击“确定”按钮

08 执行上述操作后，即可设置身份标识，如图10-32所示。

图 10-32 设置身份标识

09 展开“选项”面板，❶选中“缩放以填充整个框”复选框；❷在“绘制边框”选项区中设置“宽度”为10像素，如图10-33所示。

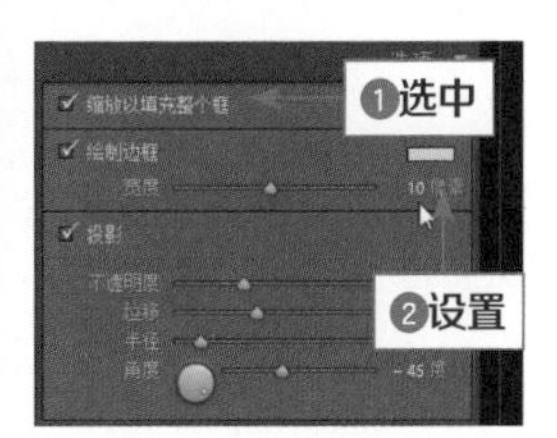

图 10-33 设置相应参数

10 执行上述操作后，即可调整幻灯片的边框宽度，如图10-34所示。

11 ❶展开“背景”面板；❷选中“渐变色”复选框，如图10-35所示。

图 10-34 调整幻灯片的边框宽度

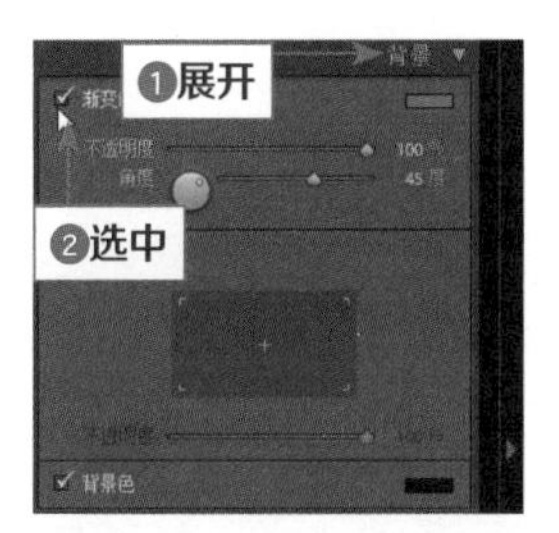

图 10-35 选中“渐变色”复选框

12 执行上述操作后，即可设置幻灯片的背景渐变色，如图10-36所示。

图 10-36 设置幻灯片的背景渐变色

13 展开“标题”面板，❶选中“介绍屏幕”复选框；❷单击“添加身份标识”右下角的倒三角按钮，在弹出的列表框中选择“编辑”选项，如图10-37所示。

图 10-37 选择“编辑”选项

14 弹出“身份标识编辑器”对话框，❶在文本框中输入文字“进入美食一刻”；❷单击“确定”按钮，如图10-38所示。

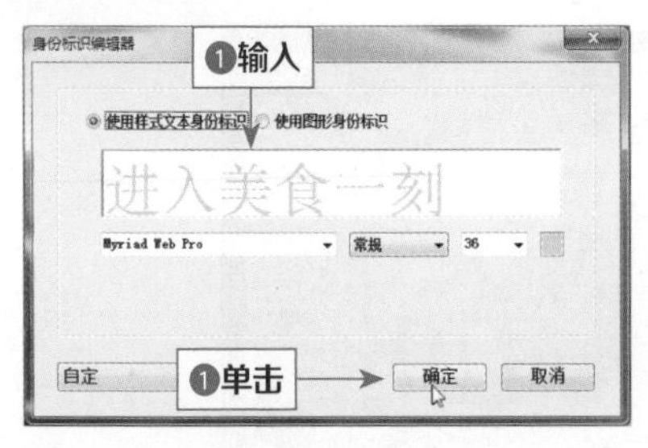

图10-38 单击“确定”按钮

15 移动“比例”上的滑块，设置“比例”为80%，如图10-39所示。

16 在“标题”面板中“结束屏幕”复选框的下方选中“添加身份标识”复选框，如图10-40所示。

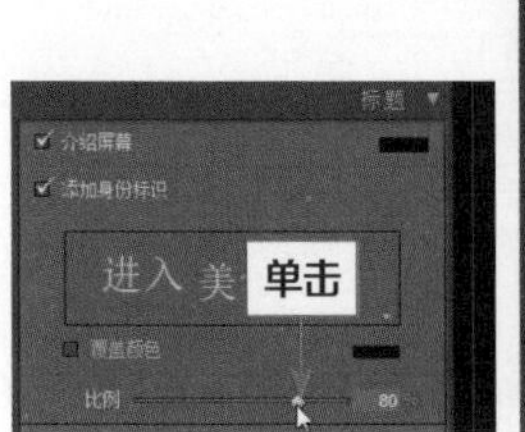

图10-39 设置“比例”参数 图10-40 选中“身份标识”复选框

17 用与上述相同的方法，设置“结束屏幕”的身份标识以及比例大小，如图10-41所示。

18 单击面板左下角的“导出为PDF”按钮，如图10-42所示。

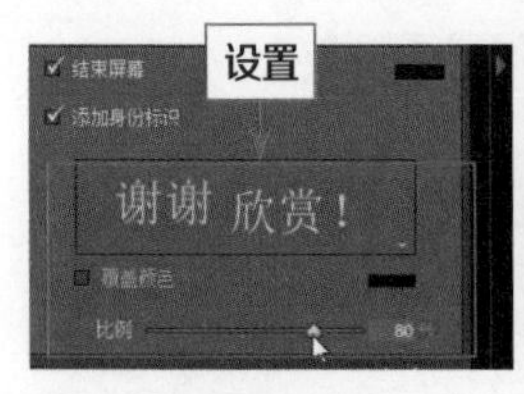

图10-41 设置身份标识以及比例大小 图10-42 单击相应按钮

专家指点

除了将幻灯片保存为PDF格式，还可以将幻灯片保存为MP4格式。单击面板右下角的“导出为视频”按钮，弹出“将幻灯片放映导出为视频”对话框，设置相应的文件名及保存路径，单击“保存”按钮，即可将幻灯片保存为视频。

19 弹出“将幻灯片放映导出为PDF格式”对话框，设置相应的文件名及保存路径，单击“保存”按钮，如图10-43所示。

图10-43 单击“保存”按钮

20 执行上述操作后，即可将幻灯片保存为PDF格式，如图10-44所示。

图10-44 将幻灯片保存为PDF格式

10.3 《幸福永远》：应用Lightroom制作网络相册

在Lightroom中，很多人都会忽视Web模块，其实Web模块相当于一个画廊，用户可以将处理后的照片进行展示，展示的方式多种多样，既可以自定义也可以应用模块里的预设设置。用户可以根据自己的实际需求制作网络相册，将自己的照片通过网络传递给更多人。

10.3.1 使用同步设置，使画面更有意境

在运用Lightroom制作网络相册之前，首先需要对照片依次进行处理，在面对多张类似的照片时，一张一张地处理会很耗费时间，此时用户可以通过先处理一张

照片，然后将处理这张照片所用的一些设置运用到其他照片中，这样会节省很多时间。下面介绍使用同步设置，使画面更有意境的操作方法。

素材位置	素材 > 第 10 章 >10.3.1
效果位置	效果 > 第 10 章 >10.3.1
视频位置	视频 > 第 10 章 >10.3.1　使用同步设置，使画面更有意境 .mp4

01 在Lightroom中导入4张照片素材，进入“图库”模块，如图10-45所示。

图 10-45　进入“图库”模块

02 选择第一张照片，进入“放大视图”模式，如图10-46所示。

图 10-46　进入“放大视图”模式

03 切换至“修改照片”模块，❶展开“基本”面板；❷设置“清晰度”为16、“鲜艳度”为50、“饱和度”为20，如图10-47所示。

图 10-47　设置相应参数

04 ❶展开“HSL/颜色/黑白”面板；❷切换至“明亮度”选项卡；❸设置“橙色”为52，如图10-48所示。

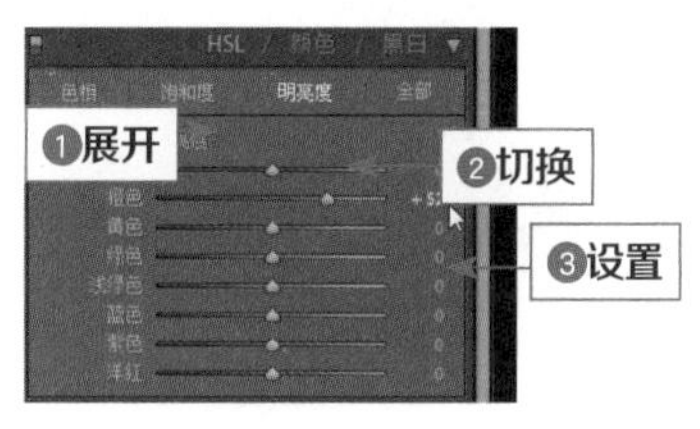

图 10-48　设置相应参数

05 执行上述操作后，即可增强人物的肤色，效果如图10-49所示。

图 10-49　增强人物的肤色

06 ❶展开“效果”面板；❷设置“数量”为-60、“中点”为17、“圆度”为77，如图10-50所示。

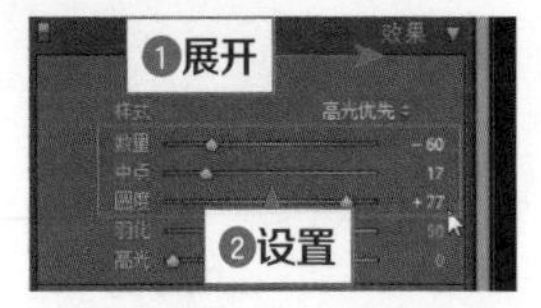

图 10-50 设置相应参数

07 执行上述操作后，即可为照片添加暗角效果，如图10-51所示。

图 10-51 为照片添加暗角效果

08 完成其中一张照片的调整后，在界面下方的胶片显示窗格中按住Ctrl键的同时，单击选择其他3张照片，如图10-52所示。

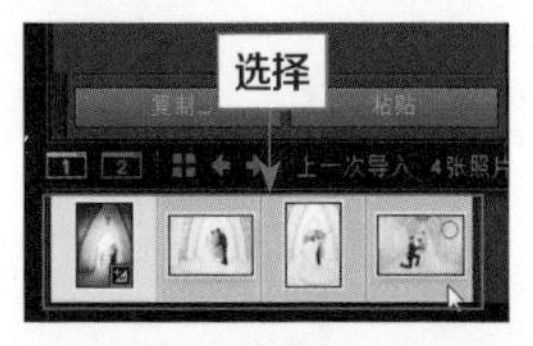

图 10-52 选择其他 3 张照片

09 单击“同步设置”按钮，弹出“同步设置”对话框，设置照片的同步选项，单击“同步”按钮，如图10-53所示。

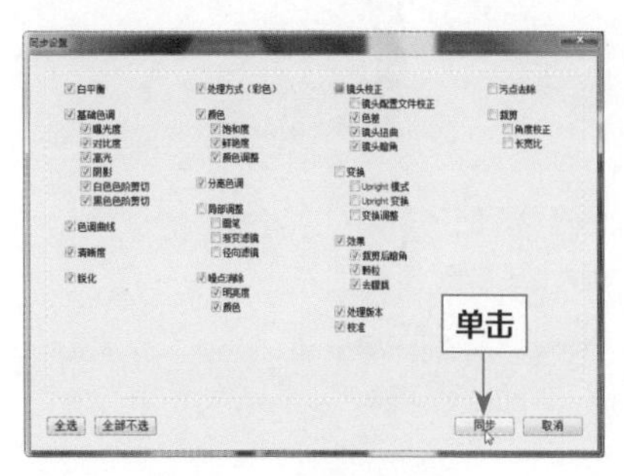

图 10-53 单击“同步”按钮

10 执行操作后，即可查看同步设置后的图像效果，如图10-54所示。

图 10-54 查看同步设置后的图像效果

10.3.2 巧用Lightroom的Web模块 重点

Web模块可用于创建不同风格的Web照片画廊，用户利用Lightroom中提供的预设模板，即可轻松创建漂亮的Web画廊。利用Web模块下的面板和工具，用户还可以根据个人喜好制作出更加个性化的网页照片画廊。下面介绍使用Lightroom中Web模块方法。

素材位置	上一个实例效果图
效果位置	效果 > 第 10 章 >10.3
视频位置	视 频 > 第 10 章 >10.3.2 巧 用 Lightroom 的 Web 模块 .mp4

01 按住Ctrl键的同时选择多张照片，❶切换至Web模块；❷展开左侧的“模板浏览器”面板，如图10-55所示。

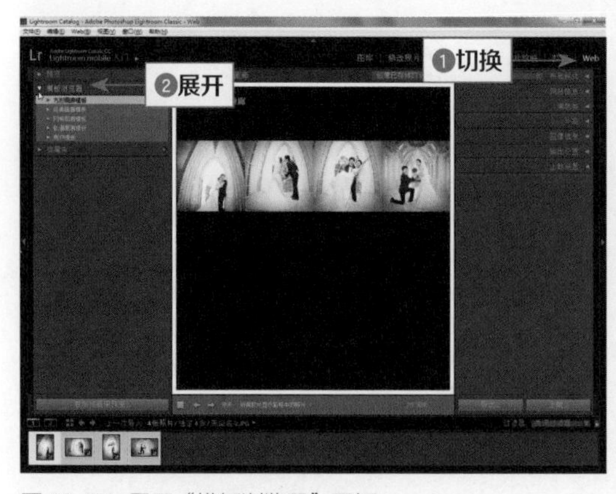

图 10-55 展开“模板浏览器”面板

02 在面板中选择“经典画廊模板”|“冰蓝”选项，将

其作为照片画廊模板，如图10-56所示。

03 ❶展开“网站信息”面板；❷设置“网站标题”为“幸福永远”；❸设置“联系信息”为“小小”，如图10-57所示。

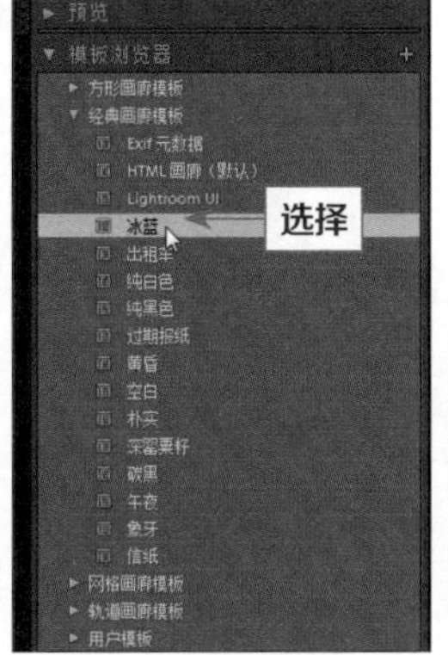

图 10-56 选择相应选项

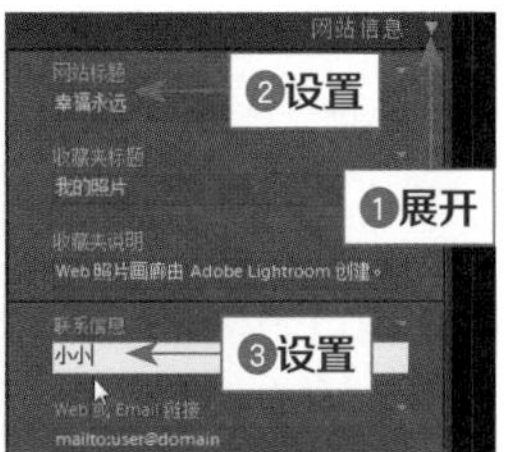

图 10-57 设置相应信息

04 执行上述操作后，即可设置相应的网站信息，如图10-58所示。

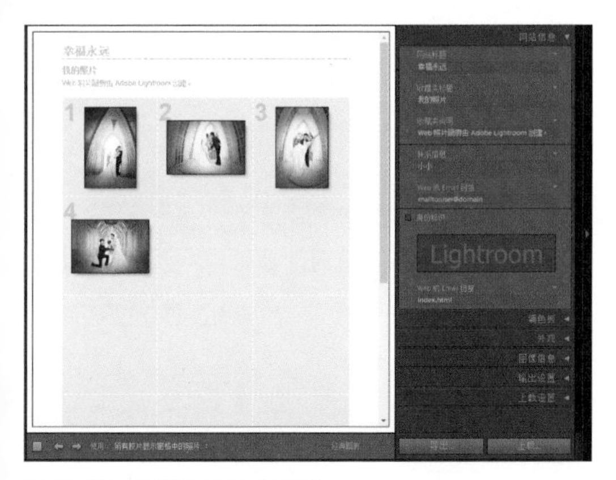

图 10-58 设置相应的网站信息

05 ❶展开“外观”面板；❷单击鼠标左键设置“网格页面”，如图10-59所示。

图 10-59 设置“网格页面”

06 执行上述操作后，即可调整画廊页面，如图10-60所示。

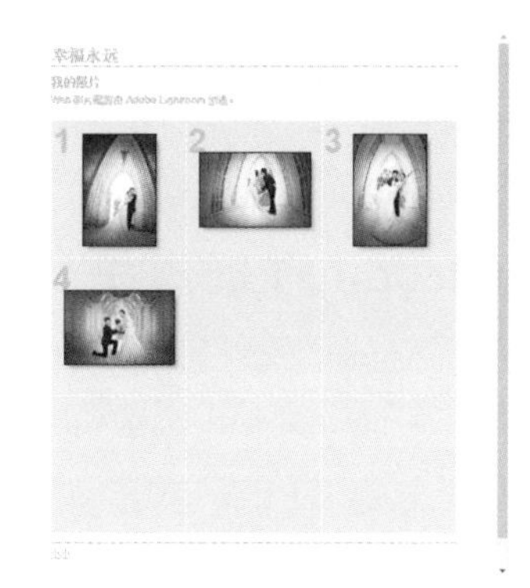

图 10-60 调整画廊页面

07 单击页面右下角的“导出”按钮，弹出“存储Web画廊”对话框，设置相应的文件名及保存路径，单击“保存”按钮，如图10-61所示。

图 10-61 单击“保存”按钮

08 执行上述操作后，即可将Web画廊存储到相应的文件夹中，如图10-62所示。

图 10-62 将 Web 画廊存储到相应的文件夹中

10.4 《旅行》：应用Lightroom制作电子画册

Lightroom中的“画册”模块是非常实用的一个模块，它可以将处理好的照片以画册的形式展示出来，用户不仅可以将其上传到网站，还可以直接将其导出为两种格式的文件，让画面展现不一样的感觉，充分展现照片的美。

10.4.1 巧用Lightroom的画册模块 重点

Lightroom中提供的“画册”模块可以帮助用户将照片设计成画册效果，并且能够将制作完成的画册上传到网站，制作成PDF或单个JPEG文件。在“画册”模块中用户可直接应用专业的模块布局创建画册，也可以通过设置模块中的面板选项自定义画册布局。下面介绍使用Lightroom中画册模块的操作方法。

素材位置	素材 > 第 10 章 >10.4.1
效果位置	效果 > 第 10 章 >10.4.pdf、10.4 封面 .pdf
视频位置	视频 > 第 10 章 >10.4.1　巧用 Lightroom 的画册模块 .mp4

01 在Lightroom中导入4张照片素材，进入“图库”模块，按住Ctrl键的同时选择4张照片，如图10-63所示。

图 10-63 导入 4 张照片素材

02 切换至“修改照片”模块，❶展开左侧的“收藏夹”面板；❷单击“创建收藏夹”按钮，如图10-64所示。

03 在弹出的列表框选择“创建收藏夹”选项，弹出“创建收藏夹”对话框，设置“名称”为“威尼斯”，如图10-65所示。

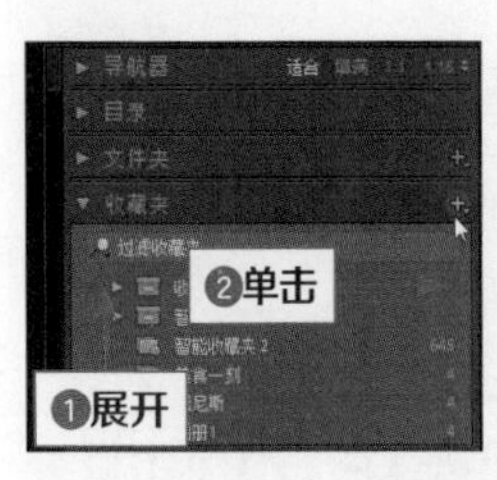

图 10-64 单击“创建收藏夹”按钮

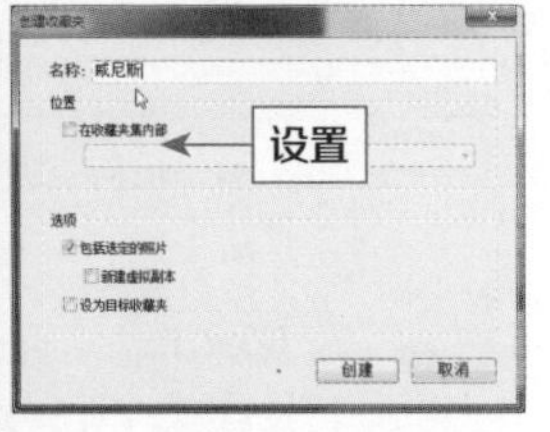

图 10-65 设置相应名称

04 单击“创建”按钮，即可创建一个收藏夹，如图10-66所示。

05 ❶切换至“画册”模块；❷展开右侧的“自动布局”面板；❸单击“自动布局”按钮，如图10-67所示。

图 10-66 创建一个收藏夹

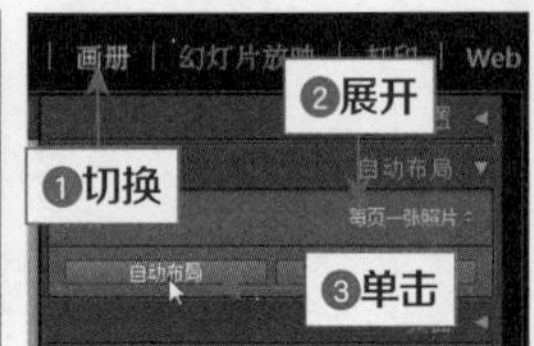

图 10-67 单击“自动布局”按钮

06 执行上述操作后，即可将选择的照片添加到画册中，并对其自动应用布局处理照片，如图10-68所示。

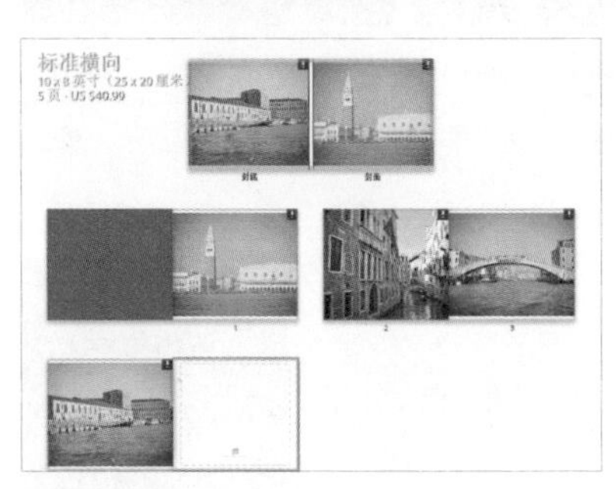

图 10-68 自动应用布局处理照片

07 在图像显示区域中选择画册的一个页面，双击鼠标左键以单页显示页面布局，然后单击页面右下角的三角形按钮，如图10-69所示。

图 10-69 单击页面右下角的三角形按钮

08 ❶展开“修改页面”面板；❷在下方罗列的页面布局中选择有文本框的页面，为图片应用新的页面布局，如图10-70所示。

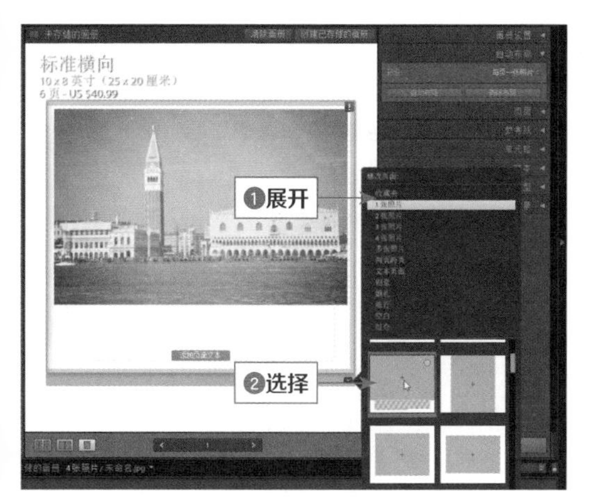

图 10-70 应用新的页面布局

09 使用光标在图像下方的文本框上单击，输入相应文字，如图10-71所示。

图 10-71 输入相应文字

10 选择文本框中的文字，展开“类型”面板，❶单击“字符”选项右侧的颜色选择框；❷在打开的颜色拾取器中选择红色，如图10-72所示。

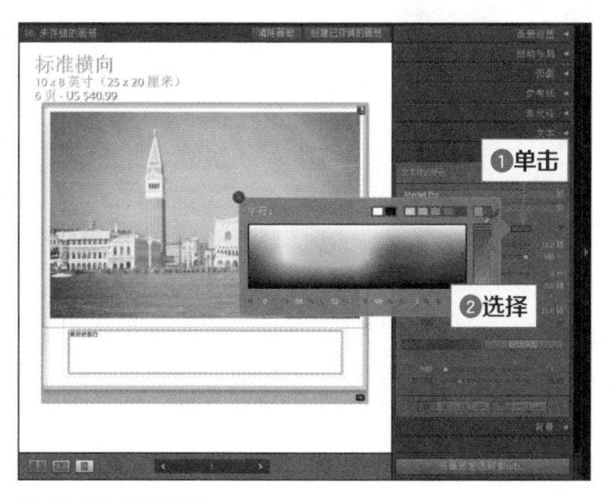

图 10-72 选择红色

11 ❶单击颜色选择框右侧的按钮；❷设置“大小”为50磅、“不透明度”为100%，如图10-73所示。

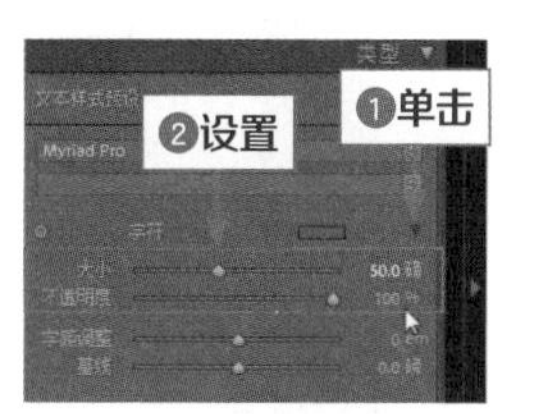

图 10-73 设置相应参数

12 在“类型”面板中，❶单击“居中对齐”按钮；❷单击“垂直居中对齐”按钮，设置字体格式，如图10-74所示。

图 10-74 设置字体格式

13 ❶展开“背景”面板；❷单击页面右侧的倒三角形按钮；❸在打开的“添加背景图形”面板中选择“旅行”选项；❹在下方选择一个图形，如图10-75所示。

图 10-75 选择一个图形

14 设置“不透明度”为100%、“颜色”为淡蓝色，即可为页面应用背景效果，如图10-76所示。

图10-76 为页面应用背景效果

15 单击左下角的“将画册导出为PDF”按钮，弹出“存储”对话框，设置相应的保存路径和名称，单击“存储”按钮，即可将画册导出为PDF文件，如图10-77所示。

图10-77 将画册导出为 PDF 文件

16 执行上述操作后，即可在文件夹中查看保存的PDF文件，如图10-78所示。

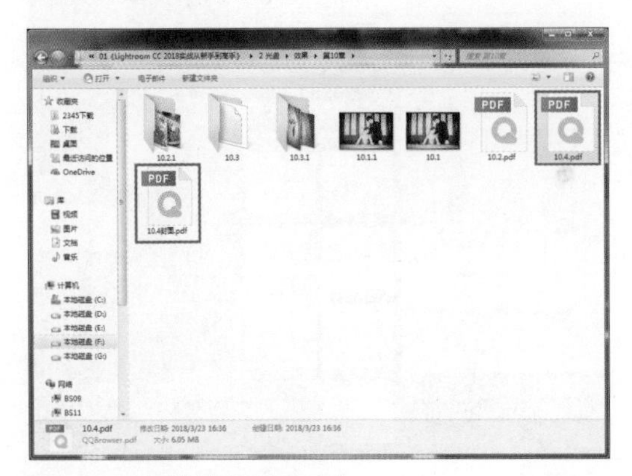

图10-78 查看保存的 PDF 文件

17 返回Lightroom，在图像显示区域上方单击“创建已存储的画册”按钮，如图10-79所示。

图10-79 单击“创建已存储的画册”按钮

18 弹出“创建画册”对话框，❶设置名称为“画册1”；❷取消选中“内部”复选框，如图10-80所示。

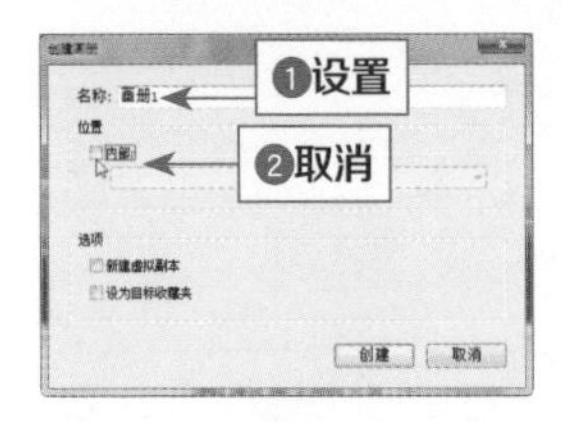

图10-80 取消选中“内部”复选框

19 单击“创建”按钮，即可创建画册1，如图10-81所示。

图10-81 创建画册

10.4.2 应用Lightroom，快速打印数码照片 重点

Lightroom中的“打印”模块用于对照片的打印设置。“打印”模块下为用户预置了30多种用于页面打

印的布局模板，满足不同的打印需求。用户也可以利用“打印”模块中的面板和工具，设置更自由的版面布局，用于数码照片的打印。下面介绍应用Lightroom，快速打印数码照片的方法。

素材位置	素材 > 第 10 章 >10.4.1
效果位置	无
视频位置	视频 > 第 10 章 >10.4.2　应用 Lightroom，快速打印数码照片 .mp4

01 按住Ctrl键的同时选择4张照片，切换至“打印”模块，如图10-82所示。

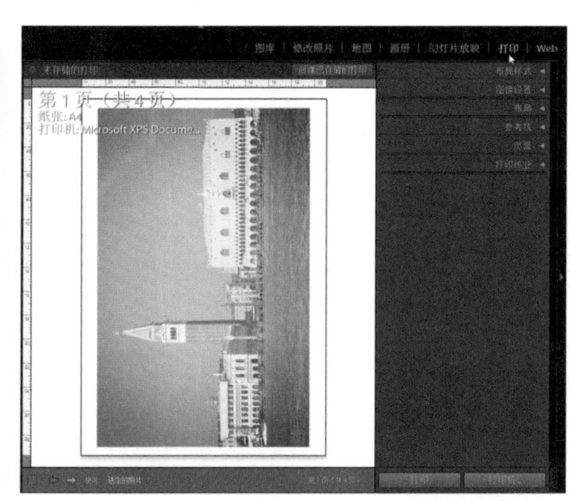

图 10-82　切换至“打印”模块

02 ❶展开左侧的“模板浏览器”面板；❷选择“Lightroom模板”|“最大尺寸”选项，如图10-83所示。

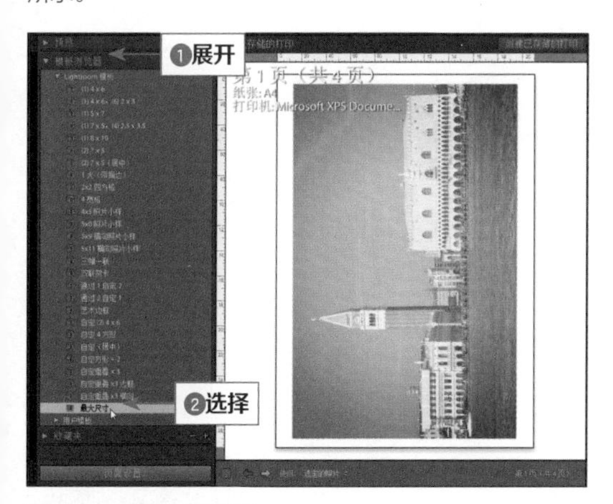

图 10-83　选择相应选项

03 ❶展开右侧的“图像设置”面板；❷选中“缩放以填充”复选框；❸选中“绘制边框”复选框，如图10-84所示。

04 ❶单击右侧的颜色选择框，在打开的颜色拾取器中选择黄色；❷设置“宽度”为20磅，如图10-85所示。

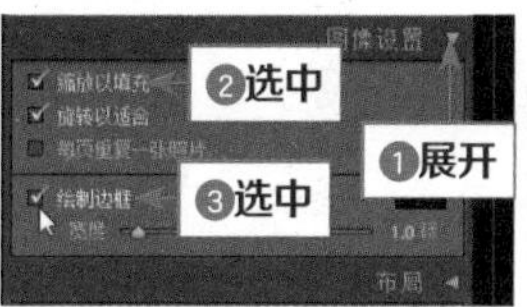

图 10-84　选中相应复选框　图 10-85　设置相应颜色与宽度

05 执行上述操作后，即可设置照片的边框颜色与宽度，如图10-86所示。

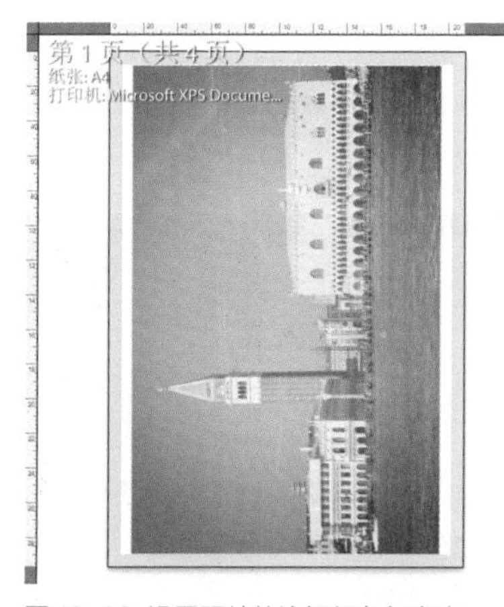

图 10-86　设置照片的边框颜色与宽度

06 ❶展开“页面”面板；❷选中“身份标识”复选框；❸单击身份标识下方文本框右下角的三角按钮，在弹出的列表框中选择“编辑”选项，如图10-87所示。

07 执行上述操作后，弹出“身份标识编辑器”对话框，在中间的文本框中输入“威尼斯风光”，如图10-88所示。

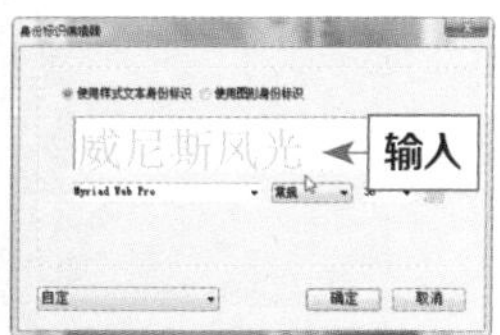

图 10-87　选择“编辑”选项　图 10-88　在文本框中输入相应文字

08 单击“确定”按钮，即可为要打印的照片添加标识，如图10-89所示。

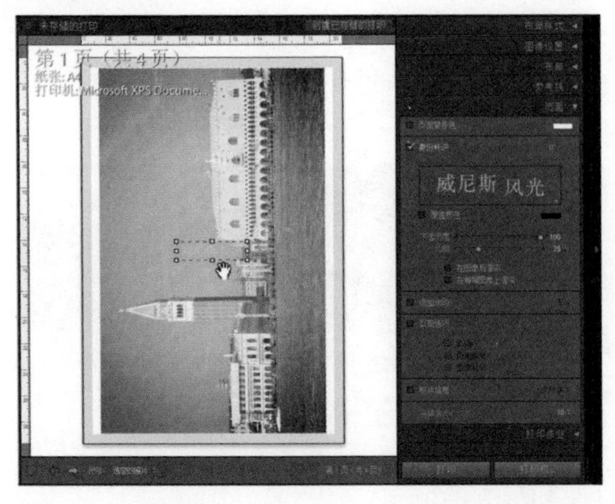

图 10-89 添加标识

09 ❶在“页面”面板中设置“比例”为36%；❷单击照片中的标识，将其拖曳至页面左下角，调整标识位置，如图10-90所示。

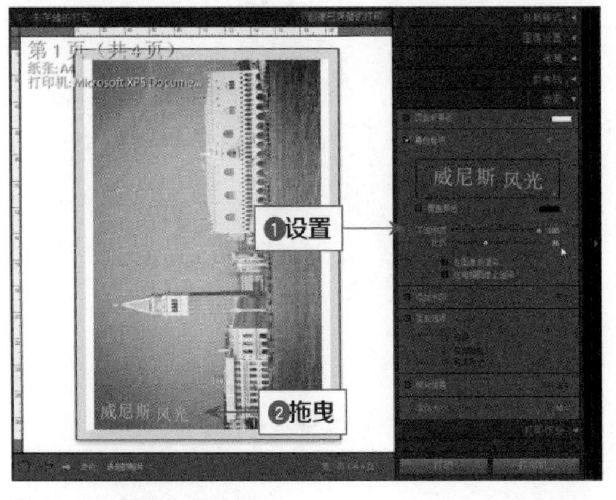

图 10-90 调整标识位置

10 单击页面右下角的“打印”按钮，即可应用模板打印照片，如图10-91所示。

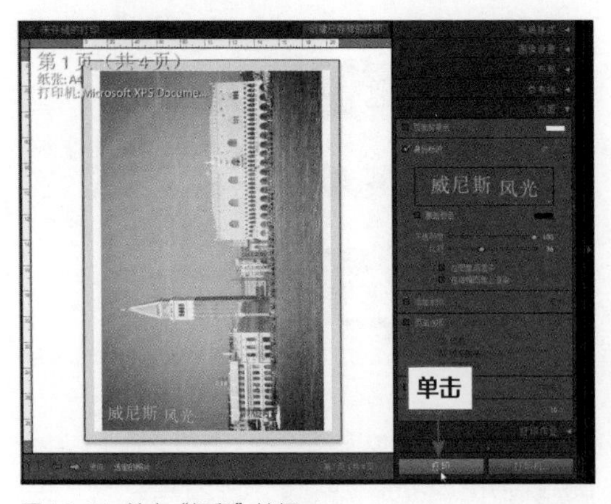

图 10-91 单击“打印”按钮

10.5 《时光》：设置预设，快速导出照片

【作品名称】：《时光》

【作品欣赏】：站在岸边看着一艘船缓缓地驶过，这艘船的船帆为醒目的大红色，与灰蒙的天空及水的颜色形成了鲜明的对比。遥看远处的城市建筑，心中感叹此刻时光正好。本实例效果如图10-92所示。

【作品解说】：拍摄这张照片的时候，天空灰蒙蒙的，水的颜色与天空的颜色相呼应，这时候驶过一艘扬着红帆的小船，给人一种强烈的视觉的冲突。

图 10-92 效果

【前期拍摄】：拍摄这张照片的时候，运用了下三分线构图法，以远处的城市建筑与水的交界线作为一条分界线，天空占了整个画面的三分之二。水与天空都是相应的颜色，看上去没有很大区别，而红色的船帆与这两种色彩形成了鲜明的对比，给人以强烈的视觉冲突，使人很容易被画面所吸引。不过为了更突出画面的特殊色调，可以对画面进行后期处理，使画面呈现不一样的效果，如图10-93所示。

图 10-93 色彩对比构图法、下三分线构图法

【主要构图】：色彩对比构图法、下三分线构图法。

【色彩指导】：在Lightroom中，运用导出预设不仅可以快速将照片导出，还可以在导出的同时为照片设置不一样的色彩。而且Lightroom中的导出预设也可以以电子邮件的形式将照片发送给别人，很方便，可以节省工作时间。

【后期处理】：本实例主要运用Lightroom软件进行处理。

素材位置	素材 > 第 10 章 >10.5.jpg
效果位置	效果 > 第 10 章 >10.5.jpg
视频位置	视频 > 第 10 章 >10.5 《时光》：设置预设，快速导出照片 .mp4

01 在Lightroom中导入一张照片素材，切换至“修改照片”模块，如图10-94所示。

图 10-94 导入一张照片素材

02 ❶展开左侧的“预设”面板；❷选择“Lightroom视频预设”|“视频跨进程1”选项，如图10-95所示，为照片添加冷蓝特效。

03 在“预设”面板中选择“Lightroom效果预设”|“圆角黑色”选项，如图10-96所示，为照片添加黑色圆角边框。

图 10-95 选择相应选项　　图 10-96 选择相应选项

04 单击“文件”|“导出”命令，弹出“导出一个文件”对话框，在对话框左侧的“预设”面板底部单击“添加”按钮，如图10-97所示。

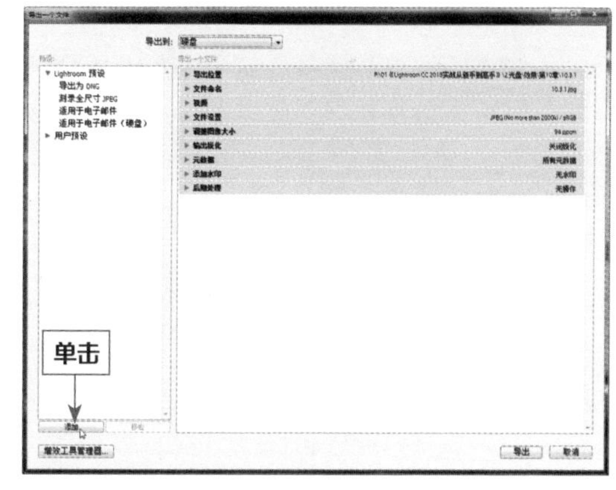

图 10-97 单击“添加”按钮

05 执行上述操作后，❶弹出“新建预设”对话框；❷设置“预设名称”为“预设1”，如图10-98所示。

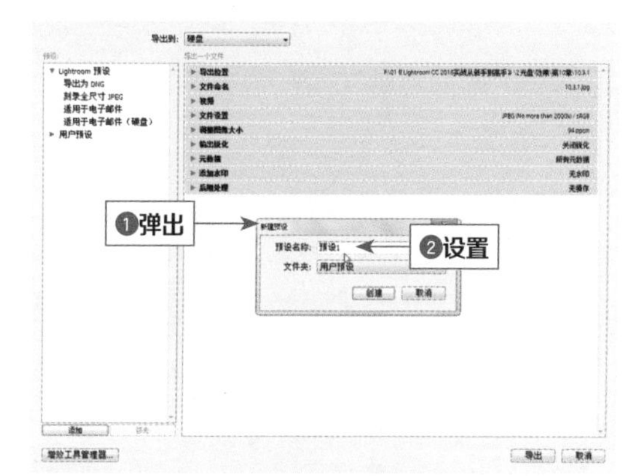

如图 10-98 设置“预设名称”为“预设 1”

06 单击“创建”按钮，即可创建新的预设，在“预设”面板中选择新建的预设，如图10-99所示。

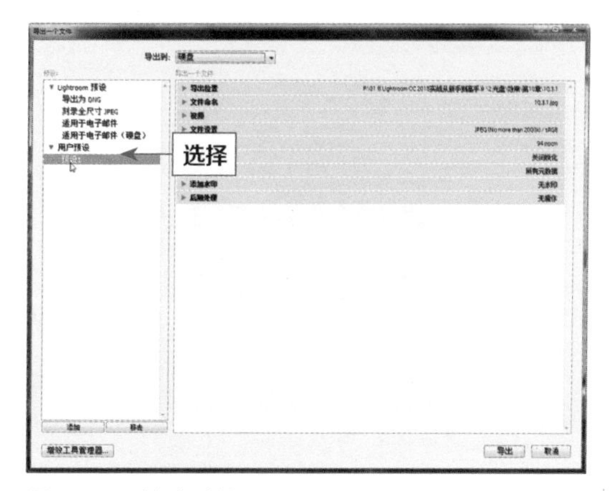

图 10-99 选择新建的预设

07 ❶在“导出一个文件”选项区中展开“导出位置”选项卡；❷单击“选择”按钮，如图10-100所示。

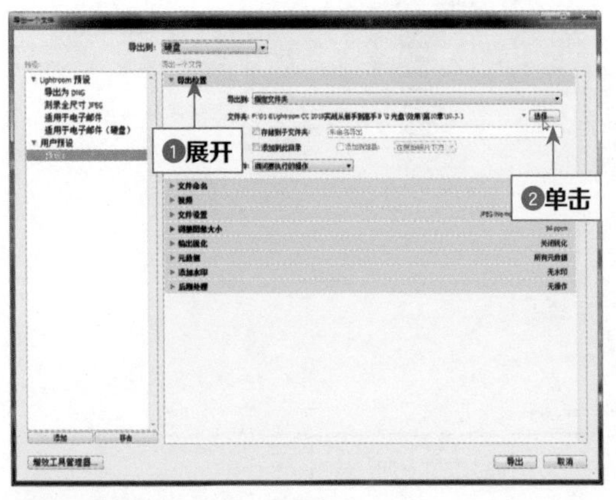

图 10-100 单击“选择”按钮

08 执行上述操作后，弹出“选择文件夹”对话框，设置相应的导出位置，单击“选择文件夹”按钮，如图10-101所示。

图 10-101 单击“选择文件夹”按钮

09 执行上述操作后，即可修改导出预设的保存位置，如图10-102所示。

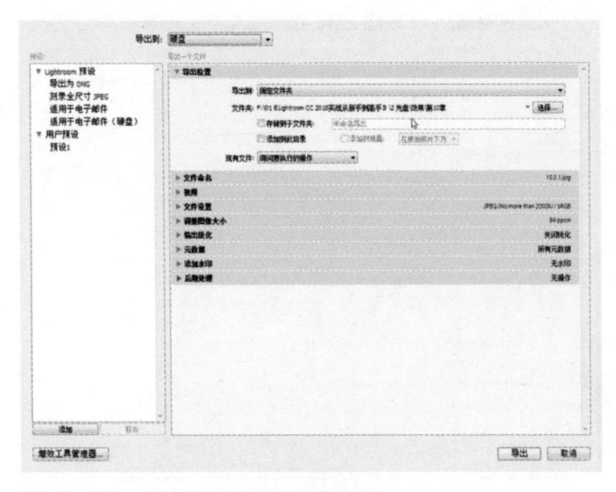

图 10-102 修改导出预设的保存位置

10 ❶展开“文件命名”选项卡；❷在“自定文本”的文本框中输入相应的名称，如图10-103所示。

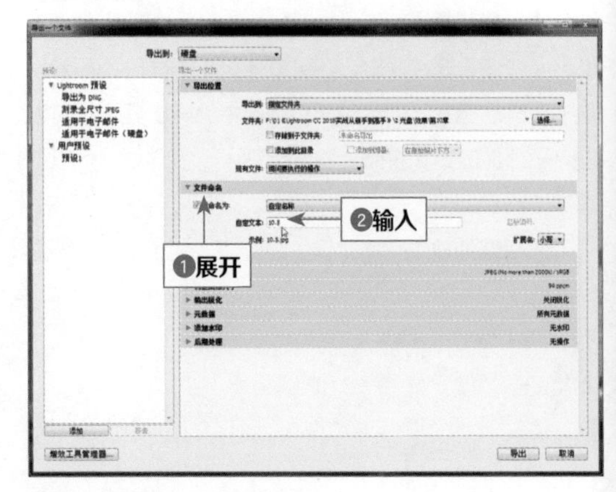

图 10-103 输入相应的名称

11 单击“导出”按钮，即可应用新建的预设导出照片文件，如图10-104所示。

图 10-104 应用新建的预设导出照片文件

10.6 习题测试

习题1 运用导出照片，设置图像大小和输出锐化

素材位置	素材 > 第 10 章 > 习题 1.jpg
效果位置	效果 > 第 10 章 > 习题 1.jpg
视频位置	视频 > 第 10 章 > 习题 1：运用导出照片，设置图像大小和输出锐化 .mp4

本习题需要读者掌握运用导出照片，设置图像大小和输出锐化的方法，调整前如图10-105所示，调整后如图10-106所示。

图 10-105　调整前

图 10-106　调整后

习题2 运用Lightroom，轻松制作HDR图片

素材位置	素材 > 第 10 章 > 习题 2（a）、习题 2（b）.jpg
效果位置	效果 > 第 10 章 > 习题 2.jpg
视频位置	视频 > 第 10 章 > 习题 2：运用 Lightroom，轻松制作 HDR 图片 .mp4

本习题需要读者掌握运用Lightroom，制作HDR文件的方法，素材图像如图10-107所示，最终效果如图10-108所示。

图 10-107　素材图像

图 10-108　最终效果

习题3 运用Lightroom，快速合成全景照片

素材位置	素材 > 第 10 章 > 习题 3
效果位置	效果 > 第 10 章 > 习题 3.jpg
视频位置	视频 > 第 10 章 > 习题 3：运用 Lightroom，快速合成全景照片 .mp4

本习题需要读者掌握运用Lightroom，快速合成全景照片的方法，素材图像如图10-109所示，最终效果如图10-110所示。

图 10-109 素材图像

图 10-109 素材图像（续）

图 10-110 最终效果

第11章 结合Photoshop：打造后期精美大片

Lightroom具有独特的数据库、丰富便捷的照片管理和整理工具，而Photoshop则能更好地进行人像修饰、画面修复以及广告设计等工作。用户能够非常好地将Photoshop整合到Lightroom的工作流程中，这也是Lightroom的一个巨大优势。在照片后期处理过程中，笔者建议读者首先要用好Lightroom，然后让Photoshop为照片锦上添花。

扫码观看本章实战操作视频

课堂学习目标

- 《桥上风景》：转入Photoshop，无缝衔接处理照片
- 《渔夫》：向Lightroom工作流添加Photoshop自动处理
- 《记忆》：运用Lightroom和Photoshop制作相册
- 《幸福》：运用Lightroom和Photoshop制作婚纱相册封面
- 《绽放美丽》：结合Photoshop，打造性感女性曲线
- 《暖阳西下》：结合Photoshop，展现黄昏美景

11.1 《桥上风景》：转入Photoshop，无缝衔接处理照片

【作品名称】：《桥上风景》

【作品欣赏】：平静的水面就像一面镜子，能清楚地看到水面上桥的倒影。眼前的拱桥还在认真地履行自己的义务，勤勤恳恳地立在河中，为来往的行人提供便捷。拱桥两边的树木散发出蓬勃的朝气，让人觉得心旷神怡。本实例效果如图11-1所示。

图 11-1 效果

【作品解说】：拍摄这张照片时，桥上没有来往的行人，一切就像是被静止了，拥有着悠久岁月的拱桥就像一位慈祥的老人，努力地呵护着桥上的一切事物，绿油油的水面上倒映着拱桥的身影，看上去一切是那么美好。

【前期拍摄】：我们在拍摄这个场景的时候，运用了C形构图法和倒影对称构图法。衔接两岸的拱桥与水中的倒影形成了对称，给人一种平衡、和谐的感觉。利用C形构图将拱桥的独特形状展示出来，引导欣赏者将视线放至被摄对象上，使得画面的层次感增强，同时具有更多的趣味性，形成不一样的画面效果，如图11-2所示。

【主要构图】：C形构图法、倒影构图法。

图 11-2 C 形构图法、倒影构图法

【色彩指导】：本实例中，将图像以智能对象的形式在Photoshop中打开，然后在菜单栏上单击“滤

镜”|“Camera Raw滤镜”命令，利用Camera Raw中的调整功能，设置出精彩的画面效果。

【后期处理】：本实例主要运用Lightroom和Photoshop软件进行处理。

11.1.1 运用Lightroom，改变照片基调

通常情况下，我们先在Lightroom中完成基本的操作，然后使用Photoshop解决一些Lightroom无法完成的工作。下面介绍运用Lightroom，改变照片基调的方法。

素材位置	素材 > 第 11 章 >11.1.1.jpg
效果位置	效果 > 第 11 章 >11.1.1.jpg
视频位置	视频 > 第 11 章 >11.1.1　运用 Lightroom，改变照片基调 .mp4

01 在Lightroom中导入一张照片素材，切换至“修改照片”模块，如图11-3所示。

图 11-3 导入一张照片素材

02 展开“基本”面板，单击“色调”选项区中的“自动”按钮，调整画面色调，如图11-4所示，还原画面的明暗层次。

图 11-4 调整画面色调

03 在“基本”面板中，设置“清晰度”为39、“鲜艳度”为41、“饱和度”为16，调整画面色彩饱和度，如图11-5所示。

图 11-5 调整画面色彩饱和度

04 在“基本”面板中设置“色温”为6、“色调”为-6，调整图像白平衡效果，如图11-6所示。

图 11-6 调整图像白平衡

11.1.2 运用Photoshop，调节图像细节

将照片作为智能对象在Photoshop中进行编辑，可以随时双击智能对象图层来调整Camera Raw的设置，而不会影响相机的原始数据文件。下面介绍运用Photoshop，调节图像细节的方法。

素材位置	上一个实例效果图
效果位置	效果 > 第 11 章 >11.1.jpg
视频位置	视频 > 第 11 章 >11.1.2　运用 Photoshop，调节图像细节 .mp4

01 在照片上单击鼠标右键，在弹出的快捷菜单中选择“在应用程序中编辑”|“在Adobe Photoshop CC 2018中编辑”选项，如图11-7所示。

02 弹出“使用Adobe Photoshop CC 2018编辑照片”对话框，选中“编辑含Lightroom调整的副本”单选按钮，如图11-8所示。

图 11-7 选择相应选项

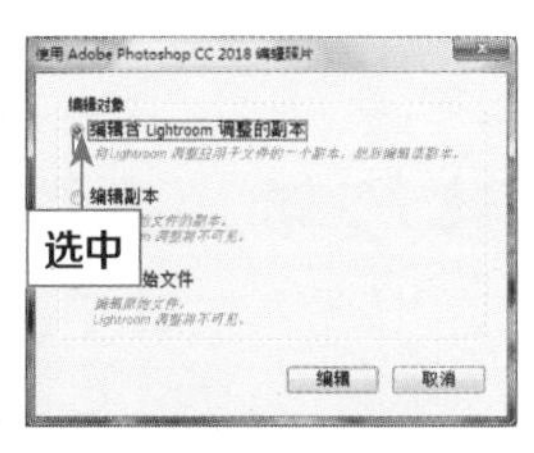

图 11-8 选中相应单选按钮

03 单击“编辑”按钮，即可将图像导入Photo-shop，按Ctrl＋J组合键，新建“图层1”图层，如图11-9所示。

图 11-9 新建“图层 1”图层

04 在菜单栏上单击“滤镜”|“Camera Raw滤镜”命令，如图11-10所示。

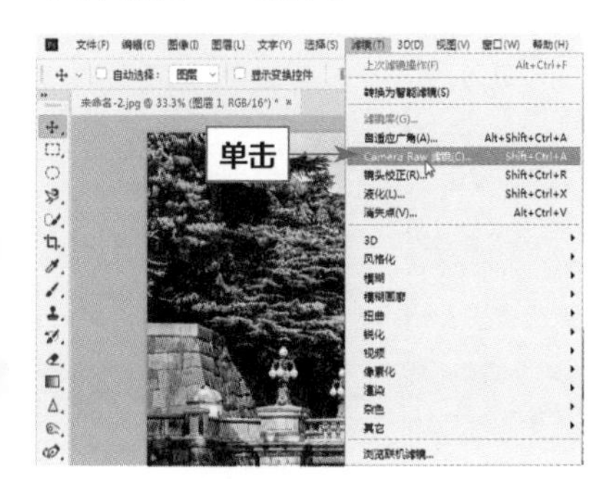

图 11-10 单击相应命令

05 弹出“Camera Raw”对话框，单击“HSL/灰度”按钮，如图11-11所示。

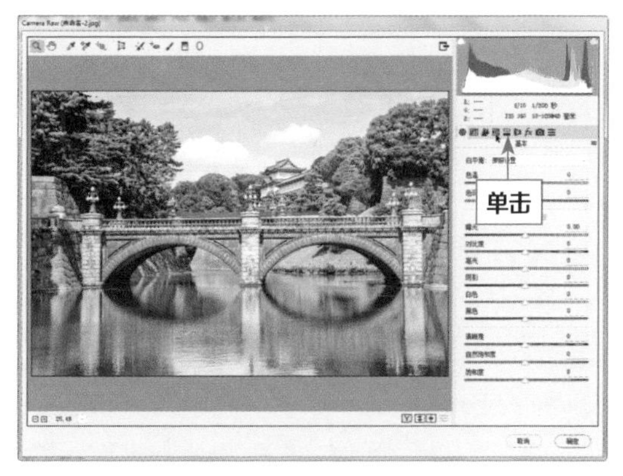

图 11-11 单击“HSL/ 灰度”按钮

06 切换至“HSL/灰度”选项卡，❶单击“色相”标签；❷在展开的“色相”选项卡中设置“橙色”为50、“黄色”为-50，如图11-12所示。

07 ❶单击“饱和度”标签；❷在展开的“饱和度”选项卡中设置“橙色”为23、“黄色”为-25，如图11-13所示。

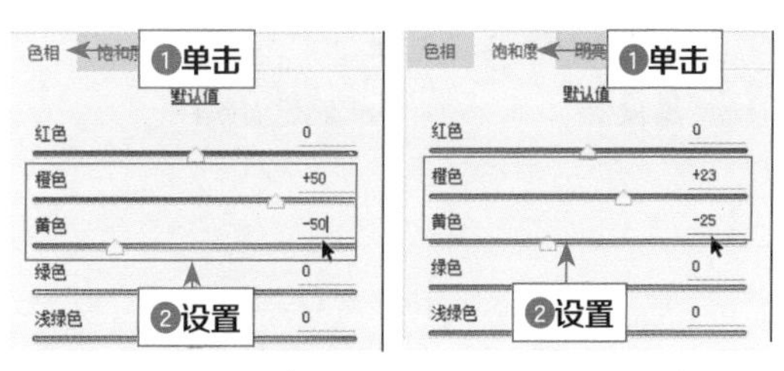

图 11-12 设置“色相”参数 图 11-13 设置“饱和度”参数

08 ❶单击“细节”按钮；❷在“细节”选项卡中设置“数量”为23；❸设置“蒙版”为8，如图11-14所示。

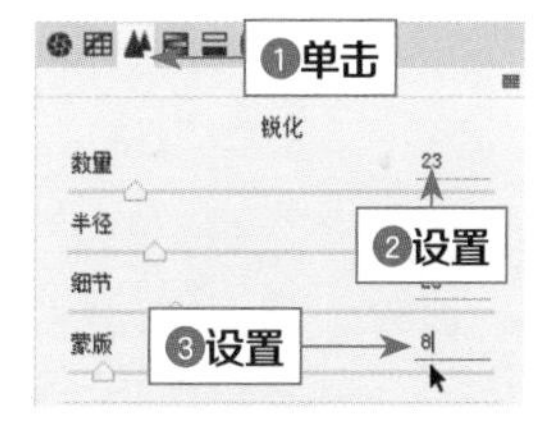

图 11-14 设置“细节”参数

09 ❶单击“色调曲线”按钮，切换至“色调曲线”选项卡；❷单击“点”标签；❸在“点”选项卡下调整色调曲线，如图11-15所示，增强画面阴影。

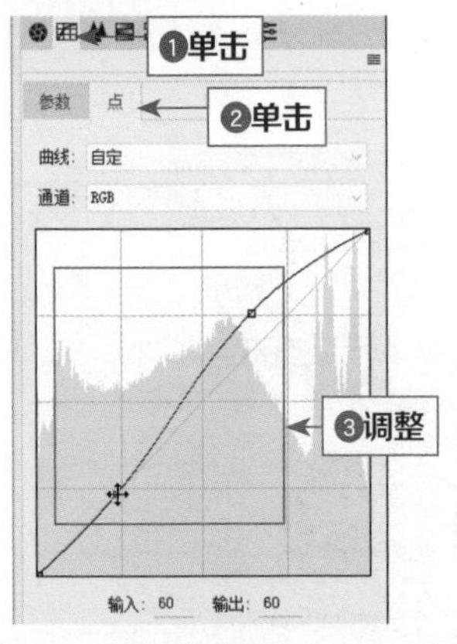

图 11-15 调整曲线

10 单击右下角的"确定"按钮，保存照片的修改，返回Photoshop界面，即可查看修改后的图像效果，如图11-16所示。

图 11-16 修改后的图像效果

11 单击"文件"|"存储为"命令，弹出"另存为"对话框，设置相应的文件名称、保存类型以及保存的图片路径，如图11-17所示。

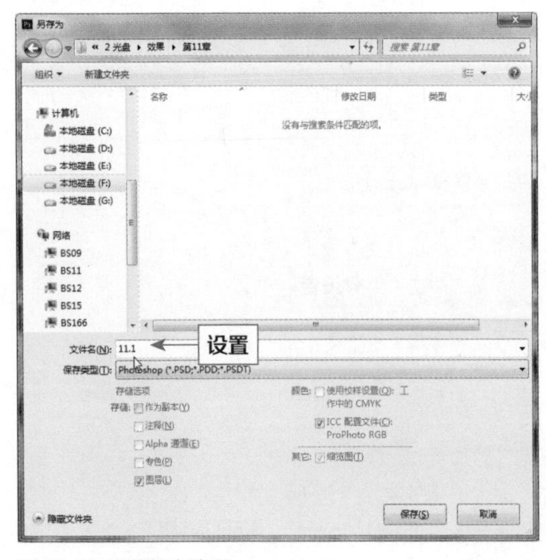

图 11-17 设置相应选项

12 单击"保存"按钮，弹出"Photoshop格式选项"对话框，单击"确定"按钮，如图11-18所示，即可保存图像。

图 11-18 单击"确定"按钮

13 重复上述步骤，弹出"另存为"对话框，设置相应的文件名称、保存的图片路径，❶单击"保存类型"右侧的倒三角按钮；❷在下拉列表中选择"JPEG（*.JPG；*.JPEG；*.JPE）"选项，如图11-19所示。

图 11-19 选择相应选项

14 单击"保存"按钮，弹出"JPEG选项"对话框，单击"确定"按钮，如图11-20所示，即可保存图像。

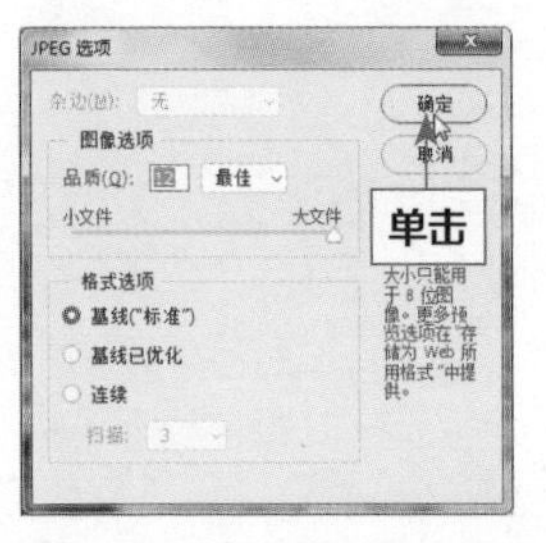

图 11-20 单击"确定"按钮

15 执行操作后，即可在文件夹中查看保存的两种格式的图像效果，如图11-21所示。

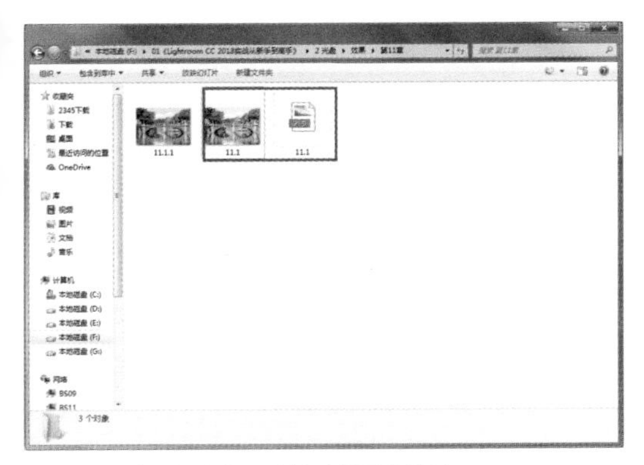

图 11-21 查看保存的两种格式的图像效果

11.2 《渔夫》：向Lightroom工作流添加Photoshop自动处理

【作品名称】：《渔夫》

【作品欣赏】：这个场景是在清晨拍摄的，天还未完全变亮，勤劳的渔夫就已经划着小船开始撒网捕鱼。渔夫的生活就是自给自足，用自己的劳动换取食物，每天虽然很辛苦但是乐在其中。本实例效果如图11-22所示。

图 11-22 效果

【作品解说】：清晨雾很浓，平静的河面上突然驶来一艘小船，细看小船上站着一位身穿红色衣衫的人，只见他将渔网用力地向河中撒去，让人不由自主地感叹渔夫充满力量、努力向上的生活态度，他们用自己的双手创造美好的生活。

【前期拍摄】：这张照片在拍摄时，运用了大小对比构图法。大小对比通常是指在同一画面里利用大小两种形象，以小衬大或是以大衬小，使主体得到突出。本照片通过周边的山水大环境衬托小船及人，体现出这艘小船的渺小，让画面显得更加稳定与饱满。由于是清晨拍摄，雾很大，周边显得雾蒙蒙的，所以还需要对照片进行后期处理，如图11-23所示。

图 11-23 大小对比构图法

【主要构图】：大小对比构图法。

【色彩指导】：在照片处理的后期应用中，可以在Lightroom的工作流中添加Photoshop的自动处理，通过添加自动处理，能够在Lightroom中一次性完成多张照片的批处理操作。本实例中，将利用Photoshop创建新动作，为照片调整色彩，再将其创建为快捷批处理，然后将创建的动作添加到Lightroom工作流中，对多张照片进行色彩处理。

【后期处理】：本实例主要运用Lightroom和Photoshop软件进行处理。

11.2.1 运用Photoshop调整图像，创建快捷批处理 重点

Lightroom与Photoshop这两款软件各有优点以及缺点，如果将两者进行一个很好的结合会发生意想不到的效果。下面介绍运用Photoshop调整图像，创建快捷批处理的方法。

素材位置	素材 > 第 11 章 >11.2.1.jpg
效果位置	效果 > 第 11 章 >11.2.1.jpg
视频位置	视频 > 第 11 章 >11.2.1　运用 Photoshop 调整图像，创建快捷批处理 .mp4

01 打开Photoshop软件，单击“文件”|“打开”命令，打开一幅素材图像，如图11-24所示。

图 11-24 打开一幅素材图像

02 单击“窗口”|“动作”命令，展开“动作”面板，在面板下面单击“创建新动作”按钮，如图11-25所示。

03 执行操作后，❶弹出“新建动作”对话框；❷设置“名称”为“快捷批处理”；❸单击“记录”按钮，开始记录动作，如图11-26所示。

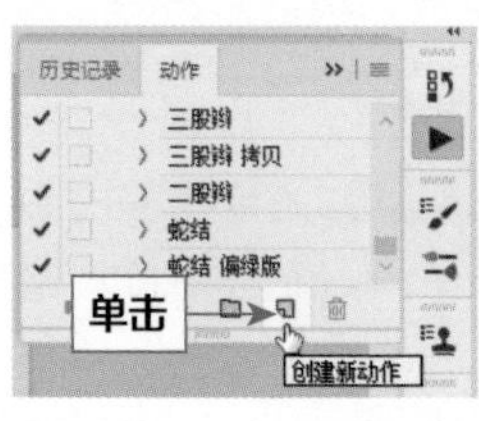

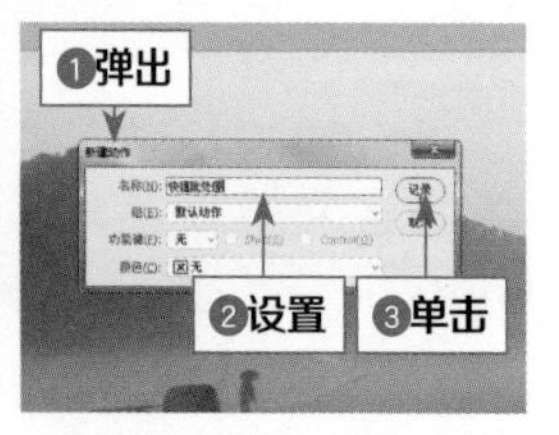

图 11-25 单击“创建新动作”按钮 图 11-26 单击“记录”按钮

04 在“图层”面板中选择“背景”图层，按Ctrl + J组合键，复制图层，如图11-27所示。

05 新建“亮度/对比度1”调整图层，❶展开“亮度/对比度”属性面板；❷设置“亮度”为-8、“对比度”为90，如图11-28所示，调整照片的明暗度。

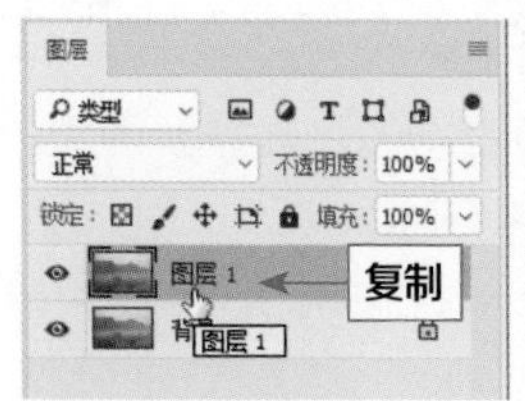

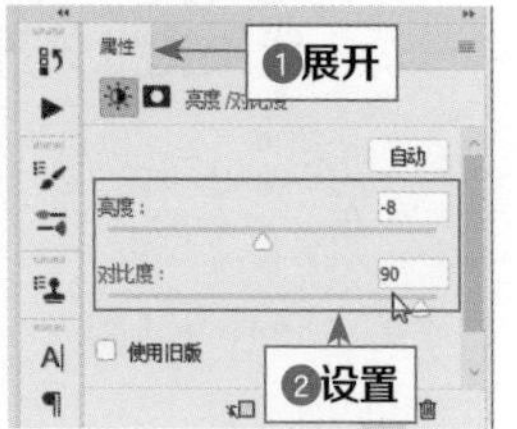

图 11-27 复制图层 图 11-28 设置相应参数

06 新建“色相/饱和度1”调整图层，❶展开“色相/饱和度”属性面板；❷设置“饱和度”为50，如图11-29所示，加深照片色彩。

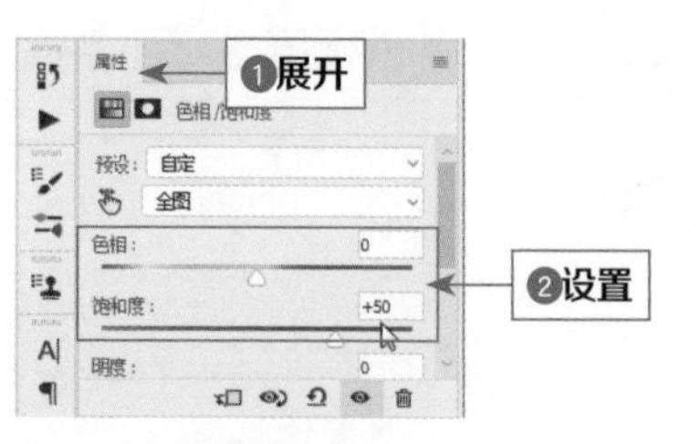

图 11-29 设置相应参数

07 新建“自然饱和度1”调整图层，❶展开“自然饱和度”属性面板；❷设置“自然饱和度”为60、“饱和度”为56，如图11-30所示，调整画面色彩。

08 新建“色彩平衡”调整图层，❶展开“色彩平衡”属性面板；❷设置“中间调”参数依次为-49、-3、40，如图11-31所示。

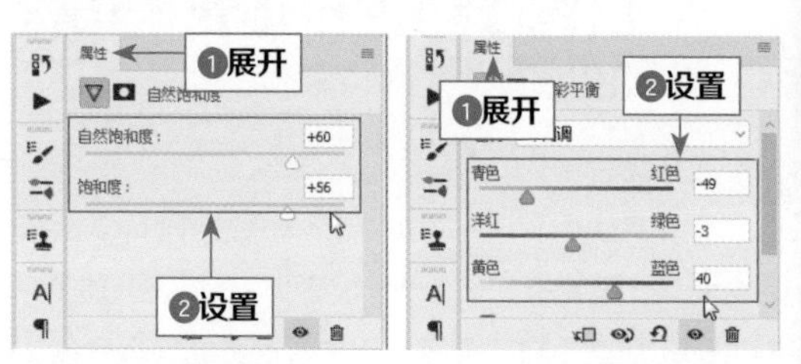

图 11-30 设置相应参数 图 11-31 设置相应参数

09 执行上述操作后，即可调整色彩平衡，如图11-32所示。

图 11-32 调整色彩平衡

10 单击“文件”|“存储为”命令，存储图像。返回“动作”面板，单击面板下方的“停止记录”按钮，停止动作的记录，如图11-33所示。

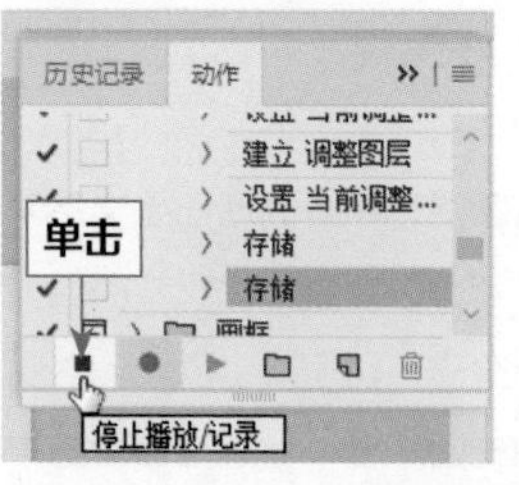

图 11-33 单击“停止记录”按钮

11 单击“文件”|“自动”|“创建快捷批处理”命令，如图11-34所示。

图 11-34 单击相应命令

12 弹出“创建快捷批处理”对话框，❶设置“动作”为“快捷批处理”；❷设置相应的保存位置；❸单击“确定”按钮，创建快捷批处理，如图11-35所示。

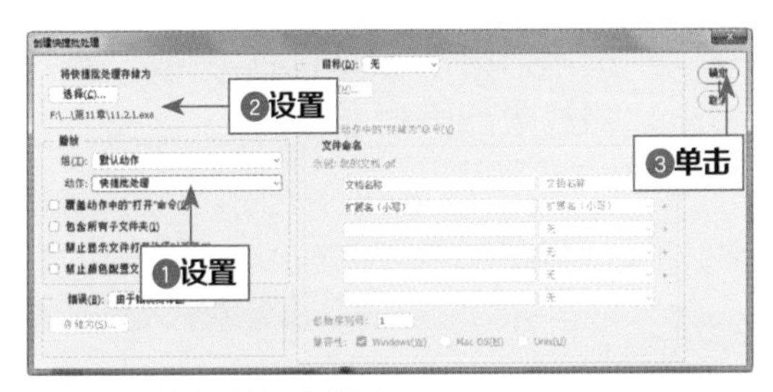

图 11-35 单击“确定”按钮

13 执行上述操作后，即可创建快捷批处理，在相应文件夹中可以查看快捷批处理文件，如图11-36所示。

图 11-36 查看快捷批处理文件

11.2.2 运用Lightroom添加Photoshop自动处理 重点

Lightroom有一项很强大的功能，就是对同一类型的照片进行批量处理，这个操作可以大大节省工作时间。上节在Photoshop中创建了快捷批处理文件，将其与Lightroom相结合可以快速批量处理照片。下面介绍运用Lightroom添加Photoshop自动处理的方法。

素材位置	素材 > 第 11 章 >11.2.2.jpg
效果位置	效果 > 第 11 章 >11.2.2.jpg
视频位置	视频 > 第 11 章 >11.2.2　运用 Lightroom 添加 Photoshop 自动处理 .mp4

01 打开Lightroom软件界面，单击“文件”|“导出”命令，弹出“导出一个文件”对话框，在右侧的“后期处理”选项区中，❶单击“导出后”的下拉按钮；❷在下拉列表框中选择“现在转到Export Actions文件夹”选项，如图11-37所示。

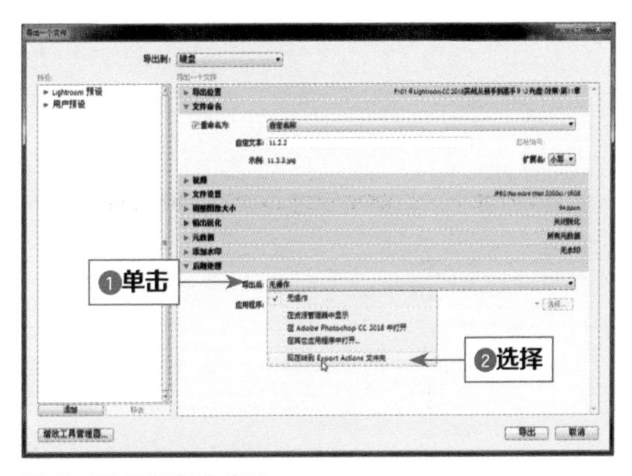

图 11-37 选择相应选项

02 转到Export Actions文件夹后，双击鼠标左键将其打开，然后找到保存的快捷批处理图标，将其复制到Export Actions文件夹下，如图11-38所示。关闭文件夹，再关闭“导出”对话框。

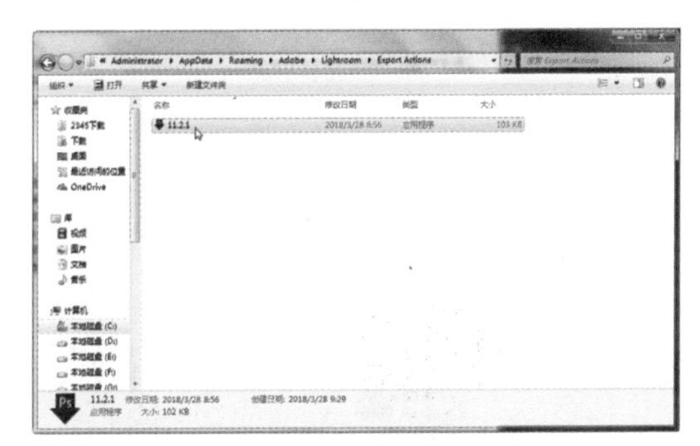

图 11-38 Export Actions 文件夹

03 在Lightroom中导入一张照片素材，如图11-39所示。

图 11-39 导入一张照片素材

04 单击“文件”|“导出”命令，弹出“导出一个文件”对话框，设置导出文件的位置和名称，❶在右侧的“后期处理”选项区中单击“导出后”的下拉按钮；❷在下拉列表框中选择“11.2.1”选项，如图11-40所示。

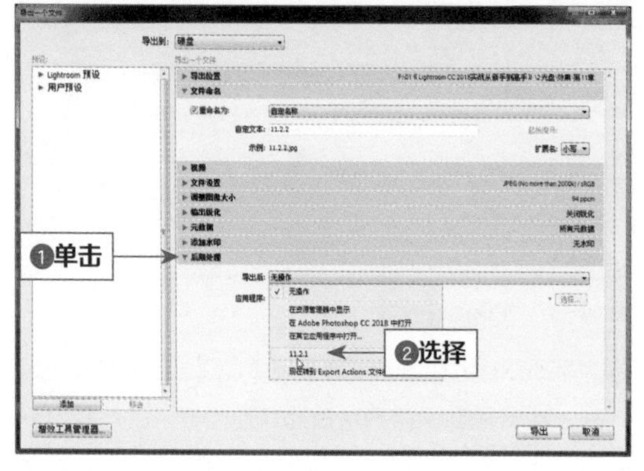

图 11-40 选择“11.2.1”选项

05 单击“导出”按钮，即可导出文件，图像效果如图11-41所示。

图 11-41 图像效果

专家指点

将经过 Lightroom 调整的照片输出为 JPEG 格式的文件是最常用的输出方法，因为 JPEG 格式是当前最通用的图片文件格式。即使用户在 Lightroom 中处理的原始文件就是 JPEG 格式，也同样需要进行导出，只有这样才能把 XMP 文件或者目录中存储的照片修改压缩成通用的像素信息，从而让其他人能够方便地看到照片的最终效果。

11.3 《记忆》：运用Lightroom和Photoshop制作相册

很多人喜欢旅行，旅行的过程中会拍摄很多照片，为了使照片查看起来更加方便，可以运用Lightroom与Photoshop两款强大的软件将照片制作成相册，这样既方便、美观又节省空间。

11.3.1 运用Lightroom调整图像，使照片更加美观

本实例中首先运用Lightroom对将要制成相册的图像进行调整，使每一张照片变得更加好看，然后进行下一步骤。下面介绍运用Lightroom调整图像，使照片更加美观的方法。

素材位置	素材 > 第 11 章 >11.3.1
效果位置	效果 > 第 11 章 >11.3.1
视频位置	视频 > 第 11 章 >11.3.1　运用 Lightroom 调整图像，使照片更加美观 .mp4

01 打开Lightroom软件，在Lightroom中导入3张照片素材，默认进入“图库”模块，如图11-42所示。

图 11-42 导入 3 张照片素材

02 选择第一张照片，切换至“修改照片”模块，❶展开左侧的“预设”面板；❷选择“Lightroom效果预设”|“圆角白色”选项，如图11-43所示，为照片添加白色圆角边框。

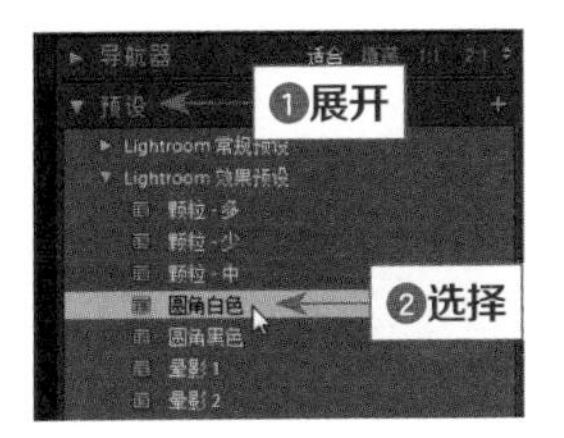

图 11-43 选择相应选项

03 执行上述操作后，即可为第一张照片应用“圆角白色”效果，如图11-44所示。

04 展开“基本”面板，在“偏好”选项区中设置“清晰度”为47、“鲜艳度”为65与“饱和度”为26，使照片色彩更加鲜艳，如图11-45所示。

图 11-44 应用“圆角白色”效果

图 11-45 使照片色彩更加鲜艳

05 切换至第2张照片素材，❶展开左侧的“预设”面板；❷选择“Lightroom常规预设”|“锐化-风景”选项，如图11-46所示。

图 11-46 选择相应选项

06 执行操作后，即可为第2张照片应用“锐化-风景”效果，如图11-47所示。

图 11-47 应用“锐化 - 风景”效果

07 ❶展开“色调曲线”面板；❷在“区域”选项区中设置“高光”为-14、“亮色调”为-18、“暗色调”为49与“阴影”为22，调整画面的明暗度，如图11-48所示。

图 11-48 调整画面的明暗度

08 切换至“图库”模块，选择第3张照片素材，单击“放大视图”按钮，使照片呈放大视图进行展示，如图11-49所示。

图 11-49 照片呈放大视图进行展示

09 展开“快速修改照片”面板，单击“自动调整色调”按钮，自动调整画面色调，如图11-50所示。

图 11-50 自动调整画面色调

10 单击“增加鲜艳度”按钮，加强照片色彩，如图11-51所示。

图 11-51 加强照片色彩

11 切换至“修改照片”模块，展开“效果”面板，在“裁剪后暗角”选项区中设置“数量”为72，使照片更有艺术气息，如图11-52所示。

图 11-52 使照片更有艺术气息

11.3.2 运用Photoshop合成图像，制作美丽相册 进阶

Lightroom不具备图像合成功能，在对多张照片进行处理时，可以利用Photoshop来完成合成操作。下面介绍运用Photoshop合成图像，制作美丽相册的方法。

素材位置	上一实例效果图
效果位置	效果 > 第 11 章 >11.3.2.jpg
视频位置	视频 > 第 11 章 >11.3.2 运用 Photoshop 合成图像，制作美丽相册 .mp4

01 切换至“图库”模块，按住Ctrl键的同时选择3张照片，如图11-53所示。

图 11-53 选择 3 张照片

02 单击“文件”|“导出”命令，弹出“导出3个文件”对话框，设置文件名称以及导出位置，❶在右侧的“后期处理”选项区中单击“导出后”的下拉按钮；❷在下拉列表框中选择“在Adobe Photoshop CC 2018中打开”选项，如图11-54所示。

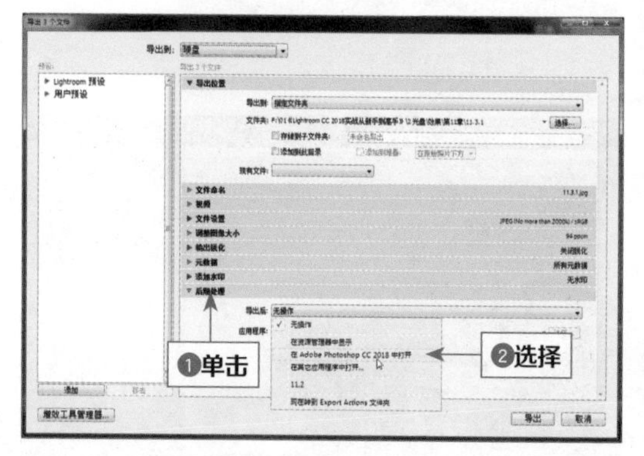

图 11-54 选择相应选项

03 单击“导出”按钮，即可在Adobe Photo-shop CC 2018中打开所选择的照片，如图11-55所示。

图 11-55 在 Photoshop 中打开所选择的照片

04 在Photoshop中单击“文件”|“打开”命令，打开一幅“相册背景”素材图像，如图11-56所示。

图 11-56　打开一幅素材图像

05 ❶选取工具箱中的移动工具；❷将11.3.1照片拖曳至“相册背景”图像编辑窗口，得到“图层1”图层，如图11-57所示。

图 11-57　得到“图层 1”图层

06 按Ctrl＋T组合键，调出变换控制框，将图像适当缩小、旋转后拖曳至合适的位置，如图11-58所示。

图 11-58　将图像拖曳至适当位置

07 用同样的方法，将11.3.1-2和11.3.1-3照片分别拖曳至“相册背景”图像编辑窗口，将图像适当缩小、旋转后拖曳至合适的位置，如图11-59所示。

图 11-59　将图像拖曳至适当位置

08 单击“文件”|“打开”命令，打开一幅“花纹”素材图像，将其拖曳至“相册背景”图像编辑窗口，如图11-60所示。

图 11-60　拖曳图像

09 在“图层”面板中新建“亮度/对比度1”调整图层，❶展开“属性”面板；❷设置“亮度”为10、“对比度”为15，如图11-61所示，调整图像的亮度和对比度。

10 新建“自然饱和度1”调整图层，❶展开“属性”面板；❷设置“自然饱和度”为55，如图11-62所示，调整图像编辑窗口中整体图像的饱和度。

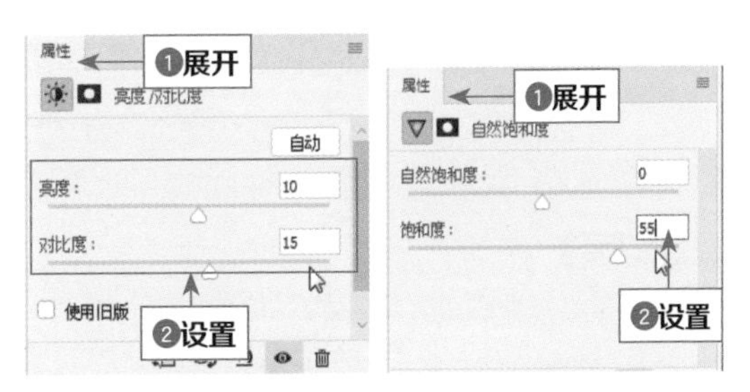

图 11-61　设置相应参数　　图 11-62　调整图像饱和度

11 在“图层”面板中使用鼠标左键双击“图层1”图层，弹出“图层样式”对话框，如图11-63所示。

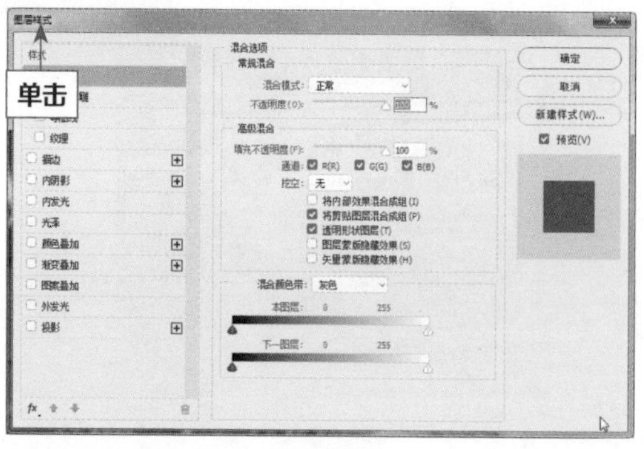

图 11-63 “图层样式”对话框

12 ❶选中“描边”复选框，切换至“描边”选项卡；❷设置“大小”为1像素，如图11-64所示。

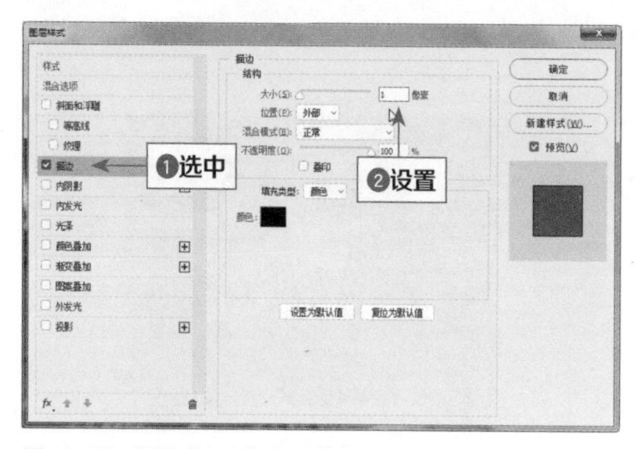

图 11-64 设置“大小”为 1 像素

13 单击“确定”按钮，添加“描边”图层样式，如图11-65所示。

图 11-65 添加“描边”图层样式

专家指点

除了运用以上方法添加“图层 2”图层与“图层 3”图层的“描边”图层样式，还可以复制“图层 1”图层的图层样式，分别粘贴至“图层 2”图层和“图层 3”图层，为“图层 2”图层与“图层 3”图层添加“描边”图层样式。

14 用与上述相同的方法添加“图层2”图层和“图层3”图层的“描边”图层样式，如图11-66所示。

图 11-66 添加相应的图层样式

15 单击“文件”|“打开”命令，打开一幅“文字”素材图像，将其拖曳至“相册背景”图像编辑窗口，效果如图11-67所示。

图 11-67 拖入文字素材

11.4 《幸福》：运用Lightroom和Photoshop制作婚纱相册封面

使用Lightroom可以调整图像的色彩效果，结合使用Photoshop对照片进行设计合成，可以制作出美丽的婚纱相册封面效果。

11.4.1 运用Lightroom调整图像，使照片色彩更加鲜艳

本实例中首先运用Lightroom对作为婚纱相册封面的照片进行处理，使每一张照片的色彩变得鲜艳，突出封面照片的效果。下面介绍运用Lightroom调整图像，使照片色彩更加鲜艳的方法。

素材位置	素材 > 第 11 章 >11.4.1
效果位置	效果 > 第 11 章 >11.4.1
视频位置	视频 > 第 11 章 >11.4.1　运用 Lightroom 调整图像，使照片色彩更加鲜艳 .mp4

01 打开Lightroom，在Lightroom中导入两张照片素材，如图11-68所示。

图 11-68　导入 2 张照片素材

02 切换至“修改照片”模块，在胶片导航窗格中选择第一张照片，展开“基本”面板，❶设置“高光”为100；❷设置“清晰度”为33、“鲜艳度”为55、“饱和度”为24，调整画面的色彩鲜艳度，如图11-69所示。

图 11-69　调整画面的色彩鲜艳度

03 在胶片导航窗格中选择第2张照片，展开“基本”面板，❶设置“对比度”为23、“阴影”为22；❷设置“清晰度”为11、“鲜艳度”为60，调整画面的色彩鲜艳度，如图11-70所示。

图 11-70　调整画面的色彩鲜艳度

11.4.2 运用Photoshop合成图像，制作美丽的婚纱封面

只有通过Photoshop才能制作合成图像。下面介绍运用Photoshop合成图像，制作美丽的婚纱封面的方法。

素材位置	素材 > 第 11 章 >11.4.1
效果位置	效果 > 第 11 章 >11.4.1
视频位置	视频 > 第 11 章 >11.4.2　运用 Photoshop 合成图像，制作美丽的婚纱封面 .mp4

01 在胶片导航窗格中按住Ctrl键的同时选择两张照片，在照片上单击鼠标右键，在弹出的快捷菜单中选择“在应用程序中编辑”|“在Adobe Photoshop CC 2018中编辑”选项，如图11-71所示。

图 11-71　选择相应选项

02 弹出“使用Adobe Photoshop CC 2018编辑照片”对话框，选中“编辑含Lightroom调整的副本”单选按钮，如图11-72所示。

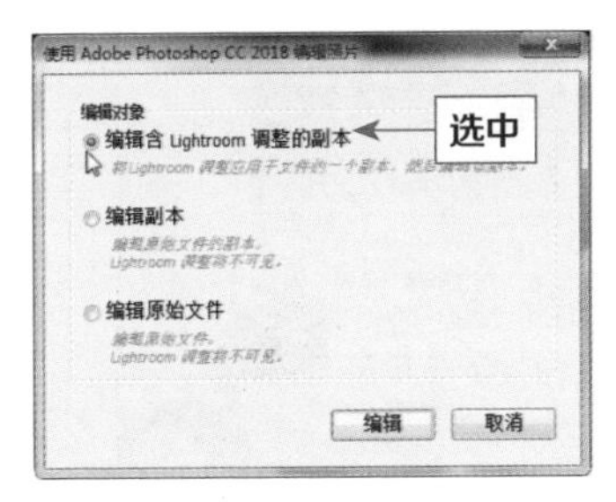

图 11-72　选中相应单选按钮

03 单击“编辑”按钮，即可将图像导出到Photoshop，如图11-73所示。

图 11-73 将图像导出到 Photoshop

04 在Photoshop中单击“文件”|“打开”命令，打开一幅“婚纱背景”素材图像，如图11-74所示。

图 11-74 素材图像

05 选取工具箱中的移动工具，将第一张照片拖曳至“婚纱背景”图像编辑窗口，单击“编辑”|“变换”|“缩放”命令，如图11-75所示。

图 11-75 单击相应命令

06 调出变换控制框，按Alt＋Shift组合键等比例缩放图像，并将其拖曳至合适位置，按Enter键确认操作，如图11-76所示。

图 11-76 等比例缩放图像

07 ❶选择“图层2”图层；❷按住Ctrl键的同时单击“图层1”图层左侧的缩览图，调出选区，如图11-77所示。

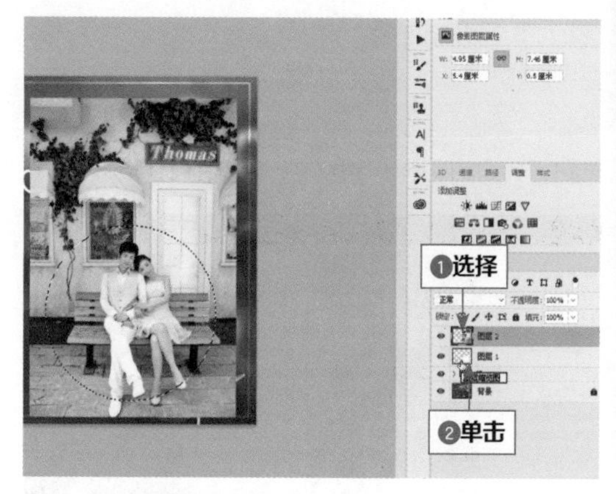

图 11-77 调出选区

08 选择“图层2”图层，单击“选择”|“反选”命令，按Delete键清除选区内的图像，再按Ctrl＋D组合键取消选区，如图11-78所示。

图 11-78 清除选区内的图像

09 选取工具箱中的移动工具，将第2张照片拖曳至

“婚纱背景”图像编辑窗口，按Ctrl＋T组合键调出变换控制框，按Alt＋Shift组合键等比例缩放图像，并将其拖曳至合适位置，按Enter键确认操作，如图11-79所示。

图 11-79 等比例缩放图像

10 在“图层”面板中，❶选择“图层3”图层；❷单击面板底部的“添加矢量蒙版”按钮，添加蒙版，如图11-80所示。

图 11-80 添加蒙版

11 ❶选取画笔工具；❷设置前景色为黑色；❸单击“窗口”|“画笔”命令，如图11-81所示。

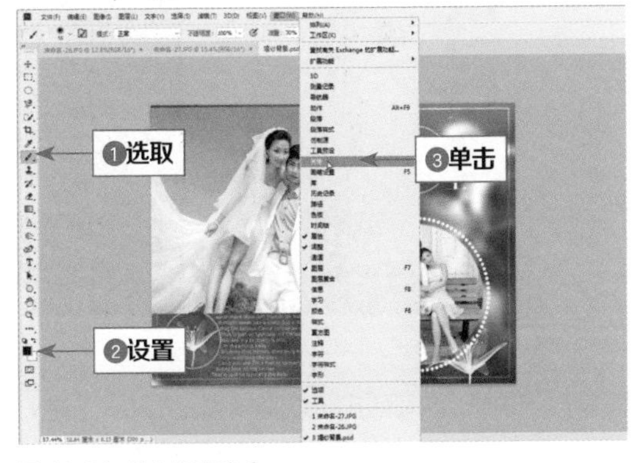

图 11-81 单击相应命令

12 展开“画笔”面板，❶设置“大小”为100像素；❷设置“硬度”为0、“间距”为1%，如图11-82所示。

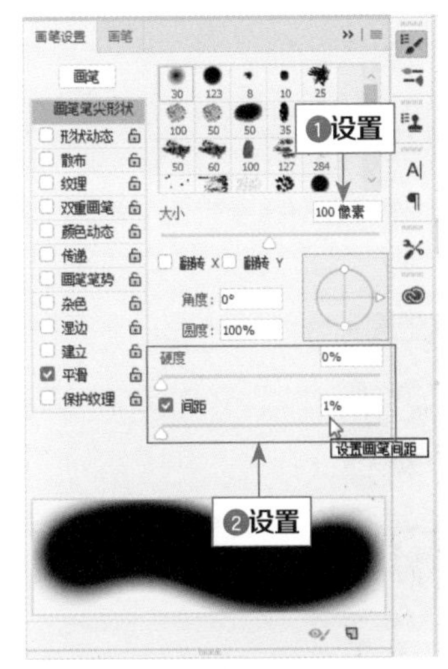

图 11-82 设置画笔工具属性

13 在图像编辑窗口中的合适区域进行涂抹，隐藏部分图像，如图11-83所示。

图 11-83 隐藏部分图像

14 用与上述相同的方法，适当设置画笔工具的不透明度，涂抹除人物以外的图像区域，最终效果如图11-84所示。

图 11-84 最终效果

11.5 《绽放美丽》：结合Photoshop，打造性感女性曲线

【作品名称】：《绽放美丽》

【作品欣赏】：这张是个人艺术写真照，以暖黄的色调为主题，展现了女子妖娆的身材曲线，女子单手叉腰，面露淡淡的微笑，自信地站在镜头面前。本实例效果如图11-85所示。

图 11-85 效果

【作品解说】：这张照片是为了突出独特的女性之美，将女性的好身段展示出来，同时，很好地显示出女性的优雅风韵，让女性勇敢地绽放自己的美。

【前期拍摄】：拍摄这个场景的时候，运用了框式构图法。本照片利用女子左右两边的花墙形成一个框，将女子的身体置于其中，让画面富有层次感，更加突出画面主体。为了更好地突出女性身材的曲线之美，可以通过后期处理进行调整，使画面变得更完美，如图11-86所示。

图 11-86 框式构图法

【主要构图】：框式构图法。

【色彩指导】：这张人物照片很好地展示了人物身体的曲线，但是人物略丰满。在后期处理时，可以通过"液化"滤镜中的向前变形工具与褶皱工具，修饰人物的腰部与臀部，使人物的身材变得更加完美。

【后期处理】：本实例主要运用Lightroom和Photoshop软件进行处理。

素材位置	素材 > 第 11 章 >11.5.jpg
效果位置	效果 > 第 11 章 >11.5.jpg
视频位置	视频 > 第 11 章 >11.5 《绽放美丽》：结合Photoshop，打造性感女性曲线 .mp4

01 在Lightroom中导入一张照片素材，切换至"修改照片"模块，如图11-87所示。

图 11-87 导入一张照片素材

02 展开"基本"面板，设置"色温"为-14、"色调"为-6，调整照片的白平衡效果，如图11-88所示。

图 11-88 调整照片的白平衡效果

03 在"偏好"选项区中设置"清晰度"为30、"鲜艳度"为36，增强照片的色彩鲜艳度，如图11-89所示。

图 11-89　增强照片的色彩鲜艳度

04 在照片上单击鼠标右键，在弹出的快捷菜单中选择“在应用程序中编辑”|“在Adobe Photoshop CC 2018中编辑”选项，弹出“使用Adobe Photoshop CC 2018编辑照片”对话框，选中“编辑含Lightroom调整的副本”单选按钮，单击“编辑”按钮，即可在Adobe Photoshop CC 2018中打开照片素材，如图11-90所示。

图 11-90　将图像导出到 Photoshop

05 按Ctrl + J组合键复制图层，得到“图层1”图层，如图11-91所示。

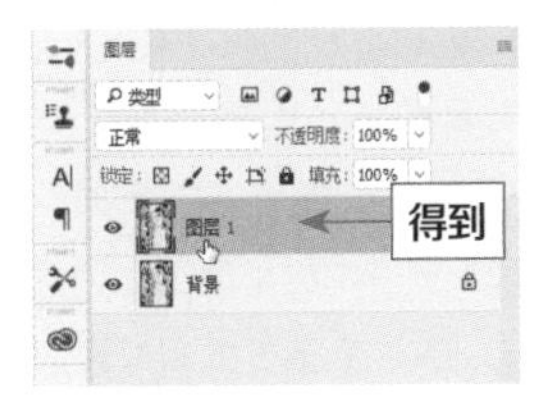

图 11-91　复制图层

06 在菜单栏上单击“滤镜”|“液化”命令，如图11-92所示。

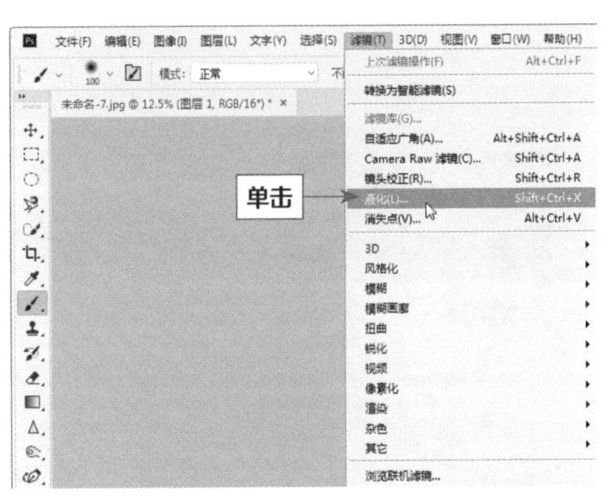

图 11-92　单击相应命令

07 弹出“液化”对话框，选取向前变形工具，如图11-93所示。

图 11-93　选取向前变形工具

08 在“画笔工具”选项区中，❶设置画笔“大小”为360、“浓度”为50、“压力”为100；❷将鼠标指针移至人物的腰部，单击鼠标左键并向右拖曳；如图11-94所示。

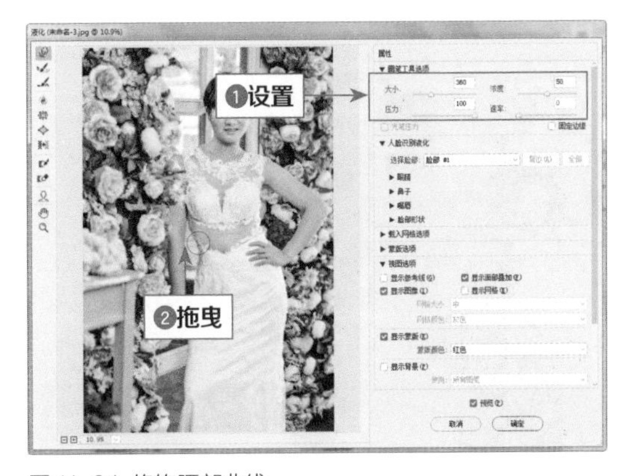

图 11-94　修饰腰部曲线

09 用与上述相同的方法，在图像上反复单击鼠标左键并拖曳，修饰腰部和臀部，如图11-95所示。

图 11-95 修饰腰部和臀部

10 在“液化”对话框的左侧，选取褶皱工具，如图11-96所示。

图 11-96 选取褶皱工具

11 在“画笔工具”选项区中，设置画笔“大小”为210、“浓度”为50、“压力”为1、“速率”为80，如图11-97所示。

图 11-97 设置相应参数

12 将鼠标指针移至人物腰部右侧，单击鼠标左键并向左拖曳，如图11-98所示。

图 11-98 修饰人物腰部曲线

13 用与上述相同的方法，在图像上反复单击鼠标左键并拖曳，修饰腰部线条。修饰完成后，单击“确定”按钮，最终效果如图11-99所示。

图 11-99 最终效果

11.6 《暖阳西下》：结合Photoshop，展现黄昏美景

【作品名称】：《暖阳西下》

【作品欣赏】：这张照片展现的是黄昏的美景，每当天气好太阳快下山的时候，天空都会呈现出很美丽的颜色。太阳照亮了大地一天，在将要落下的时候会散发出最后的光芒，之后夜幕也将悄然来临，黄昏这一刻的光芒仿佛是为了照亮黑夜的路。本实例效果如图11-100所示。

【作品解说】：拍摄这张照片时，太阳离落幕已经不远了，但仍在努力地释放一天之中最后的光彩。太阳散发出的巨大光晕，使天空下的一切是那么耀眼，水面上镀了一层光，散发出别样的美，画面显得特别有意境。

图 11-100　效果

我们在拍摄这张黄昏美景的照片时，运用了三分线构图法，以水面形成的一条水平线分割山水画面，使天空与水面相呼应；山峰轮廓的斜线以斜线构图法将山水与山峰结合起来，使整个画面富有生机。由于拍摄时镜头对着太阳，因此画面显得有点朦胧，颜色对比不够强烈，此时可以通过后期处理对照片进行调整，使画面的颜色更鲜艳，让画面看上去有一种温暖的感觉，如图11-101所示。

图 11-101　下三分线构图法、斜线构图法

【主要构图】：下三分线构图法、斜线构图法。

【色彩指导】：黄昏时分温暖的阳光让人懒洋洋的，很舒服。天气晴朗的时候，拍摄的黄昏照片偏冷色调时，在后期处理中可以通过“色阶”命令调整照片整体的颜色，再通过“色相/饱和度”命令调整照片的色相与饱和度，最后通过“映射渐变”“色彩平衡”等命令调整照片整体的色彩，使颜色偏暖，呈现出温暖、舒适的黄昏美景。

【后期处理】：本实例主要运用Lightroom和Photoshop软件进行处理。

素材位置	素材 > 第 11 章 >11.6.jpg
效果位置	效果 > 第 11 章 >11.6.jpg
视频位置	视频 > 第 11 章 >11.6 《暖阳西下》：结合 Photoshop，展现黄昏美景 .mp4

01 在Lightroom中导入一张照片素材，切换至“修改照片”模块，如图11-102所示。

图 11-102　导入一张照片素材

02 展开“基本”面板，设置“清晰度”为80，使图像更清晰，如图11-103所示。

图 11-103　调整图像清晰度

03 在照片上单击鼠标右键，在弹出的快捷菜单中选择“在应用程序中编辑”|“在Adobe Photoshop CC 2018中编辑”选项，弹出“使用Adobe Photoshop CC 2018编辑照片”对话框，选中“编辑含Lightroom调整的副本”单选按钮，单击“编辑”按钮，即可在Adobe Photoshop CC 2018中打开照片素材，如图11-104所示。

图 11-104 在 Photoshop 中打开素材图像

04 按Ctrl + J组合键复制图层，得到“图层1”图层，如图11-105所示。

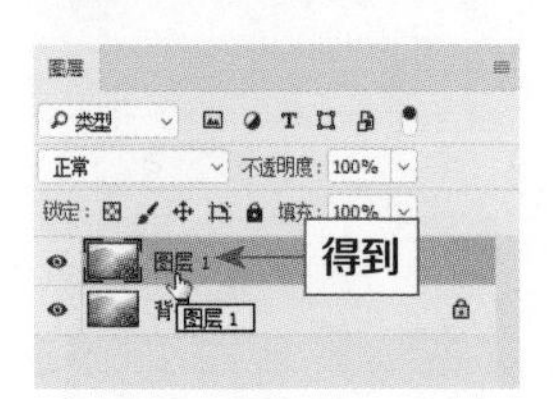

图 11-105 复制图层

05 新建“色阶1”调整图层，❶展开“属性”面板；❷设置黑、灰、白3个滑块的参数依次为73、1、255，如图11-106所示，调整图像色彩。

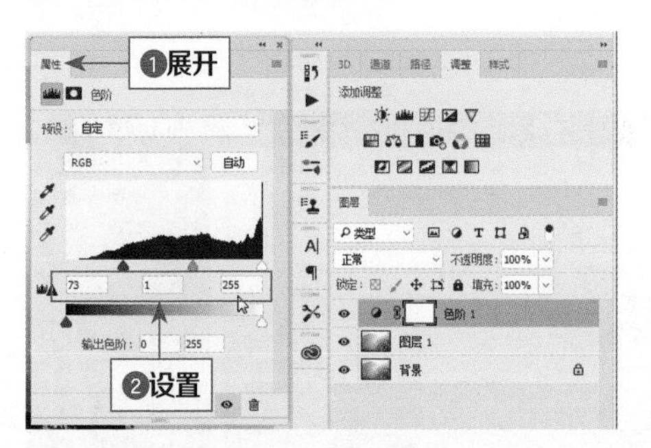

图 11-106 设置相应参数

06 新建“色相/饱和度1”调整图层，❶展开“属性”面板；❷设置“全图”通道的相应参数依次为19、30、-8，如图11-107所示，调整图像的色相饱和度。

07 新建“渐变映射1”调整图层，在“属性”面板中，❶单击“渐变映射”右侧的倒三角按钮；❷在弹出的列表框中选择“紫、橙渐变”色块，为照片填充渐变色，如图11-108所示。

图 11-107 设置相应参数

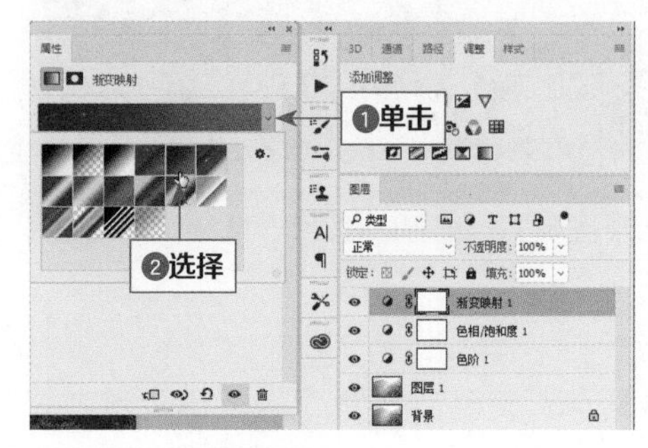

图 11-108 选择相应色块

08 打开“图层”面板，设置“渐变映射1”调整图层的“混合模式”为线性光、“不透明度”为35%、“填充”为50%，如图11-109所示。

图 11-109 设置相应参数

09 新建“照片滤镜1”调整图层，展开“属性”面板，设置“滤镜”为加温滤镜（LBA）、“浓度”为55%，如图11-110所示。

图 11-110 设置相应参数

10 新建“色彩平衡1”调整图层，❶展开“属性”面板；❷设置“色调”为“中间调”、设置相应的参数依次为-23、-8、-29，如图11-111所示。

11 新建“亮度/对比度1”调整图层，在“属性”面板中设置“亮度”为18、“对比度”为-35，如图11-112所示，提高照片整体的亮度与对比度。

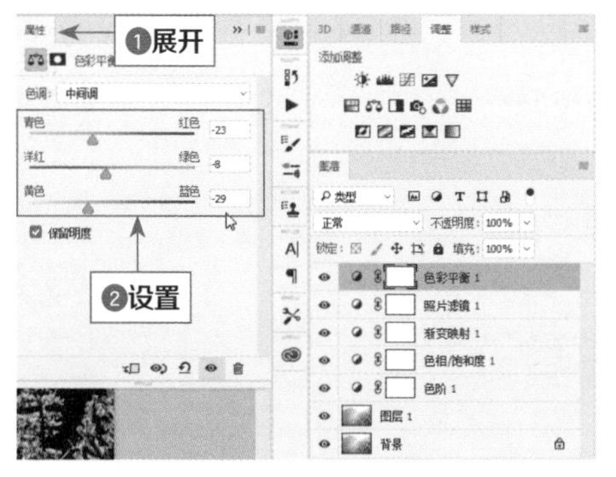

图 11-111 设置相应参数

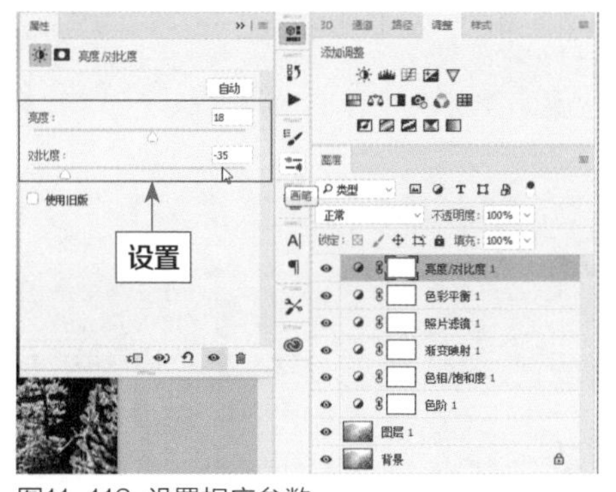

图11-112 设置相应参数

12 新建“通道混合器1”调整图层，在“属性”面板中设置“输出通道”为“蓝”，设置相应的参数依次为-24、4、110，如图11-113所示。

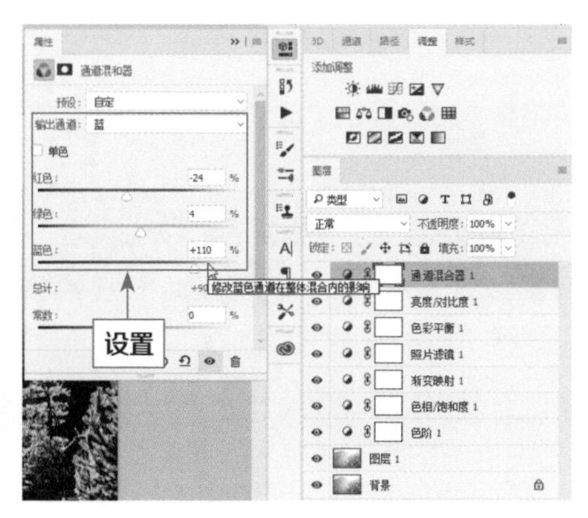

图 11-113 设置相应参数

13 执行上述操作后，照片的光线更自然、清晰，效果如图11-114所示。

图 11-114 最终效果

11.7 习题测试

习题1 运用Photoshop，轻松拼接出全景照片

素材位置	素材 > 第 11 章 > 习题 1
效果位置	效果 > 第 11 章 > 习题 1.jpg
视频位置	视频 > 第 11 章 > 习题 1：运用 Photoshop，轻松拼接出全景照片 .mp4

本习题需要读者掌握使用Photoshop的自动拼接全景功能，轻松合成全景照片的方法，素材图像如图11-115所示，最终效果如图11-116所示。

图 11-115 素材图像

图 11-115 素材图像（续）

图 11-116 最终效果

习题2 运用Photoshop，创建HDR图像效果

素材位置	素材 > 第 11 章 > 习题 2
效果位置	效果 > 第 11 章 > 习题 2.jpg
视频位置	视频 > 第 11 章 > 习题 2：运用 Photoshop，创建 HDR 图像效果 .mp4

本习题需要读者掌握通过Photoshop，创建HDR图像效果的方法，素材图像如图11-117所示，最终效果如图11-118所示。

图 11-117 素材图像

图 11-118 最终效果

习题3 使用Photoshop，快速调出HDR色调

素材位置	素材 > 第 11 章 > 习题 3.jpg
效果位置	效果 > 第 11 章 > 习题 3.jpg
视频位置	视频 > 第 11 章 > 习题 3：使用 Photoshop，快速调出 HDR 色调 .mp4

本习题需要读者掌握通过Photoshop，快速调出HDR色调的方法，素材图像如图11-119所示，最终效果如图11-120所示。

图 11-119 素材图像

图 11-120 最终效果

综合实战篇

第12章

风景照片：打造精美的风光大片

风光照片无论是对于专业摄影师还是摄影业余爱好者来说，都是一个常用的拍摄题材，但是拍摄风光照时经常会发现很多问题，例如，天气不好的时候拍摄出来的天空会显得灰蒙蒙的，但天气很好的时候拍摄时又会发现拍摄的光线过于明亮，所以本章主要针对拍摄风光照时产生的问题，介绍有效的修正方法。

课堂学习目标

- 《珠峰奇云》：打造富有层次感的山景
- 《生态情怀》：展现大自然的美丽风光
- 《浪漫时刻》：营造美好的场景

扫码观看本章实战操作视频

12.1 《珠峰奇云》：打造富有层次感的山景

【作品名称】：《珠峰奇云》

【作品欣赏】：这张照片展现的是迷人的高原风光，站在高原上望着远处，看着无边无际的山脉，给人强烈的视觉震撼；静看天空中的云，形态各异，仿佛触手可得，足以见得高原的高度是多么令人惊叹。本实例效果如图12-1所示。

图12-1 效果

【作品解说】：拍摄这张照片的时候，蓝天白云仿佛与远处的山融为了一体，细看还可以看到远处的山上覆盖着皑皑白雪，令人十分惊艳，站在这高原上真有一种高处不胜寒的感觉。

【前期拍摄】：拍摄这张照片的时候，运用了前景构图法，拍摄远处的山峰时利用左侧的山峰作为前景点缀，可以使画面不那么单调。此处还运用了明暗对比构图法，将天空与山峰的颜色形成鲜明的对比，使画面变得更加动感活泼，增强了画面的立体感。为了使高山显得更加有层次可以进行后期调整，如图12-2所示。

【色彩指导】：风光摄影是摄影师最常拍摄的题材，面对数码相机拍摄出来的原片，总是会发现天空太亮、色彩太淡、缺乏层次或照片不通透等问题。本实例中，通过Lightroom中的多种调整功能对原始的风光照片进行精细化的处理，针对风光照片中常遇到的问题，使用行之有效的方法进行修正，打造出通透靓丽、层次清晰的风光大片。

【主要构图】：前景构图、明暗对比构图法。

图12-2 前景构图法、明暗对比构图法

【后期处理】：本实例主要运用Lightroom软件进行处理。

12.1.1 导入素材，修饰画面基本色调

本实例通过Lightroom对风景照片进行精细的处理，展现高原景色的魅力光影，突显层峦叠嶂的山脉的层次，同时，使用艳丽的色彩可以形成强烈的对比，增强视觉冲击力。下面介绍导入素材，修饰画面基本色调的方法。

素材位置	素材 > 第 12 章 >12.1.1.jpg
效果位置	效果 > 第 12 章 >12.1.1.jpg
视频位置	视频 > 第 12 章 >12.1.1　导入素材，修饰画面基本色调 .mp4

01 在Lightroom中导入一张照片素材，切换至“修改照片”模块，如图12-3所示。

图 12-3 导入一张照片素材

02 展开“直方图”面板，单击“显示阴影剪切”和“显示高光剪切”按钮，显示出编辑中的剪切提示，以便于更准确地对照片影调进行编辑，如图12-4所示。

图 12-4 显示出编辑中的剪切提示

03 展开“基本”面板，设置“对比度”为61、“高光”为-66、“阴影”为-90、“白色色阶”为-27、“黑色色阶”为-32，调整照片色调，如图12-5所示。

图 12-5 调整照片色调

04 在“偏好”选项区中设置“清晰度”为23、“鲜艳度”为60，加强照片色彩，如图12-6所示。

图 12-6 加强照片色彩

05 ❶展开“色调曲线”面板；❷设置“高光”为-15、“亮色调”为-13、“暗色调”为-23、“阴影”为-11，调整曲线形态，如图12-7所示。

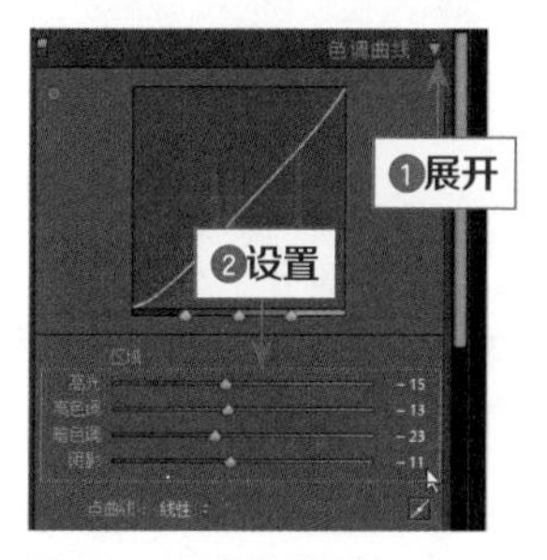

图 12-7 调整曲线形态

06 执行操作后，即可修复照片的高光与阴影区域，如图12-8所示。

07 展开“HSL/颜色/黑白”面板，在“HSL”面板的“色相”选项卡中，设置“橙色”为15、“黄色”为-30、“绿色”为22、“蓝色”为13、“紫色”为-6，调整照片局部色相，如图12-9所示。

图12-8 修复照片的高光与阴影区域

图12-9 调整照片局部色相

08 在"HSL"面板的"饱和度"选项卡中，设置"橙色"为49、"黄色"为21、"绿色"为12、"蓝色"为13，调整照片局部颜色的饱和度，如图12-10所示。

图12-10 调整照片局部颜色的饱和度

09 展开"分离色调"面板，在"高光"选项区中设置"色相"为237、"饱和度"为8，分离照片的高光色调，如图12-11所示。

10 在"阴影"选项区中，设置"色相"为335、"饱和度"为3，分离照片的阴影色调，如图12-12所示。

图12-11 分离照片的高光色调

图12-12 分离照片的阴影色调

11 ❶展开"变换"面板；❷在"变换"选项区中设置"比例"为103、"长宽比"为-19，如图12-13所示，调整照片的视角。

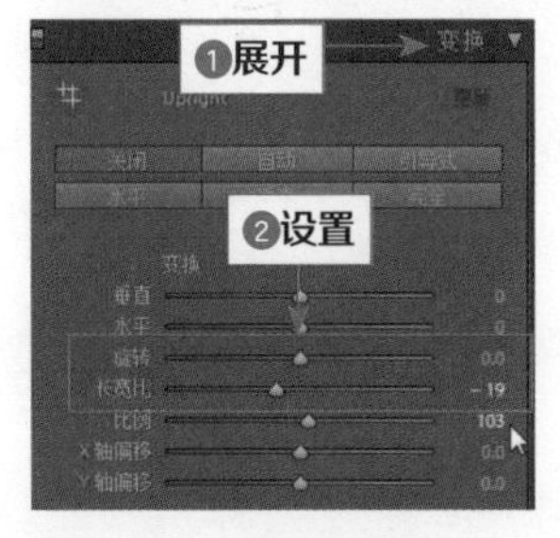

图12-13 设置相应参数

12 ❶展开"细节"面板；❷单击"锐化"后面的倒三角按钮，将放大显示窗口展开出来，如图12-14所示。

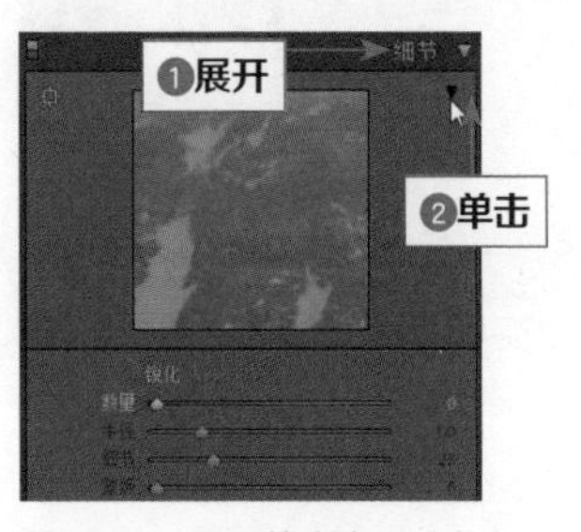

图12-14 展开放大窗口

13 在“锐化”选项区中设置“数量”为80、“半径”为1.6、“细节”为39和“蒙版”为36，对照片进行锐化处理，如图12-15所示。

图 12-15 对照片进行锐化处理

14 在“噪点消除”选项区中设置“明亮度”为56、“细节”为41、“对比度”为44、“颜色”为44和“细节”为50，对照片进行降噪处理，如图12-16所示。

图 12-16 对照片进行降噪处理

15 通过对照片进行放大，可以看到照片中的细节更加清晰，效果如图12-17所示。

图 12-17 放大照片

16 选取工具条中的渐变滤镜工具，在图像预览窗口中的照片上由下向上拖曳，调整渐变的区域与方向，如图12-18所示。

图 12-18 调整渐变的区域与方向

17 ❶在“渐变滤镜”的“编辑”选项区中，设置“色温”为19；❷设置“曝光度”为0.05、“对比度”为29、“高光”为19、“阴影”为-12；❸设置“清晰度”为75，如图12-19所示。

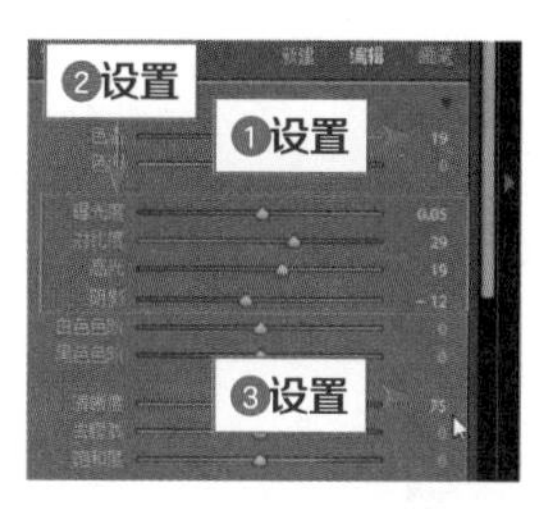

图 12-19 设置相应参数

18 执行操作后，即可看到应用渐变滤镜效果的图像发生了变化，如图12-20所示。

图 12-20 渐变滤镜效果

19 ❶单击“颜色”选项右侧的色块；❷在弹出的“选择一种颜色”拾色器中设置H为49、S为38%，如图12-21所示。

图 12-21 设置颜色参数

20 执行操作后，即可看到渐变滤镜区域的颜色发生了变化，如图12-22所示。

图 12-22 修改渐变滤镜颜色

21 单击“完成”按钮，退出渐变滤镜的编辑状态，在图像预览窗口可以看到编辑后的效果，如图12-23所示。

图 12-23 图像效果

22 展开“色调曲线”面板，单击“单击以编辑点曲线”按钮，切换至点曲线视图，为曲线添加两个锚点，使画面的对比更加和谐，如图12-24所示。

图 12-24 调整色调曲线

12.1.2 导出效果，存储为DNG格式

在Lightroom中将照片处理好后，可以通过Lightroom对照片进行存储，可以存储为多种格式的照片。下面介绍导出时将照片存储为DNG格式的方法。

素材位置	上一个实例效果图
效果位置	效果 > 第 12 章 >12.1.2.dng
视频位置	视 频 > 第 12 章 >12.1.2　导 出 效 果， 存 储 为 DNG 格式 .mp4

01 在Lightroom中单击“文件”|“导出”命令，如图12-25所示。

图 12-25 单击相应命令

02 弹出“导出一个文件”对话框，展开“导出位置”选项区，单击“选择”按钮，如图12-26所示。

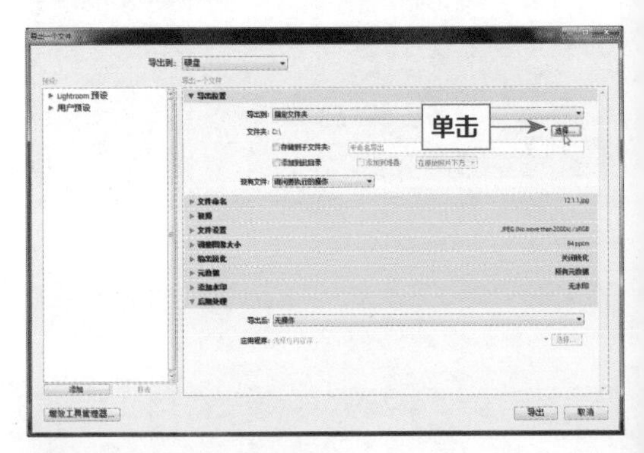

图 12-26 单击“选择”按钮

03 弹出“选择文件夹”对话框，设置相应的保存位置，单击“选择文件夹”按钮，如图12-27所示。

图 12-27 单击“选择文件夹”按钮

04 展开“文件命名”选项区，❶选中“重命名为”复选框；❷在右侧的下拉列表框中选择“编辑”选项，如图12-28所示。

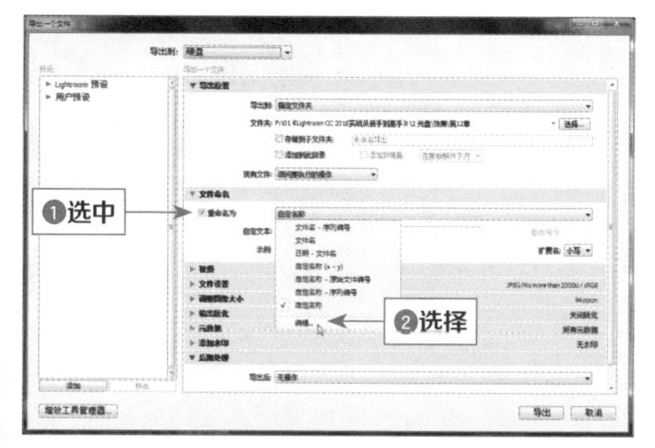

图 12-28 选择“编辑”选项

05 弹出“文件名模板编辑器”对话框，❶在文本框中输入相应的文件名；❷单击“完成”按钮，如图12-29所示。

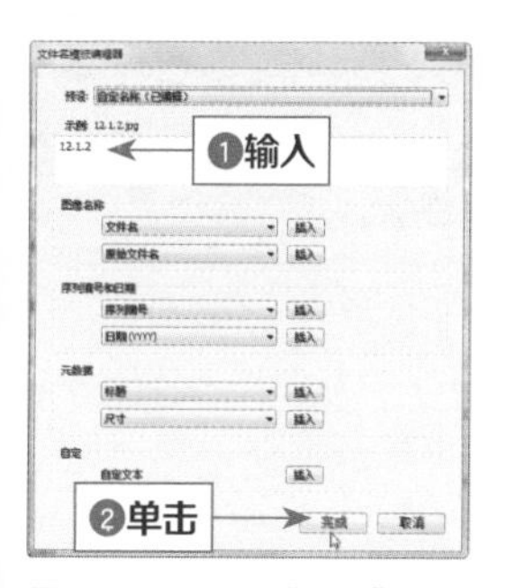

图 12-29 单击“完成”按钮

06 展开“文件设置”选项区，在“图像格式”下拉列表框中选择“DNG”选项，如图12-30所示。

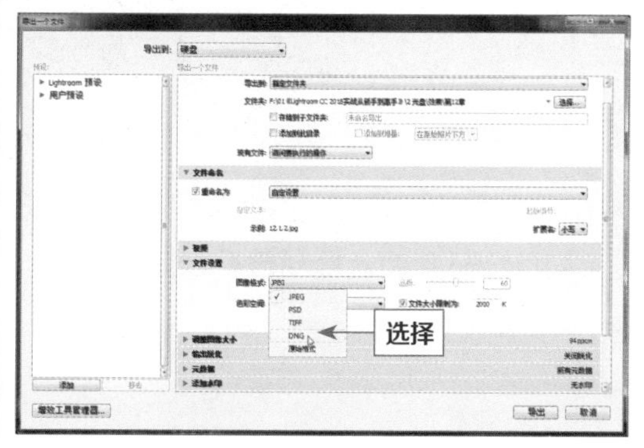

图 12-30 选择“DNG”选项

07 单击“导出”按钮，即可将照片导出为DNG格式的图像文件，如图12-31所示。

图 12-31 导出照片

12.2 《生态情怀》：展现大自然的美丽风光

【作品名称】：《生态情怀》

【作品欣赏】：这张照片展现的是迷人的自然风光，河水静静地流淌着，我站在船上欣赏着大自然赠予人们的美丽风光，真是令人心旷神怡。远处的山峰上围绕着一层雾气，依稀可以看到山峰上还有白雪，真是美丽极了。本实例效果如图12-32所示。

图 12-32 效果

【作品解说】：拍摄这张照片的时候，天气不是很好，虽然天空灰蒙蒙的，但是还是可以看到远处的山峰上有白雪覆盖着，白色与周边的树木颜色形成鲜明的对比，衬托出远处雄伟的山峰。

【前期拍摄】：拍摄这张照片的时候，运用了空间透视构图法，将镜头由近至远延伸，使画面看起来特别有层次，突出空间感。不过由于拍摄时天气不好，照片的颜色比较暗淡，但可以通过后期进行调整，使画面变得更加美观，颜色更为靓丽，如图12-33所示。

图 12-33 空间透视构图法

【主要构图】：空间透视构图法。

【色彩指导】：拍摄这张照片的时候由于天气不好，导致拍摄出来的照片颜色较为暗淡，色彩对比不明显，本实例先从照片的色彩调整入手，调整画面的色彩。

【后期处理】：本实例主要运用Lightroom软件进行处理。

12.2.1 裁剪素材，使画面更加有特色

在天气不好的时候拍摄天空，拍摄出来的画面会显得特别灰暗，缺乏美感，所以本例中通过Lightroom的裁剪叠加工具对大部分的天空进行剪切，使画面效果变得更加完美。下面介绍裁剪素材，使画面更加有特色的方法。

素材位置	素材 > 第 12 章 >12.2.1.jpg
效果位置	效果 > 第 12 章 >12.2.1.jpg
视频位置	视频 > 第 12 章 >12.2.1　裁剪素材，使画面更加有特色 .mp4

01 在Lightroom中导入一张照片素材，切换至“修改照片”模块，如图12-34所示。

图 12-34 导入一张照片素材

02 单击工具栏上的“裁剪叠加”按钮，沿照片边缘创建裁剪框，如图12-35所示。

图 12-35 沿照片边缘创建裁剪框

03 运用裁剪叠加工具拖曳裁剪框，确认裁剪框范围，如图12-36所示。

图 12-36 确认裁剪框范围

04 单击预览窗口右下角的“完成”按钮，完成图像的裁剪，使画面更加有特色，如图12-37所示。

图 12-37 裁剪后的图像

12.2.2 调整画面，让照片更亮眼

风景照片在色彩上要丰富一点，才能让人一眼看上去觉得极有特色，感到震撼。下面介绍调整画面，让人眼前一亮的方法。

素材位置	上一个实例效果图
效果位置	效果 > 第 12 章 >12.2.2.jpg
视频位置	视频 > 第 12 章 >12.2.2　调整画面，让照片更亮眼 .mp4

01 展开“基本”面板，设置“曝光度”为0.2、“对比度”为-15、“高光”为-15、“阴影”为15、“白色色阶”为18与“黑色色阶”为-61，还原画面明亮效果，如图12-38所示。

图 12-38 还原画面明亮效果

02 在“偏好”选项区中设置“清晰度”为44、“鲜艳度”为60，使画面更加清晰，如图12-39所示。

图 12-39 使画面更加清晰

03 ❶单击选中工具栏中的渐变滤镜工具；❷使用渐变滤镜工具在图像预览窗口中的照片上由上向下拖曳，调整渐变区域与方向，如图12-40所示。

图 12-40 调整渐变区域与方向

04 在“渐变滤镜”的“编辑”选项区中，设置“色温”为-45、“色调”为50、“曝光度”为-1与“对比度”为40，如图12-41所示，调整天空色彩。

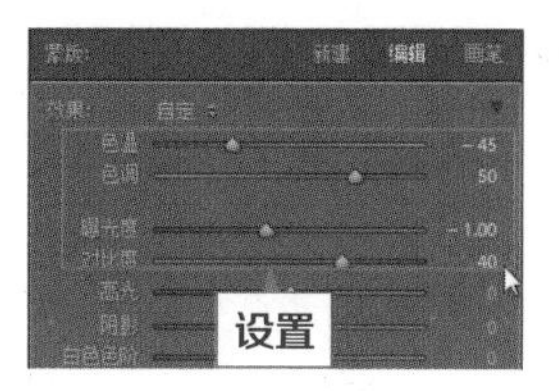

图 12-41 设置相应参数

05 单击“完成”按钮，即可退出渐变滤镜的编辑状态，在图像预览窗口中可以看到编辑后的效果，如图12-42所示。

图 12-42 编辑后的效果

06 ❶在工具栏上选取调整画笔工具；❷选中照片显示区域下方的“显示选定的蒙版叠加”复选框；❸在右侧“调整画笔”选项面板中的“画笔”选项下设置“大小”为8、“羽化”为100、“流畅度”为100，设置调整画笔大小，如图12-43所示。

图 12-43 设置调整画笔大小

07 在“调整画笔”选项面板中设置“曝光度”为-1.15，在画面中的水面区域进行涂抹，如图12-44所示。

08 取消选中“显示选定的蒙版叠加”复选框，即可看到画面中水面的亮度降低了，如图12-45所示。

图 12-44 涂抹画面

图 12-45 取消选中相应的复选框

09 ❶在“调整画笔”选项面板中单击“颜色”右侧的颜色选择框；❷在打开的“选择一种颜色”拾色器中选择需要的颜色；❸设置“饱和度”为20，如图12-46所示，调整水面颜色。

图 12-46 设置相应参数

10 执行操作后，在图像显示区域将显示调整颜色后的效果，如图12-47所示。

图 12-47 调整颜色后的效果

11 单击“调整画笔”选项面板上的“新建”按钮，选中图像显示区域下方的“显示选定的蒙版叠加”复选框，使用调整画笔工具在画面中的山峰上进行涂抹，如图12-48所示。

图 12-48 涂抹相应区域

12 在“调整画笔”选项面板中设置“饱和度”为40，取消选中“显示选定的蒙版叠加”复选框，单击右下角的“完成”按钮，即可加深山峰的颜色，如图12-49所示。

图 12-49 加深山峰的颜色

13 展开“色调曲线”面板，在“区域”选项区中设置“高光”为-10与“亮色调”为-13，调整画面的明暗对比，如图12-50所示。

图 12-50 调整画面的明暗对比

14 展开“HSL/颜色/黑白”面板，在HSL的“色相”选项卡中设置“黄色”为-31与“绿色”为20，如图12-51所示，调整照片局部色相。

15 切换至“饱和度”选项卡，设置“黄色”为32与“绿色”为25，调整画面局部饱和度，如图12-52所示。

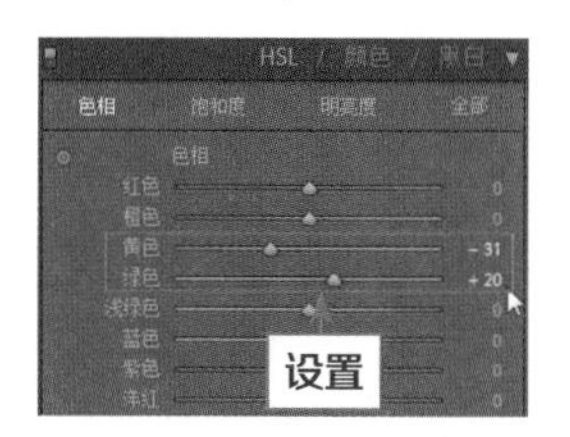

图 12-51　设置相应参数

图 12-52　调整画面局部饱和度

16 展开“细节”面板，在“锐化”选项区设置“数量”为100、“半径”为1.5、“细节”为35与“蒙版”为40，使图像更为清晰，如图12-53所示。

图 12-53　使图像更为清晰

12.3 《浪漫时刻》：营造美好的场景

【作品名称】：《浪漫时刻》

【作品欣赏】：这张照片展现的是浪漫的热气球场景，看着天空中飘浮着一个又一个的热气球，给人一种浪漫的感觉，看到这一幕整个人都是激动的。本实例效果如图12-54所示。

图 12-54　效果

【作品解说】：拍摄这张照片的时候，天空中飘浮着很多热气球，有些已经飘得很远、很高有些才刚刚开始上升，让人觉得好似自己也身在热气球上一般，身心都随着热气球冲向了天空，心情随之荡漾。

【前期拍摄】：天空中飘浮的热气球为平淡的风光画面增添几分动感，拍摄时利用远近构图法不仅可以增强画面的层次感，同时由于距离的原因，各个热气球之间会形成一种大小对比，这样可以丰富画面的内容，而且还可以突出主体。画面中不同彩色的热气球也形成了一种色彩对比，使画面的层次感更强，同时天空部分大面积的留白也为热气球的运动提供了足够的空间，如图12-55所示。

图 12-55　远近构图法

【主要构图】：远近构图法。

【色彩指导】：拍摄这张照片的时候，由于一时激动将照片拍摄得稍微倾斜了，而且由于光线的问题热气球的色彩感也并不突出，所以本实例将利用Lightroom中的裁剪叠加工具先纠正倾斜的照片，然后再利用Lightroom中的渐变滤镜调整天空的色彩，最后根据照片的色彩，运用基本色调进行调整。

【后期处理】：本实例主要运用Lightroom软件进行处理。

12.3.1 运用Lightroom，恢复倾斜画面

无论是专业摄影师还是摄影爱好者，在拍摄的时候有时候因为一些情况会导致拍摄出来的画面倾斜，不过可以通过后期进行修正。

下面介绍运用Lightroom快速纠正，恢复倾斜画面的方法。

素材位置	素材 > 第 12 章 >12.3.1.jpg
效果位置	效果 > 第 12 章 >12.3.1.jpg
视频位置	视频 > 第 12 章 >12.3.1　运用 Lightroom，恢复倾斜画面 .mp4

01 在Lightroom中导入一张照片素材，切换至“修改照片”模块，如图12-56所示。

图 12-56 导入一张照片素材

02 单击工具栏上的“裁剪叠加”按钮，自动创建一个裁剪框，如图12-57所示。

图 12-57 创建一个裁剪框

03 在“裁剪叠加”选项板中，设置“角度”为1.96，如图12-58所示。

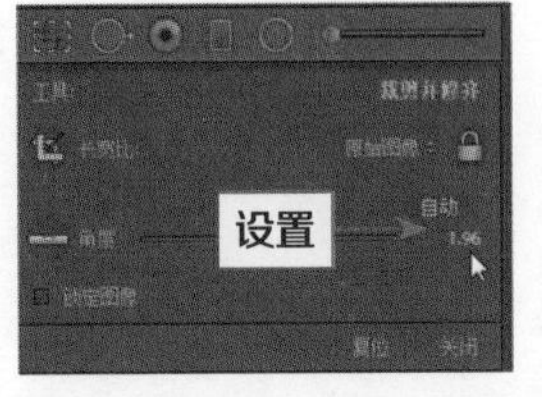

图 12-58 设置“角度”参数

04 执行上述操作后，即可在预览窗口中看到调整角度后的图像，如图12-59所示。

图 12-59 调整角度后的图像

05 单击预览窗口右下角的“完成”按钮，完成倾斜照片的调整，如图12-60所示。

图 12-60 调整倾斜的照片

12.3.2 运用Lightroom，进行精细处理

风光摄影是人们非常喜欢的一种摄影题材，但有时候面对相机拍摄出来的画面，人们会感到画面太亮或者是太暗，色彩不鲜明等，不过可以通过后期对照片进行细致的调整，一一解决这些问题，使照片变得更加好看。下面介绍运用Lightroom，精细处理照片的方法。

素材位置	上一个实例效果图
效果位置	效果 > 第 12 章 >12.3.2.jpg
视频位置	视频 > 第 12 章 >12.3.2　运用 Lightroom，进行精细处理 .mp4

01 切换至“图库”模块，展开“快速修改照片”面板，单击“自动调整色调”按钮，调整画面色调，如图12-61所示。

图 12-61 调整画面色调

02 切换至“修改照片”模块，展开“基本”面板，设置“高光”为62、“阴影”为26，调整画面明暗对比，如图12-62所示。

图 12-62 调整画面明暗对比

03 在“偏好”选项区中设置“清晰度”为51、“鲜艳度”为32与“饱和度”为23，使画面更加鲜艳，如图12-63所示。

图 12-63 使画面更加鲜艳

04 展开“HSL/颜色/黑白”面板，在HSL的“色相”选项卡中设置“橙色”为-20、“黄色”为28、“浅绿色”为-38与“紫色”为-62，如图12-64所示，调整照片局部色相。

图 12-64 调整照片局部色相

05 切换至“饱和度”选项卡，❶设置“红色”为22、“橙色”为19；❷设置“紫色”为31，调整照片局部饱和度，如图12-65所示。

图 12-65 调整照片局部饱和度

06 切换至“明亮度”选项卡，❶设置“橙色”为27；❷设置“蓝色”为1与“紫色”为30，调整照片局部明亮度，如图12-66所示。

图 12-66 调整照片局部明亮度

07 展开“分离色调”面板，在“高光”选项区中设置“色相”为222与“饱和度”为24，调整照片的高光色调，如图12-67所示。

图 12-67 调整照片的高光色调

08 单击选中工具栏中的渐变滤镜工具，使用渐变滤镜工具在图像预览窗口中的照片上由左上角向右下方进行拖曳，调整渐变区域与方向，如图12-68所示。

图 12-68 调整渐变区域与方向

09 在“渐变滤镜”的“编辑”选项区中，设置“色温”为-39、“色调”为4、“曝光度”为0.5与“对比度”为3，如图12-69所示，调整天空色彩。

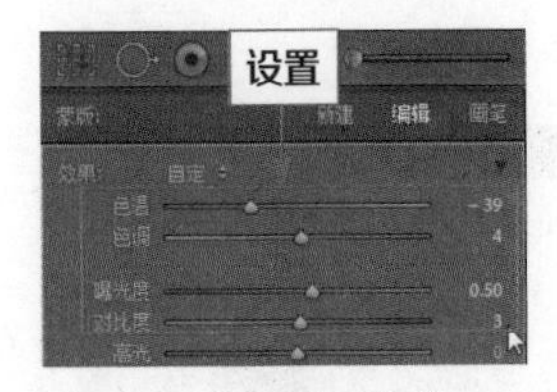

图 12-69 设置相应参数

10 单击“完成”按钮，即可退出渐变滤镜的编辑状态，在图像预览窗口中查看编辑后的效果，如图12-70所示。

11 展开“细节”面板，在“锐化”选项区中设置“数量”为110、“半径”为1.6、“细节”为31，使图像更为清晰，如图12-71所示。

图 12-70 编辑后的效果

图 12-71 使图像更为清晰

12 展开“色调曲线”面板，❶单击“单击以编辑点曲线”按钮，切换至点曲线视图；❷为曲线添加两个锚点，如图12-72所示。

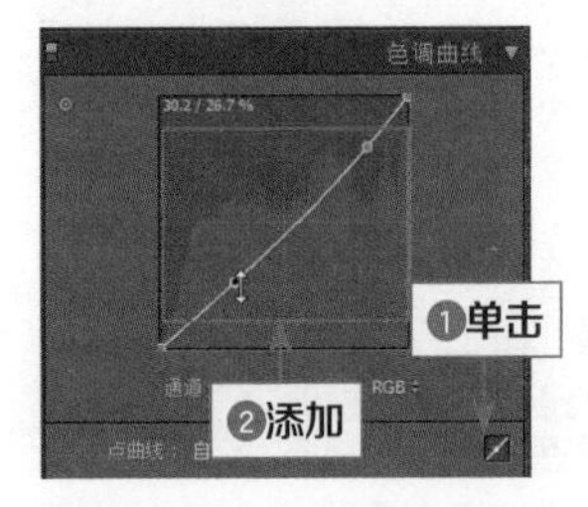

图 12-72 为曲线添加两个锚点

13 执行上述操作后，画面的对比更加和谐，效果如图12-73所示。

图 12-73 画面的对比更加和谐

第 13 章

人像照片：唯美的人像艺术写真

人像摄影是摄影中很重要的主题之一。随着社会的发展，大家的生活水平逐渐提高，生活情调也越来越高，无论是男女老少越来越多的人喜欢拍摄照片，如自拍或者他人拍摄。目前摄影的潮流趋势更倾向于人像，所以对人像的后期处理也是摄影者必须掌握的一项重要环节。

扫码观看本章
实战操作视频

课堂学习目标

- 《林中仙子》：展现甜美人像写真
- 《夏日倾情》：打造清新人像写真
- 《美丽俏佳人》：展现田园风格人像写真

13.1 《林中仙子》：展现甜美人像写真

【作品名称】：《林中仙子》

【作品欣赏】：这张展现的是甜美的人像写真照，夏天是最适合拍摄室外人像写真的季节，炎炎夏日，绿树成荫，坐在湖边的大树下，静静地享受这宁静的美好时光，在忙碌之余放松自己，让心情随着微风飘曳。本实例效果如图13-1所示。

图 13-1 效果

【作品解说】：拍摄这张照片的时候，天气正好，夏日的午后正是热的时候，坐在大树下微风徐来还有一丝丝的清凉，让人觉得这个夏天似乎也不是那么炎热，主角穿着小礼服，戴着花环身处于树下，就像林中的小仙女一般，美极了。

【前期拍摄】：拍摄这张照片的时候，运用了顺光构图法，顺光可以让被摄主体受到很均匀的光线。这张照片中光源打在主体上，没有阴影，很好地体现了被摄主体的皮肤质感，使画面显得很柔和，而且还原度也比较高，如图13-2所示。

图 13-2 顺光构图法

【主要构图】：顺光构图法。

【色彩指导】：人像摄影是摄影中一个重要的主题，拍摄后的人像照片结合后期处理，能够让画面中的人物更加完美。本实例在后期处理中对照片使用淡雅的色彩、细腻的光影，展现出充满浪漫的画面氛围，传递给观赏者温暖、柔美的感受。

【后期处理】：本实例主要运用Lightroom软件进行处理。

13.1.1 基础调整，展现柔和画面

人像摄影最重要的一个环节便是后期处理；后期处理能够让拍摄的人像照片变得更加完美，更符合理想的照片形态，使照片呈现出不一样的色彩。下面介绍进行基础调整，展现柔和画面的方法。

素材位置	素材 > 第 13 章 >13.1.1.jpg
效果位置	效果 > 第 13 章 >13.1.1.jpg
视频位置	视频 > 第 13 章 >13.1.1　基础调整，展现柔和画面 .mp4

01 在Lightroom中导入一张照片素材，切换至“修改照片”模块，如图13-3所示。

图 13-3 导入一张照片素材

02 展开“基本”面板，设置“色温”为“自动”，恢复照片白平衡，如图13-4所示。

图 13-4 恢复照片白平衡

03 设置“高光”为10、“阴影”为-19、“白色色阶”为10、“黑色色阶”为-23，调整照片的影调，如图13-5所示。

图 13-5 调整照片的影调

04 在“偏好”选项区中设置“清晰度”为8、“鲜艳度”为16，加强照片色彩，如图13-6所示。

图 13-6 加强照片色彩

05 展开“色调曲线”面板，设置“高光”为-3、“亮色调”为3、“暗色调”为8、“阴影”为-8，调整曲线形态，如图13-7所示。

图 13-7 调整曲线形态

06 展开“HSL/颜色/黑白”面板，在HSL的“色相”选项卡中，设置“红色”为-18、“橙色”为2、“黄色”为-22、“绿色”为20、“浅绿色”为20、“紫色”为-9、“洋红”为11，调整照片的局部色相，如图13-8所示。

图 13-8 调整照片的局部色相

07 在HSL的“饱和度”选项卡中，设置“红色”为100、“黄色”为100、“绿色”为12，调整照片局部颜色的饱和度，如图13-9所示。

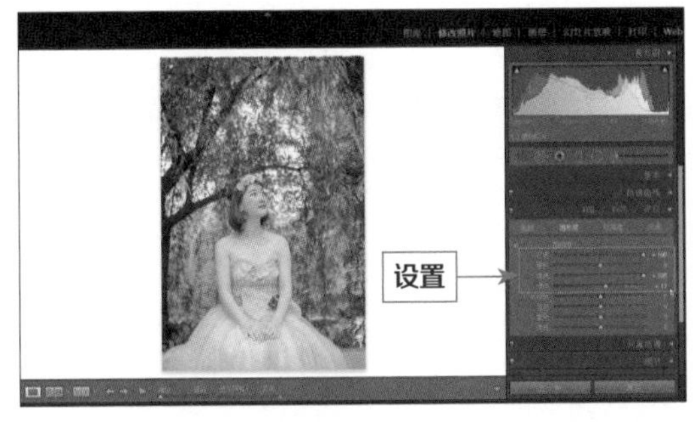

图 13-9 调整照片局部颜色的饱和度

08 在HSL的“明亮度”选项卡中，设置“红色”为16、“橙色”为28、“黄色”为16、“绿色”为29、“浅绿色”为100、“蓝色”为20，调整照片局部颜色的明亮度，如图13-10所示。

图 13-10 调整照片局部颜色的明亮度

09 展开“分离色调”面板，在“高光”选项区中设置“色相”为99、“饱和度”为5，分离高光区域的色调，如图13-11所示。

10 在“阴影”选项区中设置“色相”为353、“饱和度”为2，分离阴影区域的色调，如图13-12所示。

图 13-11 分离高光区域的色调

图 13-12 分离阴影区域的色调

11 展开“细节”面板，单击“锐化”后面的倒三角按钮，将放大显示窗口展示出来，如图13-13所示。

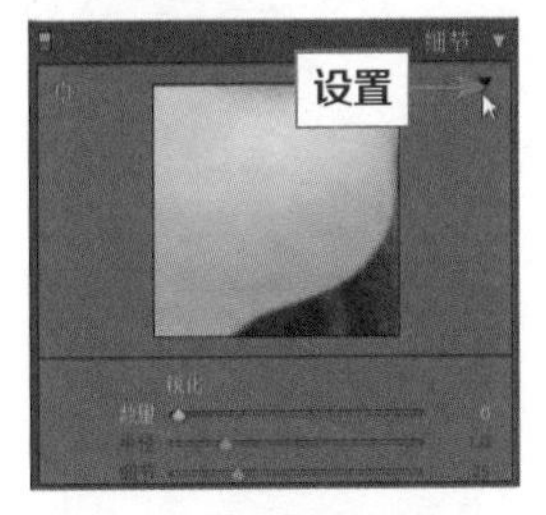

图 13-13 展开放大显示窗口

12 在“锐化”选项区中设置“数量”为12、“半径”为1.3、“细节”为25、“蒙版”为56，对照片进行锐化处理，如图13-14所示。

图 13-14 对照片进行锐化处理

13 在“噪点消除”选项区中设置“明亮度”为20、“细节”为18、“对比度”为0、“颜色”为20、“细节”为50，对照片进行降噪处理，如图13-15所示。

图 13-15 对照片进行降噪处理

14 放大照片，可以看到人物照片中的细节更加清晰，如图13-16所示。

图 13-16 放大照片效果

15 为了让照片呈现出高调的效果，还需要将照片四周的影调调亮。❶展开“镜头校正”面板；❷在“手动”选项卡的“暗角”选项区中设置“数量”为100、“中点”为59，如图13-17所示。

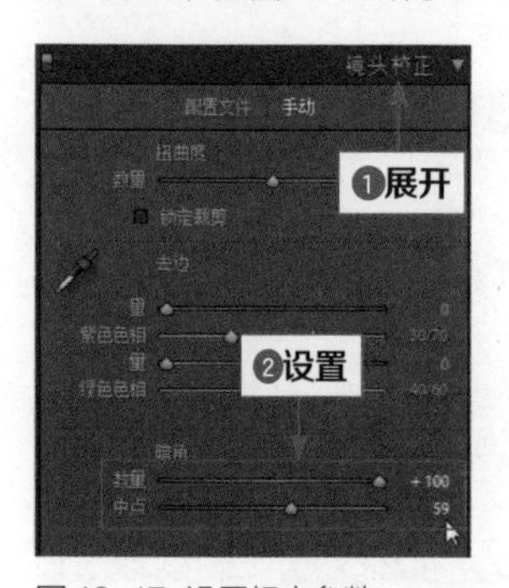

图 13-17 设置相应参数

16 执行操作后，可以看到照片中画面的四周变亮了，效果如图13-18所示。

图 13-18 图像效果

13.1.2 运用Lightroom，添加照片水印

运用Lightroom也可以为照片添加相应的水印，使照片更有特色。下面介绍运用Lightroom，添加照片水印的方法。

素材位置	上一个实例效果图
效果位置	效果 > 第 13 章 >13.1.2.jpg
视频位置	视频 > 第 13 章 >13.1.2　运用 Lightroom，添加照片水印 .mp4

01 单击“文件”|“导出”命令，弹出“导出一个文件”对话框，如图13-19所示。

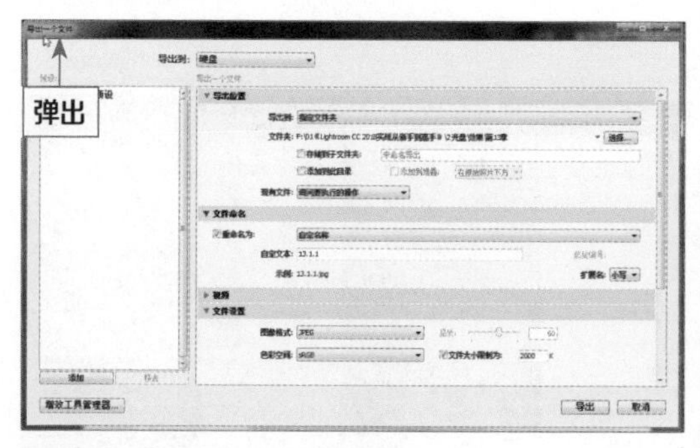

图 13-19 “导出一个文件”对话框

02 展开“添加水印”选项区，❶选中“水印”复选框；❷在其后的下拉列表框中选择“编辑水印”选项，如图13-20所示。

03 执行上述操作后，弹出“水印编辑器”对话框，在“水印样式”选项区中选中“文本”单选按钮，如图13-21所示。

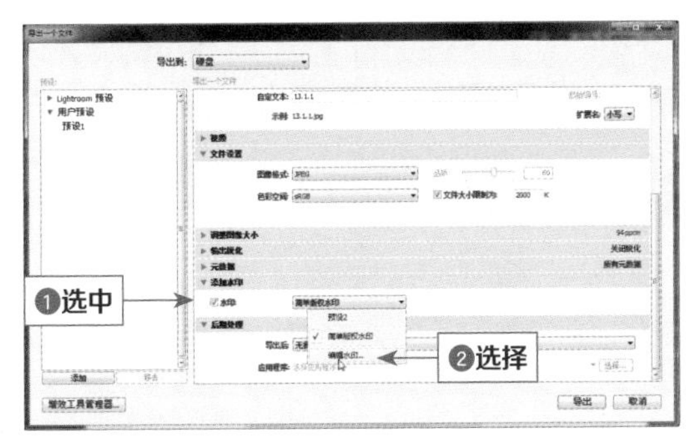

图 13-20 选择“编辑水印”选项

图 13-21 选中“文本”单选按钮

04 ❶在图像预览区域下方输入“甜美清新的人像写真”；❷设置“字体”为“微软雅黑”“样式”为“粗体”，如图13-22所示。

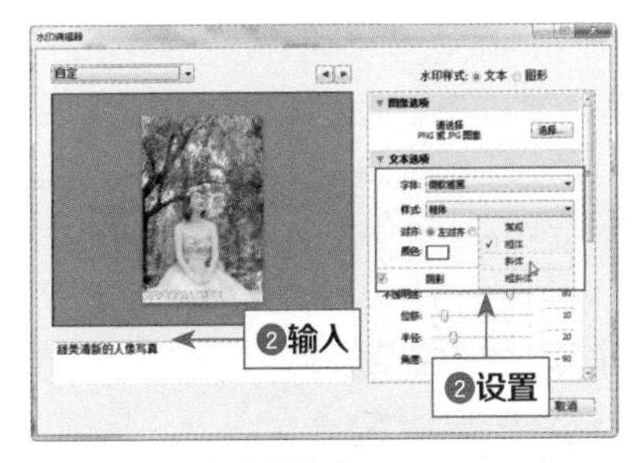

图 13-22 设置字体格式

05 ❶选中“阴影”复选框；❷设置“不透明度”为86、“位移”为15、“半径”为22、“角度”为50，为水印添加阴影效果，如图13-23所示。

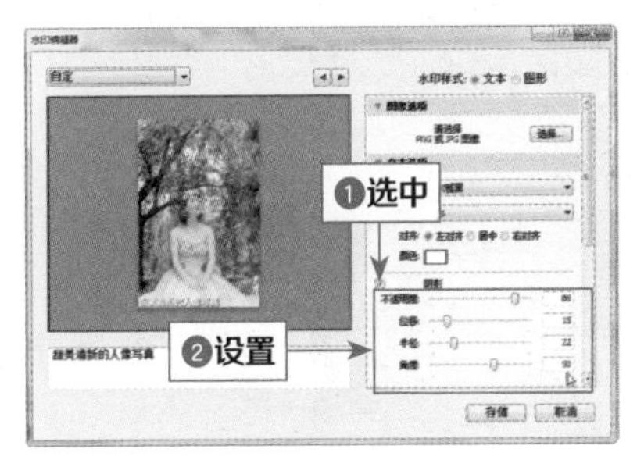

图 13-23 设置相应参数

06 展开“水印效果”选项区，❶设置“不透明度”为80；❷设置“比例”为25；❸设置“垂直”为2，如图13-24所示。

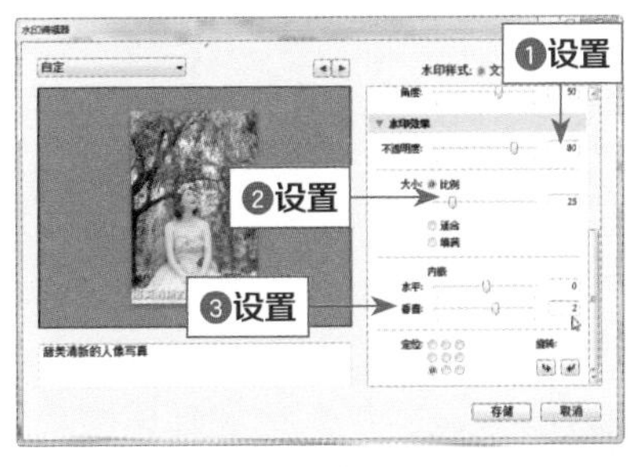

图 13-24 设置相应参数

07 在“定位”选项区中设置相应的定位选项，如图13-25所示。

图 13-25 设置相应的定位选项

08 单击“存储”按钮，❶弹出“新建预设”对话框；❷设置“预设名称”为“人像1”，如图13-26所示。

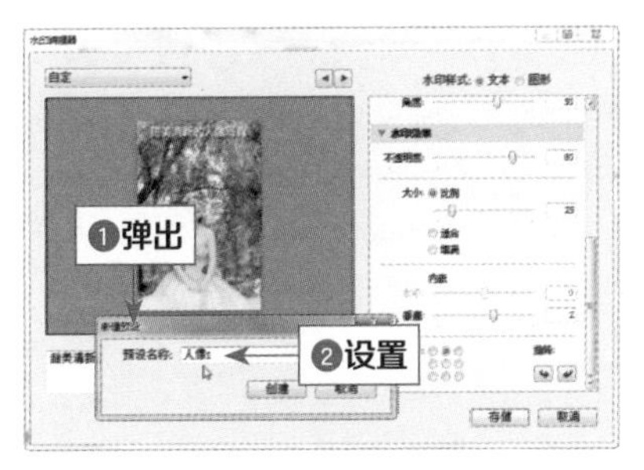

图 13-26 设置“预设名称”

09 单击“创建”按钮，返回“导出一个文件”对话框，在“水印”下拉列表框中可以看到新建的“人像1”预设文件，如图13-27所示。

10 在“导出一个文件夹”对话框中设置相应的名称与保存路径，单击“导出”按钮，即可为输出照片添加水印，效果如图13-28所示。

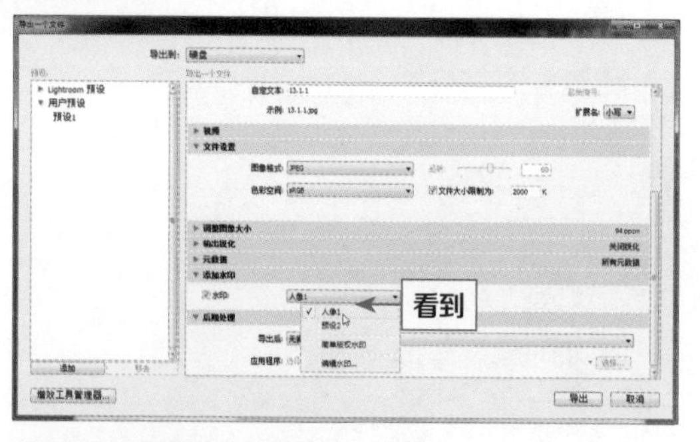

图 13-27 新建的“人像 1”预设文件

图 13-28 为输出照片添加水印

专家指点

借助导出预设，可以加快导出供常规用途使用的照片的速度。例如，用户可以使用 Lightroom 预设导出适用于以电子邮件形式发送给客户或好友的JPEG格式的文件。Lightroom 提供了以下内置导出预设。

- 刻录全尺寸：将照片导出为被转换且标记为sRGB的JPEG，具有最高品质、无缩放且分辨率为每英寸240像素的特点。默认情况下，该预设将导出的文件存储到在“导出”对话框顶部指定的“CD/DVD上的文件”目标位置（位于名为 Lightroom Burned Exports 的子文件夹中）。
- 导出为DNG：以DNG文件格式导出照片。默认情况下，该预设没有指定任何后期处理动作，因此用户可以在单击“导出”按钮之后再选择目标文件夹。
- 用于电子邮件：打开一封邮件，以便用户使用电子邮件将照片发送给他人。
- 用于电子邮件（硬盘）：将照片作为sRGB的 JPEG文件导出到硬盘。所导出照片的最大尺寸为640像素（宽度或高度），中等品质，分辨率为每英寸72像素。导出完成后，Lightroom会在“资源管理器”窗口中显示照片。单击“导出”按钮之后，选择目标文件夹即可。

13.2 《夏日倾情》：打造清新人像写真

【作品名称】：《夏日倾情》

【作品欣赏】：这张展现的是迷人、清新的人像写真照，女子姣好的面容上展现着一抹笑意，头上戴着花环，手捧着鲜花，身处于树林中，仿佛与林中景色融为了一体，呈现出美好、清新的一面。本实例效果如图13-29所示。

图 13-29 效果

【作品解说】：拍摄这张照片的时候，正值夏季，树木苍翠，大自然展现出浓烈的生机，每个女孩都有一颗美丽的心，愿意在大自然中释放自己最纯净、最朴实的美，与大自然的气息融为一起，静静地享受眼下美好的一切。

【前期拍摄】：拍摄这张照片时，运用了前景构图法，将人物头顶垂下的树枝作为前景，使画面显得更加饱满、不单调，也可以突出一种美好的氛围。由于拍摄光线问题造成画面颜色不够鲜艳，可以对照片进行后期处理，如图13-30所示。

图 13-30 前景构图法

【主要构图】：前景构图法。

【色彩指导】：皮肤的效果会影响照片中人物的整体感觉和气氛，尤其是女性人群。利用Lightroom中的调整画笔工具可以轻松将人物照片中的皮肤部分创建为编辑区域，通过降低编辑区域的清晰度和锐化程度来对人物进行磨皮处理，并可以通过提高曝光度来提亮肤色，制作出细腻滑嫩的肌肤效果。在本实例中，人物的皮肤看上去暗淡无光，可以通过画笔工具使人物的脸部皮肤变得更加靓丽、光滑。

【后期处理】：本实例主要运用Lightroom软件进行处理。

13.2.1 修复污点，展现无瑕画面效果

照片中的人物肌肤没有达到理想的效果，而且人物衣服上有明显的污点，我们可以通过污点修复工具进行污点修复，然后利用磨皮提亮人物的肌肤色彩，使人物变得更加完美。下面介绍修复污点，展现无瑕画面效果的方法。

素材位置	素材 > 第 13 章 >13.2.1.jpg
效果位置	效果 > 第 13 章 >13.2.1.jpg
视频位置	视频 > 第 13 章 >13.2.1　修复污点，展现无瑕画面效果 .mp4

01 在Lightroom中导入一张照片素材，切换至“修改照片”模块，如图13-31所示。

图 13-31 导入一张照片素材

02 ❶在工具栏上选取调整画笔工具；❷选中照片显示区域下方的“显示选定的蒙版叠加”复选框；❸在右侧“调整画笔”选项面板中的“画笔”选项下设置“大小”为6、“羽化”为50，在人物的皮肤区域进行涂抹，如图13-32所示。

图 13-32 涂抹相应区域

03 ❶在“调整画笔”面板中设置“曝光度”为0.5、“对比度”为40、“高光”为40；❷设置“锐化程度”为-29、“杂色”为100，如图13-33所示。

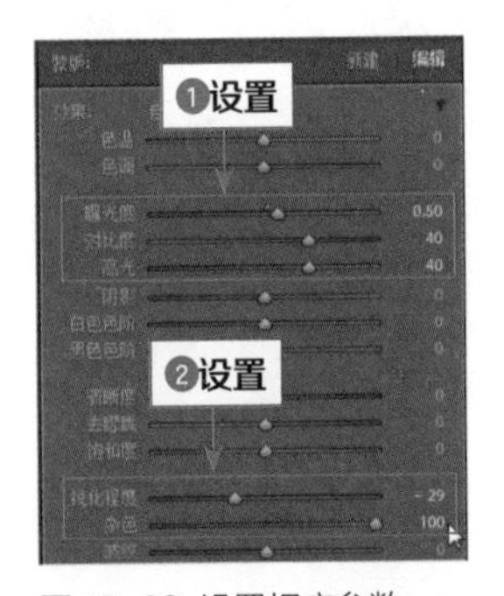

图 13-33 设置相应参数

04 取消选中图像显示区域下方的“显示选定的蒙版叠加”复选框，此时在图像显示区域中将显示调整颜色后的效果，如图13-34所示。

图 13-34 调整颜色后的效果

05 展开“导航器”面板，在右上角选择“填满”缩放级别，即可放大图片，如图13-35所示。

图13-35 放大图片

06 单击“调整画笔”选项面板上的“新建”按钮，选中图像显示区域下方的“显示选定的蒙版叠加”复选框，使用调整画笔工具在人物的眉毛处进行涂抹，并运用“擦除”选项修饰蒙版区域，如图13-36所示。

图13-36 修饰蒙版区域

07 在“调整画笔”选项面板中单击“颜色”右侧的颜色选择框，❶在打开的“选择一种颜色”拾色器中选择需要的颜色；❷设置“饱和度”为70，如图13-37所示，加深人物的眉毛颜色。

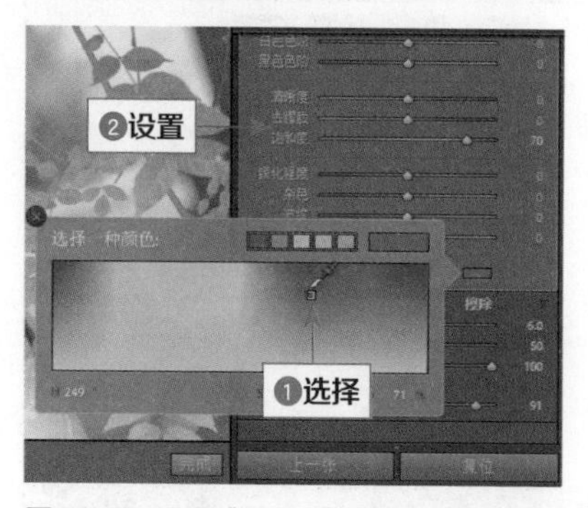

图13-37 设置“饱和度”参数

08 单击“调整画笔”选项面板上的“新建”按钮，❶在“调整画笔”选项面板中设置“饱和度”为100，单击“颜色”右侧的颜色选择框，在打开的“选择一种颜色”拾色器中选择需要的颜色；❷使用调整画笔工具在人物的嘴唇上涂抹，如图13-38所示。

图13-38 涂抹人物嘴唇

09 取消选中图像显示区域下方的“显示选定的蒙版叠加”复选框，单击页面右下角的“完成”按钮，即可为人物添加口红效果，如图13-39所示。

图13-39 为人物添加口红效果

10 ❶在导航器上切换至“适合”页面大小，选取工具栏上的污点去除工具；❷在展开的“污点去除”选项面板中设置“大小”为77、“羽化”为18，如图13-40所示。

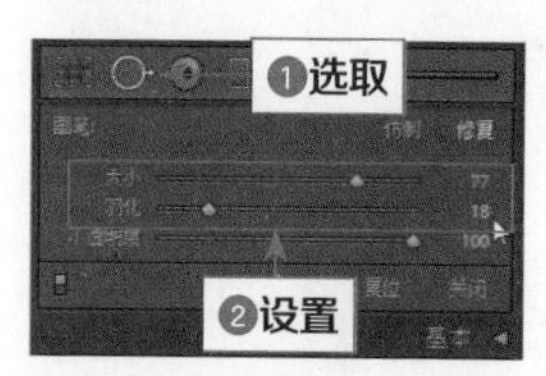

图13-40 设置相应参数

11 在人物衣服的污点上单击，调整修复范围，即可修复瑕疵，如图13-41所示。

图 13-41　修复瑕疵

12 使用与上述相同的方法修复衣服上的其他瑕疵，如图13-42所示。

图 13-42　修复衣服上的其他瑕疵

13 单击右下角的“完成”按钮，保存修改，效果如图13-43所示。

图 13-43　修改效果

13.2.2 精细修饰，达到人物理想效果

为了让被拍摄的人物更加美丽，还要对图像进行下一步处理，针对人物的背景以及各个细节进行修饰，最终达到人物理想效果。下面介绍进行精细修饰，达到人物理想效果的方法。

素材位置	上一个实例效果图
效果位置	效果 > 第 13 章 >13.2.2.jpg
视频位置	视频 > 第 13 章 >13.2.2　精细修饰，达到人物理想效果 .mp4

01 展开“基本”面板，❶设置“对比度”为11；❷设置“白色色阶”为24、“黑色色阶”为-49，调整画面明暗对比，如图13-44所示。

图 13-44　调整画面明暗对比

02 展开“HSL/颜色/黑白”面板，在“色相”选项卡中，❶设置“绿色”为25；❷设置“洋红”为28，使画面变得更加柔和，如图13-45所示。

图 13-45　使画面变得更加柔和

03 切换至“饱和度”选项卡，❶设置“绿色”为73；❷设置“洋红”为59，使画面色彩更加浓郁，如图13-46所示。

04 切换至“明亮度”选项卡，❶设置“绿色”为50；❷设置“蓝色”为21，使画面色彩更加明亮，如图13-47所示。

图 13-46 使画面色彩更加浓郁

图 13-47 使画面色彩更加明亮

05 展开“细节”面板，在“锐化”选项区中设置“数量”为84、“半径”为2.0，使画面细节更加清晰，如图13-48所示。

图 13-48 使画面的细节更加清晰

06 展开“效果”面板，在“裁剪后暗角”选项区中设置“数量”为42、“中点”为40，如图13-49所示。

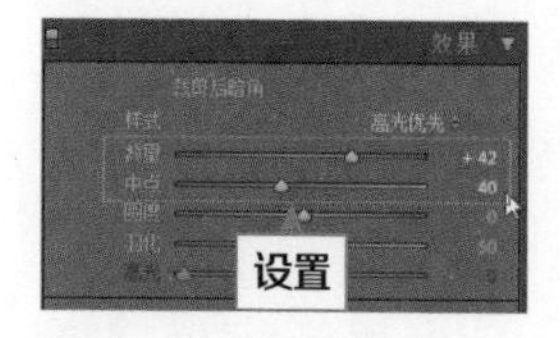

图 13-49 设置相应参数

07 执行上述操作后，即可使画面中的人物更加突出，效果如图13-50所示。

图 13-50 使画面中的人物更加突出

13.3 《美丽俏佳人》：展现田园风格人像写真

【作品名称】：《美丽俏佳人》

【作品欣赏】：这张展现的是一幅清新的美人图，照片中女子单手叉腰，一只手放在镜框边上，姣好的面容上展现着灿烂的笑容，让人挪不开眼。将人物背后的绿色作为背景，给人一种清新脱俗的感觉。本实例效果如图13-51所示。

图 13-51 效果

【作品解说】：每一位女性都有着自己独特的魅力，戴上一幅黑框近视眼镜，往往会使人看上去没有精神，但是在这张照片中恰恰相反，眼镜反而成了这幅画面的点睛之笔，使女子的形象更加可爱，整个人更婀娜多姿。

【前期拍摄】：拍摄人像照片，构图对于画面质量来说有着至关重要的作用，拍摄这张照片时，运用了斜线构图法与虚实对比构图法，将画面中的人物整体安排在一条斜线上，这样可以使人物主体在画面中形成最长的线条表现，让人物的身材显得更为高挑，然后将人物周围的背景虚化，保持画面主体清晰，将人的视线吸引至画面主体，重点突出人物的美丽。不过由于天气不好，拍摄出来的人物脸色显得特别暗淡，不过可以通过后期进行处理，让画面显得更有感觉，如图13-52所示。

图 13-52　斜线构图法、虚实对比构图法

【主要构图】：斜线构图法、虚实对比构图法。

【色彩指导】：对于拍摄女性写真，很好地突出女性的身材曲线与光滑的皮肤是重点，皮肤状态会直接影响整张照片给人的感觉，本实例中的人物皮肤显得过于暗淡，显得整个人毫不起眼，没有吸引人的感觉，此时可以通过Lightroom将画面中人物的皮肤进行改善，最后在照片中添加暗角，突出人物主体。

【后期处理】：本实例主要运用Lightroom软件进行处理。

13.3.1 修饰肌肤，提高人物皮肤亮度

在室外进行人像拍摄时对天气的要求是比较高的，天气会直接影响拍摄出来的人物形象，如皮肤状态，在天气不好的时候进行拍摄，拍摄出来的照片会显得人物皮肤暗淡无光彩。

下面介绍修复肌肤，提高人物皮肤亮度的方法。

素材位置	素材 > 第 13 章 >13.3.1.jpg
效果位置	效果 > 第 13 章 >13.3.1.jpg
视频位置	视频 > 第 13 章 >13.3.1　修饰肌肤，提高人物皮肤亮度 .mp4

01 在Lightroom中导入一张照片素材，切换至“修改照片”模块，如图13-53所示。

图 13-53　导入一张照片素材

02 ❶在工具栏上选取调整画笔工具；❷选中照片显示区域下方的“显示选定的蒙版叠加”复选框，如图13-54所示。

图 13-54　选中相应复选框

03 在右侧“调整画笔”选项面板中的“画笔”选项下，设置“大小”为4、“羽化”为100，在图像中的皮肤区域进行涂抹，如图13-55所示。

图 13-55　涂抹人物皮肤

04 ❶在“画笔”选项下选择“擦除”选项；❷设置“大小”为2、“羽化”为100，擦除相应的蒙版区域，如图13-56所示。

图 13-56 擦除相应的蒙版区域

05 ❶在“调整画笔”选项面板中设置“曝光度”为0.5、“对比度”为44、“高光”为8、“阴影”为14；❷设置“清晰度”为13，如图13-57所示，改善人物皮肤状态。

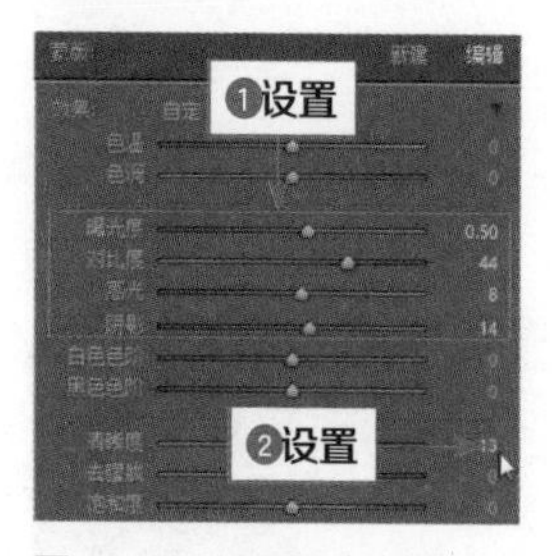

图 13-57 设置相应参数

06 取消选中图像显示区域下方的“显示选定的蒙版叠加”复选框，在图像显示区域中将显示调整颜色后的效果，如图13-58所示。

图 13-58 调整颜色后的效果

07 单击“调整画笔”选项面板上的“新建”按钮，选中图像显示区域下方的“显示选定的蒙版叠加”复选框，调整画笔大小，然后使用调整画笔工具在人物脸颊两侧涂抹，并运用“擦除”选项修饰蒙版区域，如图13-59所示。

图 13-59 饰蒙版区域

08 ❶在“调整画笔”选项面板中单击“颜色”右侧的颜色选择框；❷在打开的“选择一种颜色”拾色器中选择需要的颜色；❸设置“饱和度”为36，如图13-60所示，为人物添加粉红的腮红效果。

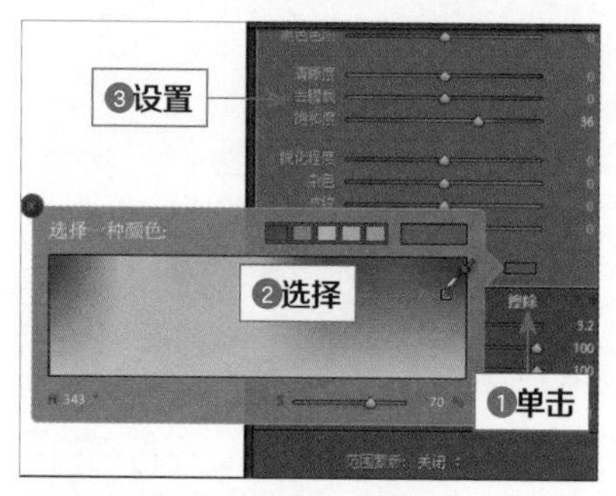

图 13-60 设置“饱和度”参数

09 取消选中图像显示区域下方的“显示选定的蒙版叠加”复选框，单击页面右下角的“完成”按钮，即可为人物添加粉红的腮红效果，如图13-61所示。

图 13-61 为人物添加腮红效果

13.3.2 运用Lightroom，调出个性色调

不同摄影师对于摄影有着不一样的理解与看法，所以拍摄出来的照片，经过后期处理后的感觉也是不一样的。下面介绍运用Lightroom，调出个性色调的方法。

素材位置	上一个实例效果图
效果位置	效果 > 第 13 章 >13.3.2.jpg
视频位置	视频 > 第 13 章 >13.3.2　运用 Lightroom，调出个性色调 .mp4

01 展开“基本”面板，设置“曝光度”为0.63、“对比度”为13、“高光”为-24、“白色色阶”为-23，调整画面的影调，如图13-62所示。

图 13-62 调整画面的影调

02 在“偏好”选项区中设置“鲜艳度”为28、“饱和度”为10，调整画面的鲜艳度，使画面看上去更加鲜艳，如图13-63所示。

图 13-63 调整画面的鲜艳度

03 展开“HSL/颜色/黑白”面板，在“色相”选项卡中设置“黄色”为3、“绿色”为45，调整画面局部色相，加深画面局部的色调，如图13-64所示。

04 切换至“饱和度”选项卡，设置“橙色”为-35、“黄色”为-20与“绿色”为12，调整画面局部色调的饱和度，如图13-65所示。

05 切换至“明亮度”选项卡，设置“红色”为-59、“橙色”为19与“绿色”为12，调整画面局部色调的明亮度，如图13-66所示。

图 13-64 调整画面局部色相

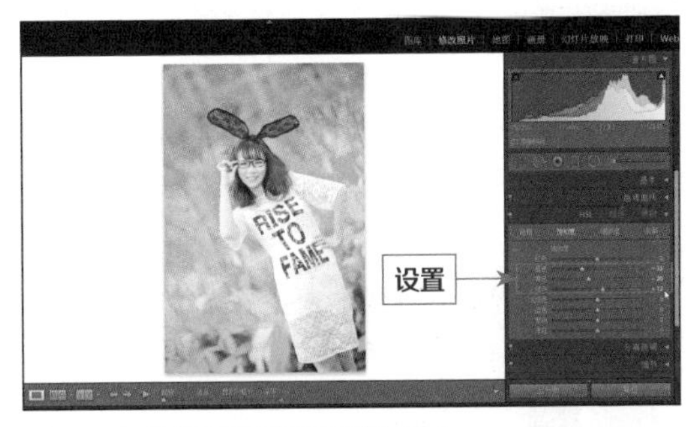

图 13-65 调整画面局部色调的饱和度

图 13-66 调整画面局部色调的明亮度

06 展开“分离色调”面板，在阴影选项区中设置“色相”为124与“饱和度”为4，调整分离色调的阴影色调，如图13-67所示。

图 13-67 调整分离色调的阴影色调

07 展开“细节”面板，在“锐化”选项区中设置“数量”为99与“半径”为1.5，锐化照片细节，如图13-68所示。

图 13-68 锐化照片细节

08 ❶展开“色调曲线”面板，切换至点曲线视图；❷为曲线添加两个锚点；调整曲线形态，如图13-69所示。

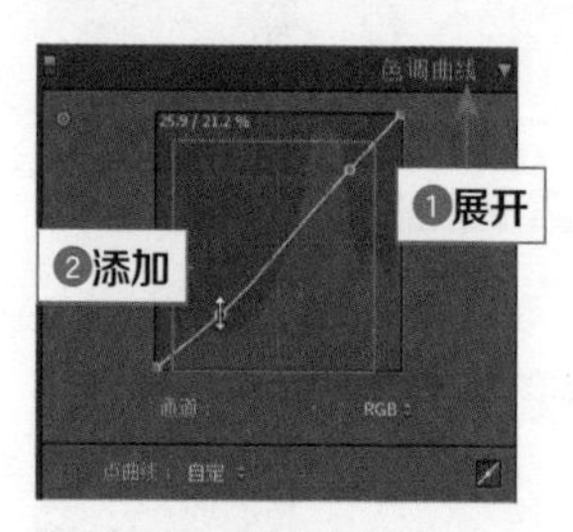

图 13-69 调整曲线形态

09 执行上述操作后，即可使画面的对比度更加和谐，如图13-70所示。

图 13-70 使画面的对比度更加和谐

10 展开“效果”面板，在“裁剪后暗角”选项区中设置“数量”为-27与“中点”为50，如图13-71所示。

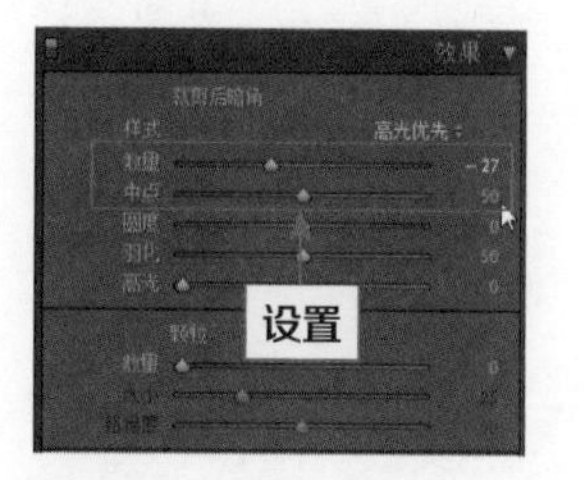

图 13-71 设置相应参数

11 执行上述操作后，即可为照片添加暗角效果，使画面看上去更有个性，效果如图13-72所示。

图 13-72 为照片添加暗角效果

第14章

建筑夜景：五光十色的夜下景色

夜晚也许在很多人眼里是暗淡无光的，但是在摄影师眼中，夜景却是必不可少的拍摄主题。想要让拍摄出来的夜景照片，变得更完美，除了在拍摄过程中调整好曝光度与灵活运用一些拍摄技巧外，还需要通过后期改善照片的不足之处，让拍摄的每一张夜景照片都成为独特的存在。

课堂学习目标

- 《灯火璀璨》：打造夜间美丽景色
- 《都市夜景》：展现宁静城市夜景
- 《华灯初上》：呈现黑金风格夜景

扫码观看本章实战操作视频

14.1 《灯火璀璨》：打造夜间美丽景色

【作品名称】：《灯火璀璨》

【作品欣赏】：这张照片展现的是夜间车流的动感效果，即使在晚上，城市道路上依旧还有不少的车辆来来往往，路灯与车辆的灯光相得益彰，构成了一幅精美的画面，整幅画面绚丽多彩，美不胜收。本实例效果如图14-1所示。

图 14-1 效果

【作品解说】：拍摄这张照片的时候天色已晚，路灯也打开了，在路灯的映照下，整个道路散发着明亮的光芒，照亮了周围的一片区域，路上来往的车辆更是为这个画面增添了不一样的色彩。

【前期拍摄】：拍摄这个画面时，运用了斜线构图法，利用道路形成一条斜线，道路上灯光四溢的路灯与车灯成为这个画面的视觉中心，整幅画面给人一种静谧的感觉，同时斜线向前延伸也加强了画面的透视效果，而且斜线的不稳定性可以使画面充满新意，给人独特的视觉效果，如图14-2所示。

图 14-2 斜线构图法

【主要构图】：斜线构图法。

【色彩指导】：川流不息的车辆和璀璨的灯光给寂静的夜晚增添了色彩。为了让车流光轨（夜间车子行驶中的光影轨迹）更加亮丽，在后期处理中通过“基本”“HSL/颜色/黑白”“分离色调”等面板来调整照片整体的色彩，使照片整体的色彩更加丰富，再通过“细节”面板减少照片中的杂色，打造出绚丽多彩的车流光轨。

【后期处理】：本实例主要运用Lightroom软件进行处理。

14.1.1 调整色调，展现炫彩车流画面

夜间城市的街道上，有许多川流不息的车辆，使寂静又繁华的都市变得生机勃勃。下面介绍调整色调，展现炫彩车流画面的方法。

素材位置	素材 > 第 14 章 >14.1.1.jpg
效果位置	效果 > 第 14 章 >14.1.1.jpg
视频位置	视频 > 第 14 章 >14.1.1　调整色调，展现炫彩车流画面 .mp4

01 在Lightroom中导入一张照片素材，切换至“修改照片”模块，如图14-3所示。

图 14-3 导入一张照片素材

02 展开“基本”面板，设置“色温”为-42、“色调”为-10，调整照片白平衡，如图14-4所示。

图 14-4 调整照片白平衡

03 设置“曝光度”为0.25、“对比度”为11、“高光”为5、“阴影”为-11、“白色色阶”为16、“黑色色阶”为21，调整照片影调，如图14-5所示。

图 14-5 调整照片影调

04 在“偏好”选项区中设置“清晰度”为23、“鲜艳度”为60，加强照片色彩，如图14-6所示。

图 14-6 加强照片色彩

05 对夜景照片进行细致的修正。展开“色调曲线”面板，设置“高光”为-13、“亮色调”为11、“暗色调”为-2、“阴影”为-9，调整曲线形态，如图14-7所示。

图 14-7 调整曲线形态

06 展开“HSL/颜色/黑白”面板，在HSL的“色相”选项卡中，❶设置“红色”为-52、“橙色”为-11、“黄色”为-12；❷设置“紫色”为18，调整照片局部色相，如图14-8所示。

图 14-8 调整照片局部色相

07 在HSL的“饱和度”选项卡中设置“红色”为100、“橙色”为100、“黄色”为100，调整照片局部颜色的饱和度，如图14-9所示。

图 14-9 调整照片局部颜色的饱和度

08 在HSL的“明亮度”选项卡中设置“红色”为-26、“橙色”为-15、“黄色”为-5，调整照片局部颜色的明亮度，如图14-10所示。

图 14-10 调整照片局部颜色的明亮度

09 展开“分离色调”面板，在“高光”选项区中设置“色相”为43、“饱和度”为71，分离高光区域的色调，如图14-11所示。

图 14-11 分离高光区域的色调

10 在“阴影”选项区中设置“色相”为43、“饱和度”为60，分离阴影区域的色调，如图14-12所示。

图 14-12 分离阴影区域的色调

11 ❶展开“细节”面板；❷单击“锐化”后面的倒三角按钮，将放大显示窗口展开，如图14-13所示。

12 在“锐化”选项区中设置“数量”为110、“半径”为2.0、“细节”为39、“蒙版”为36，对照片进行锐化处理，如图14-14所示。

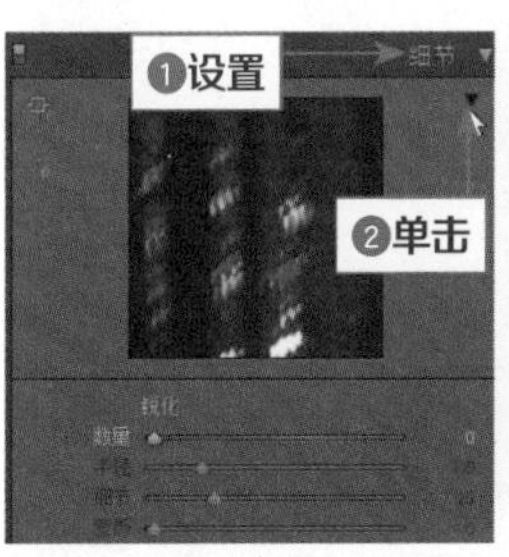

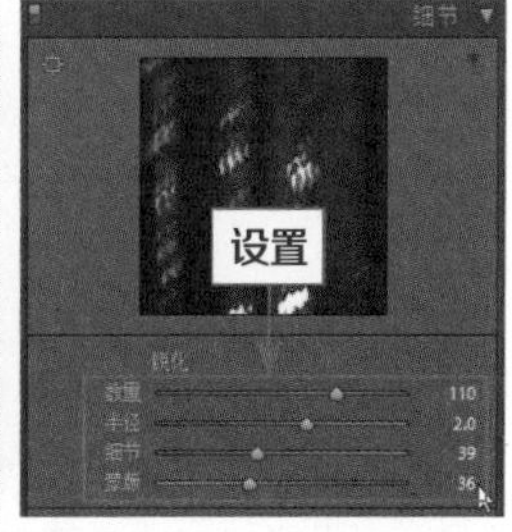

图 14-13 展开放大显示窗口　图 14-14 对照片进行锐化处理

13 在“噪点消除”选项区中设置“明亮度”为17、“细节”为50、“对比度”为19、“颜色”为18、“细节”为50，对照片进行降噪处理，如图14-15所示。

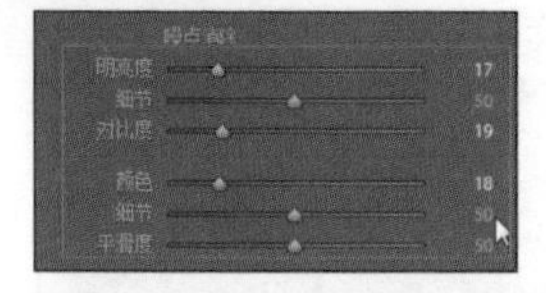

图 14-15 对照片进行降噪处理

14 放大照片后，可以看到照片中的细节更加清晰，效果如图14-16所示。

图 14-16 图像效果

14.1.2 完成作品，制作夜景幻灯片

摄影圈是一个很庞大的圈子，为了能将自己制作好的作品让更多的人知道，与更多的人进行交流、学习，可以将作品制作成幻灯片，导出PDF格式后上传至网络。下面介绍完成作品，制作夜景幻灯片的方法。

素材位置	上一个实例效果图
效果位置	效果 > 第 14 章 >14.1.2.pdf
视频位置	视频 > 第 14 章 >14.1.2　完成作品，制作夜景幻灯片 .mp4

01 ❶切换至“幻灯片放映”模块；❷展开“模板浏览器”面板，选择“Lightroom模板”|“Exif元数据”选项，将其作为幻灯片放映模板，如图14-17所示。

图 14-17 设置幻灯片放映模板

02 展开右侧的“选项”面板，选中“缩放以填充整个框”复选框和“绘制边框”复选框，如图14-18所示。

03 在“选项”面板中，❶单击“绘制边框”复选框右侧的颜色选择框；❷在打开的颜色拾取器中选择相应的颜色，设置边框颜色，如图14-19所示。

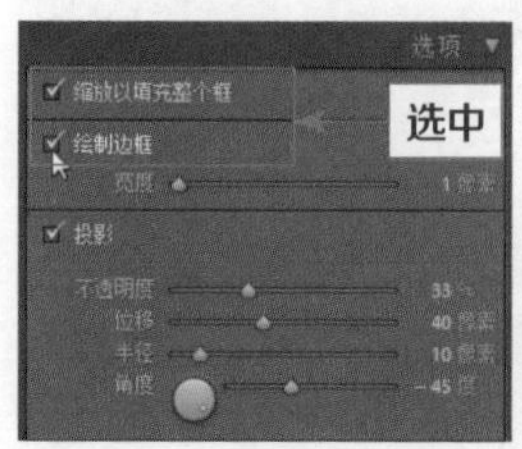

图 14-18 选中相应复选框　图 14-19 设置边框颜色

04 设置“宽度”为10像素，即可为幻灯片添加边框效果，如图14-20所示。

图 14-20 为幻灯片添加边框效果

05 ❶展开“布局”面板；❷设置“长宽比预览”为“屏幕”，如图14-21所示，设置屏幕预览效果。

06 展开右侧的“叠加”面板，❶单击“身份标识”右下角的倒三角按钮；❷在弹出的列表框中选择“编辑”选项，如图14-22所示。

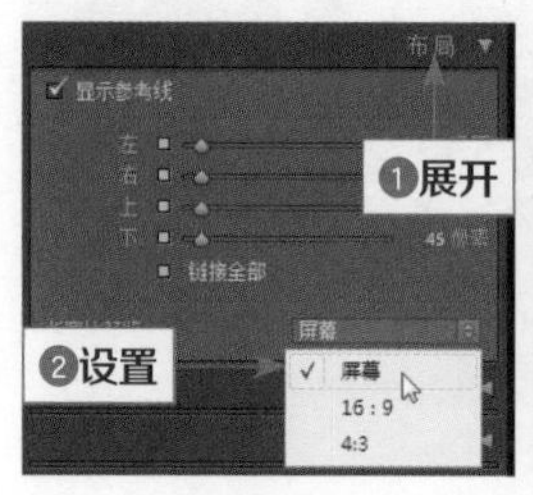

图 14-21 设置相应选项　图 14-22 选择“编辑”选项

07 弹出“身份标识编辑器”对话框，❶在文本框中输入文字“夜景如画”；❷单击“确定”按钮，如图14-23所示。

图 14-23 单击“确定”按钮

08 返回“叠加”面板，设置“比例”为10%，即可设置身份标识，如图14-24所示。

图 14-24 设置身份标识

09 展开“背景”面板，选中“渐变色”复选框，如图14-25所示。

图 14-25 选中“渐变色”复选框

10 ❶单击“背景色”复选框右侧的色块；❷在弹出的“背景色”颜色拾取器中选择相应的颜色，如图14-26所示，设置相应的“背景色”选项。

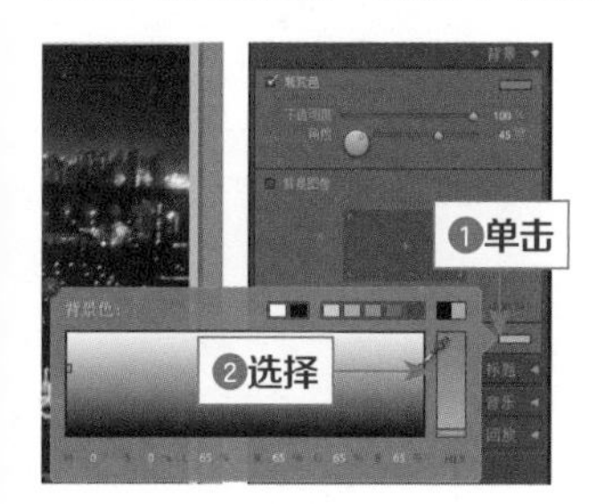

图 14-26 选择相应的颜色

11 执行操作后，即可设置幻灯片的背景色，效果如图14-27所示。

12 单击左下角的“导出为PDF”按钮，如图14-28所示。

图 14-27 设置幻灯片的背景色

图 14-28 单击“导出为 PDF”按钮

13 执行操作后，弹出“将幻灯片放映导出为PDF格式”对话框，设置相应的保存位置和文件名，并设置“品质”为100，如图14-29所示。

图 14-29 设置相应参数

14 单击“保存”按钮，Lightroom软件将自动对照片进行导出操作，在导出的过程中，Lightroom软件的左上角将显示导出文件的进度，如图14-30所示。

图 14-30 导出文件进度显示

15 完成导出后，打开文件的存储路径，在其中可以看到导出的文件以PDF的格式进行了存储，使用鼠标左键双击该PDF文件可以打开，效果如图14-31所示。

图 14-31 打开 PDF 文件

14.2 《都市夜景》：展现宁静城市夜景

【作品名称】：《都市夜景》

【作品欣赏】：这张照片展现的是繁华的城市夜景面貌，黑夜降临，高低起伏的城市建筑依次亮起了灯光，黑夜中各种灯光的交换，映照着天空，给人一种神秘的感觉。本实例效果如图14-32所示。

图 14-32 效果

【作品解说】：拍摄这张照片的时候，天空已被各种五颜六色的灯光所渲染，黑夜中暗淡无光的河水此时就像是披上了五彩衣裳，呈现着不一样的色彩，即使是夜晚，城市依旧繁华，而且增添了一丝神秘的气息。

【前期拍摄】：拍摄这个画面时，运用了反C形曲线构图法，将湖的轮廓形成的反C形曲线完美地呈现出来，使人的视线不自觉地被牵引，具有引导作用。各种各样的灯光使夜晚的城市就像银河一般耀眼。不过由于拍摄的景色范围过大，导致画面稍显暗淡，后期还需要进行处理，使景色更加亮丽，如图14-33所示。

图 14-33 反 C 形曲线构图法

【主要构图】：反C形曲线构图法。

【色彩指导】：这张照片在拍摄时，因为城市的光线太强造成湖面偏灰，且画面对比不够强烈。在后期可以通过“基本”面板加强图像的对比度，运用“HSL/颜色/黑白”面板给图像增色，校正图像偏色现象，并将湖面亮度调低，突出城市的灯光。在“手机摄影构图大全”微信公众号中，有详细的夜景拍摄技巧，读者可以关注，借鉴参考。

【后期处理】：本实例主要运用Lightroom软件进行处理。

14.2.1 导入照片，对图像进行调整

在对夜景照片进行处理时，首先要把照片导入Lightroom，然后通过“基本”“色调曲线”等面板对照片的影调进行调整，使照片变得更加美观。下面介绍导入照片，对图像进行调整的操作方法。

素材位置	素材 > 第 14 章 >14.2.1.jpg
效果位置	效果 > 第 14 章 >14.2.1.jpg
视频位置	视频 > 第 14 章 >14.2.1　导入照片，对图像进行调整 .mp4

01 在Lightroom中导入一张照片素材，切换至“修改照片”模块，如图14-34所示。

图 14-34　导入一张照片素材

02 展开“细节”面板，在“锐化”选项区中设置“数量”为105、“半径”为1.5、“细节”为37，对照片进行锐化处理，如图14-35所示，使照片的细节更加清晰。

图 14-35　对照片进行锐化处理

03 在“噪点消除”选项区中设置“明亮度”为58、“细节”为60、“对比度”为21，对照片进行降噪处理，如图14-36所示，消除照片中的噪点。

图 14-36　对照片进行降噪处理

04 展开“HSL/颜色/黑白”面板，在HSL的“色相”选项卡中，❶设置“红色”为100、“橙色”为100；❷设置“紫色”为19，调整照片局部色相，如图14-37所示。

图 14-37　调整照片局部色相

05 在HSL的“饱和度”选项卡中，❶设置“橙色”为100、“黄色”为100；❷设置“紫色”为67、“洋红”为33，调整照片局部颜色的饱和度，如图14-38所示，使画面的局部色彩更加鲜艳。

图 14-38　调整照片局部颜色的饱和度

06 在HSL的“明亮度”选项卡中，❶设置“橙色”为100、“黄色”为100；❷设置“蓝色”为7、“紫色”为33与“洋红”为21，调整照片局部颜色的明亮度，如图14-39所示，使画面的局部颜色变得更加明亮。

图 14-39　调整照片局部颜色的明亮度

07 展开“基本”面板，❶设置“曝光度”为0.7、“对比度”为20；❷设置“阴影”为-95、“白色色阶”为-91、“黑色色阶”为-9，如图14-40所示，调整照片的影调，使照片看上去更加明暗分明。

图 14-40 调整照片的影调

08 在“偏好”选项区中设置“清晰度”为44、“鲜艳度”为55与“对比度”为24，加强照片色彩，如图14-41所示。

图 14-41 加强照片色彩

09 展开“分离色调”面板，在“高光”选项区中设置“色相”为252、“饱和度”为44，分离高光区域的色调，如图14-42所示，使画面中的高光区域色彩更加艳丽。

图 14-42 分离高光区域的色调

10 在“阴影”选项区中设置“色相”为228、“饱和度”为15，分离阴影区域的色调，如图14-43所示，使画面中的阴影色调变得更加鲜艳。

图 14-43 分离阴影区域的色调

11 ❶展开“色调曲线”面板，切换至点曲线视图；❷为曲线添加两个锚点，调整曲线形态，如图14-44所示。

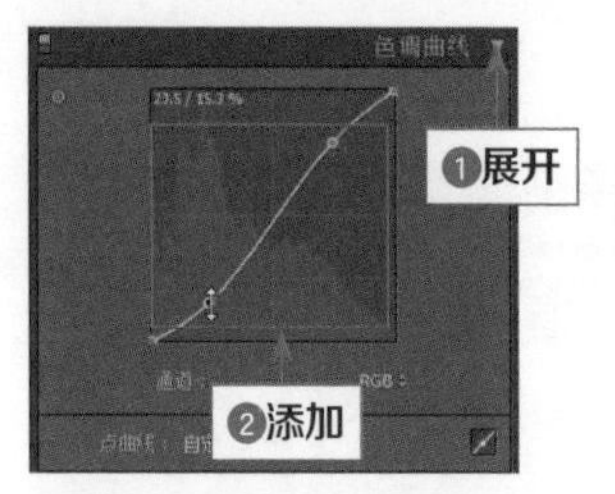

图 14-44 调整曲线形态

12 执行上述操作后，即可使画面的对比度更加和谐，如图14-45所示。

图 14-45 画面的对比度更加和谐

14.2.2 上传照片，合理应用Web模块

为了满足热爱摄影的朋友能直接将处理好的照片进行上传，Lightroom中的Web模块提供了这个功能，用户将处理好的照片在Web模块进行设置，然后上传到网络上。下面介绍上传照片，合理应用Web模块的方法。

素材位置	上一个实例效果图
效果位置	效果 > 第 14 章 >14.2.2
视频位置	视频 > 第 14 章 >14.2.2　上传照片，合理应用 Web 模块 .mp4

01 ❶切换至Web模块；❷展开左侧的“模板浏览器”面板，选择“经典画廊模板”|“午夜”选项，将其作为照片画廊的模板，如图14-46所示。

图 14-46 选择相应选项

02 展开“网站信息”面板，❶设置“网站标题”为“宁静夜景”；❷设置“联系人姓名”为“Peng”；❸设置“收藏夹标题”为“都市夜生活”，如图14-47所示。

03 展开“调色板”面板，❶单击“文本”右侧的色块；❷在弹出的“文本”面板中选择需要的颜色，如图14-48所示。

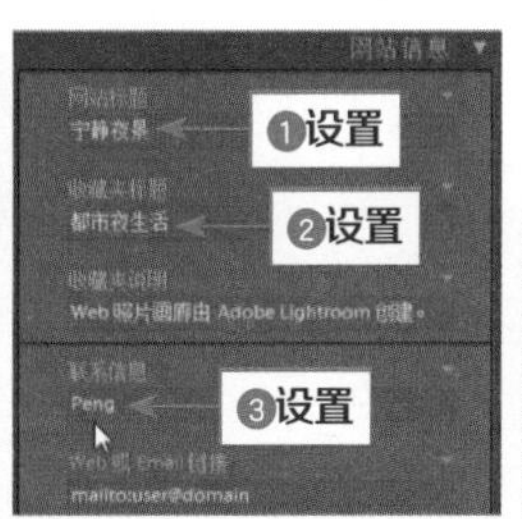

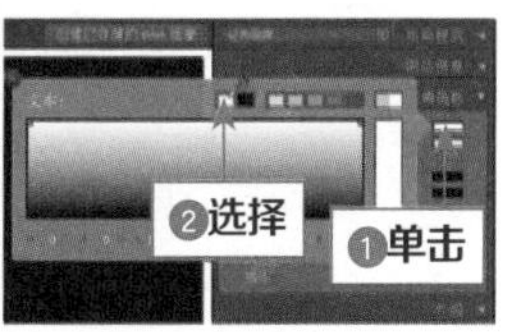

图 14-47 设置相应信息 图 14-48 选择颜色

04 ❶单击“大图文本”右侧的色块；❷在打开的颜色拾取器中选择需要的颜色，如图14-49所示。

05 ❶单击“大图衬底”右侧的色块；❷在弹出的“大图衬底”面板中选择需要的颜色，如图14-50所示。

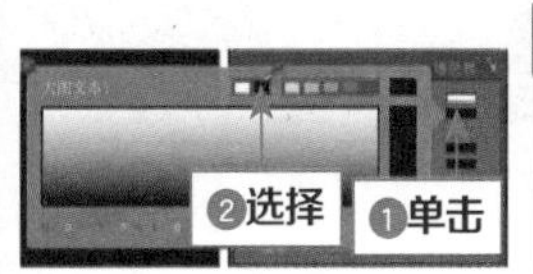

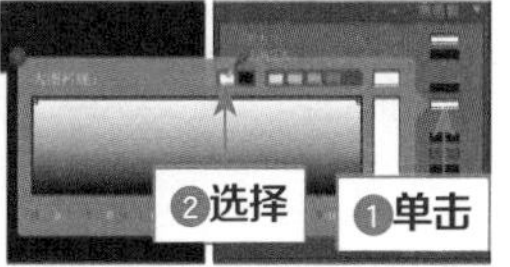

图 14-49 选择颜色 图 14-50 选择颜色

06 执行上述操作后，即可在预览窗口中看到编辑后的效果，如图14-51所示。

图 14-51 图像效果

07 展开“外观”面板，在“图像页面”选项区中设置“大小”为555像素、“宽度”为6像素，如图14-52所示，设置图像页面属性。

08 展开“输出设置”面板，❶选中“添加水印”复选框；❷单击右侧的按钮；❸在弹出的列表框中选择“编辑水印”选项，如图14-53所示。

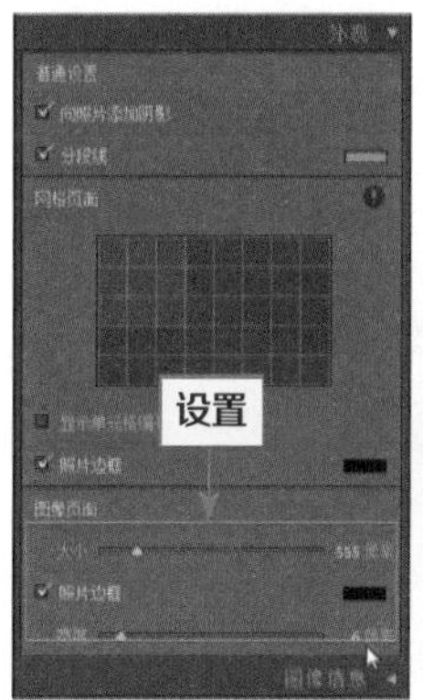

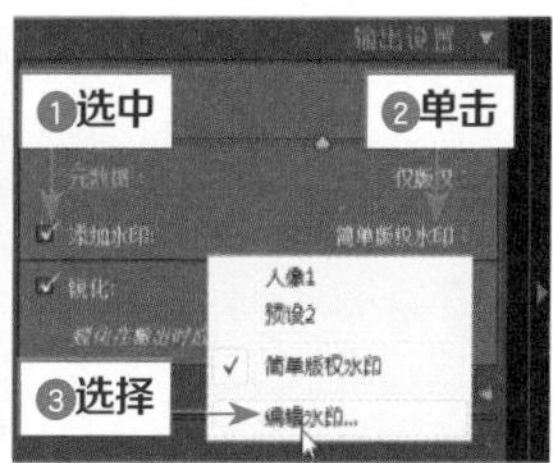

图 14-52 设置相应参数 图 14-53 选择“编辑水印”选项

09 执行上述操作后，弹出“水印编辑器”对话框，❶在“水印样式”选项区中选中“文本”单选按钮；❷在图像预览区域下方输入“万家灯火”，如图14-54所示。

图 14-54 输入相应文字

10 在“文字选项”区中设置“字体”为“微软简行楷”“样式”为“粗体”，如图14-55所示。

图14-55 设置字体格式

11 展开“水印效果”选项区，设置“不透明度”为100、“比例”为24、“水平”和“垂直”均为2，并设置“定位”的相应选项，如图14-56所示。

图14-56 设置“水印效果”相应参数

12 单击“存储”按钮，❶弹出“新建预设”对话框；❷设置“预设名称”为“夜景”，如图14-57所示。

图14-57 设置预设名称

13 单击“创建”按钮，返回软件工作界面，在“水印”列表框中可以看到新建的“夜景”预设文件，单击页面右下角的“导出”按钮，弹出“存储Web画廊”对话框，设置相应的文件名及保存路径，单击“保存”按钮，如图14-58所示。

图14-58 单击“保存”按钮

14 执行上述操作后，即可将Web画廊存储到相应的文件夹中，打开“14.2.2”文件夹，用鼠标左键双击index文件，如图14-59所示。

图14-59 双击index文件

15 执行上述操作后，即可在网页上查看“宁静夜景”照片，效果如图14-60所示。

图14-60 “宁静夜景”照片

14.3 《华灯初上》：呈现黑金风格夜景

【作品名称】：《华灯初上》

【作品欣赏】：这张照片展现的是黑金风格的夜

景，隔着江水看到对面建筑亮起来的灯光，绚烂无比、耀眼夺目，使漆黑的夜晚显得特别明亮，也为这原本单调、无味的夜晚增添了一些乐趣。本实例效果如图14-61所示。

图 14-61 效果

【作品解说】：拍摄这张照片的时候，夜幕刚刚降临，一盏盏漂亮的灯一一开放，灯光映在水中，仿佛水都被染上了这不一样的色彩，真是美丽至极。

【前期拍摄】：拍摄这个场景的时候，运用了水平线构图法，将江边作为一条分割线，分割画面，这样会显得画面非常有层次感。岸上城市的灯光映照在水面上，使江水也变得五光十色，让整个画面显得特别有新鲜感。不过在晚上进行拍摄，光线略有不足，灯光的颜色过于杂乱，使人一眼看上去觉得色彩有点抢景了，没有突出重点，针对这一现象，可以通过后期处理来营造出一个黑金风格的夜景，如图14-62所示。

图 14-62 水平线构图法

【主要构图】：水平线构图法。

【色彩指导】：这张照片在拍摄的时候，夜幕刚刚，城市的霓虹灯依次点亮。河的对面是一片繁华的城市，五颜六色的灯光给人一种视觉上的冲突，但是由于灯光颜色过多导致看上去画面很杂乱，且光线亮度也不够。本实例通过合理运用Lightroom中的“HSL\颜色\黑白”面板将其他颜色的饱和度与亮度降低，增加黄色与橙色的饱和度、亮度，然后通过“基本”面板调整画面的影调，使照片看上去更加和谐，再运用“色调曲线”面板调整画面的明暗对比，最后将照片进行打印输出。

【后期处理】：本实例主要运用Lightroom软件进行处理。

14.3.1 调整色彩，制作黑金风格夜景

人们很喜欢拍摄建筑的夜景照，但五颜六色的灯光可能一眼看上去会让人觉得很惊艳，时间久了会让人觉得很杂乱，最近很流行黑金风格的夜景照片，黑金风格的夜景照从字面上看意思一目了然，就是画面中黑色与金色占主体的照片，但并不是说只有这两种颜色，而是其他的颜色饱和度被降低了，所以被称为黑金风格。黑金色调的照片在一定程度上非常耐看，而且是越看越觉得炫酷。下面介绍调整色彩，制作黑金风格夜景的操作方法。

素材位置	素材 > 第 14 章 >14.3.1.jpg
效果位置	效果 > 第 14 章 >14.3.1.jpg
视频位置	视频 > 第 14 章 >14.3.1　调整色彩，制作黑金风格夜景 .mp4

01 在Lightroom中导入一张照片素材，切换至“修改照片”模块，如图14-63所示。

图 14-63 导入一张照片素材

02 展开“基本”面板，设置“色温”为12、“色调”为14，调整照片白平衡，如图14-64所示。

图 14-64 调整照片白平衡

03 设置“曝光度”为0.58、“对比度”为17、“高光”为-34、“阴影”为34与“白色色阶”为7，调整照片影调，如图14-65所示。

图 14-65 调整照片影调

04 在“偏好”选项区中设置“清晰度”为25、“鲜艳度”为8和“饱和度”为33，加强照片色彩如图14-66所示。

图 14-66 加强照片色彩

05 展开“细节”面板，单击“锐化”后面的倒三角按钮，将放大显示窗口展示出来，在“锐化”选项区中设置“数量”为60、“半径”为1.5、“细节”为30和“蒙版”为35，对照片进行锐化处理，如图14-67所示。

06 在“噪点消除”选项区中设置“明亮度”为17、“细节”为50、“对比度”为19、“颜色”为18和“细节”为50，对照片进行降噪处理，可以看到夜景中的细节更加清晰，如图14-68所示。

图 14-67 对照片进行锐化处理

图 14-68 对照片进行降噪处理

07 展开“色调曲线”面板，设置“高光”为-28、“亮色调”为78、“暗色调”为-3和“阴影”为-61，如图14-69所示，调整色调曲线的形态。

图 14-69 调整色调曲线的形态

08 展开“分离色调”面板，在“高光”选项区中设置“色相”为53、“饱和度”为68，分离高光区域的色调，如图14-70所示。

09 展开“HSL/颜色/黑白”面板，在HSL的“饱和度”选项卡中设置“红色”为-100、“橙色”为13、“黄色”为14、“绿色”为-100、“浅绿色”

为-100、“蓝色”为-100、“紫色”为-100和“洋红”为-100，调整照片局部的饱和度，如图14-71所示。

图 14-70 分离高光区域的色调

图 14-71 调整照片局部的饱和度

10 在HSL的“明亮度”选项卡中，设置 “橙色”为14和“黄色”为16，调整照片局部颜色的明亮度，如图14-72所示。

图 14-72 调整照片局部颜色的明亮度

14.3.2 运用Lightroom，打印输出照片

通常用户将一张照片处理完后，可以通过Lightroom的“打印”模块对照片进行打印，在“打印”模块用户可以设置打印的布局及其他设置。下面介绍运用Lightroom，打印输出照片的操作方法。

素材位置	上一个实例效果图
效果位置	无
视频位置	视频 > 第 14 章 >14.3.2　运用 Lightroom，打印输出照片 .mp4

01 切换至“打印”模块，展开左侧的“模板浏览器”面板，如图14-73所示。

02 在其中选择“Lightroom模板”|“（2）7x5（居中）”选项，如图14-74所示。

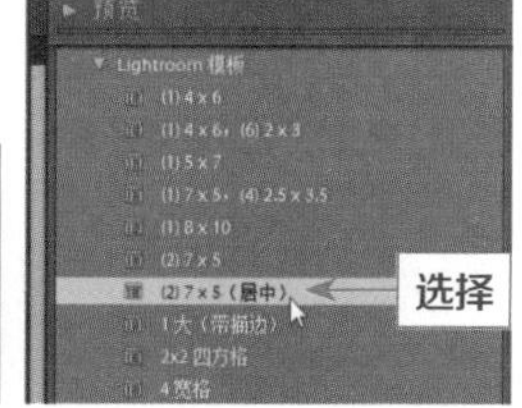

图 14-73 展开 “模板浏览器”面板　图 14-74 选择相应选项

03 执行操作后，即可在预览窗口中看到应用模板后的效果，如图14-75所示。

图 14-75 使用模板后的效果

04 展开右侧的“图像设置”面板，❶选中“缩放以填充”复选框；❷选中“照片边框”复选框；❸设置“宽度”为13磅，如图14-76所示，设置照片边框宽度。

05 在面板中单击“内侧描边”复选框右侧的颜色选择框；在打开的颜色拾取器中选择白色，如图14-77所示。

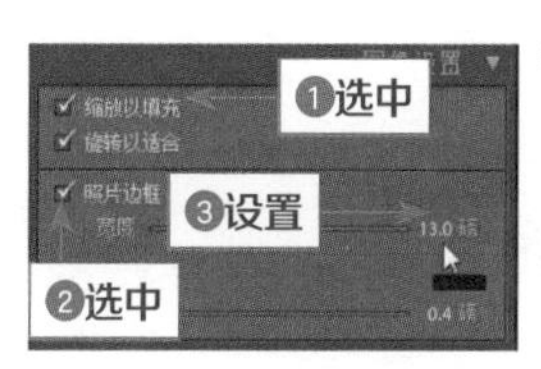

图 14-76 设置相应参数　图 14-77 选择相应颜色

06 执行上述操作后，即可设置照片的边框颜色与宽度，如图14-78所示。

图14-78 设置照片的边框颜色与宽度

07 ❶展开“标尺、网格和参考线”面板；❷取消选中“显示参考线”复选框，如图14-79所示。

08 展开“页面”面板，❶选中“页面背景色”复选框；❷设置“颜色”为“黑色”，如图14-80所示，设置页面背景颜色。

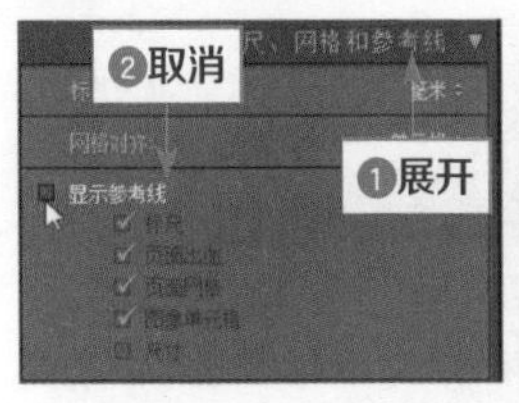

图14-79 取消选中“显示参考线”复选框　图14-80 设置“颜色”为“黑色”

09 ❶选中“身份标识”复选框；❷单击身份标识下文本框右下角的三角形按钮，在弹出的列表框中选择“编辑”选项，如图14-81所示。

10 弹出“身份标识编辑器”对话框，❶在中间的文本框中输入“黑金风格照片”；❷设置“字体”为“微软雅黑”“字号”为24，如图14-82所示，设置字体格式。

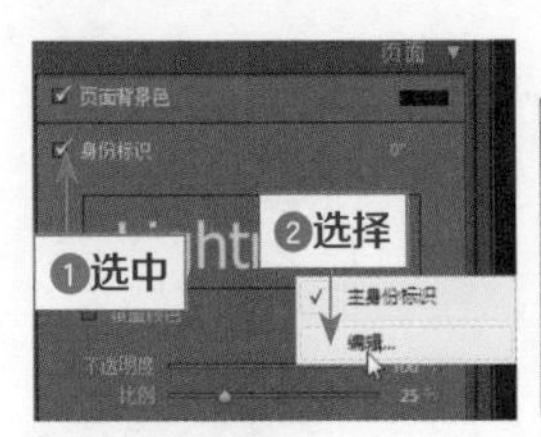

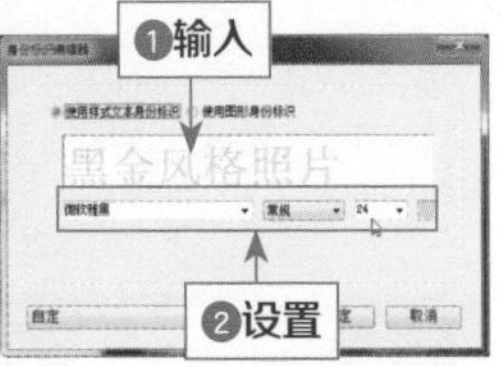

图14-81 选择“编辑”选项　图14-82 设置字体格式

11 单击“确定”按钮，即可在预览编辑窗口中查看编辑后的效果，如图14-83所示。

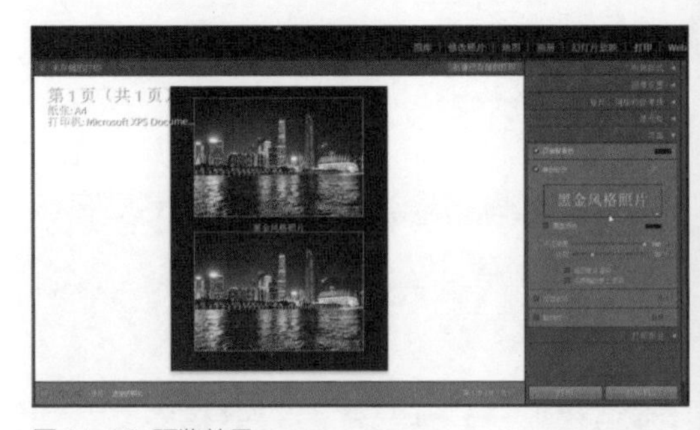

图14-83 预览效果

12 ❶在“页面”面板中设置“比例”为35%；❷在预览编辑窗口中单击鼠标左键，拖曳“身份标识”至页面右下角，调整身份标识的位置，如图14-84所示。

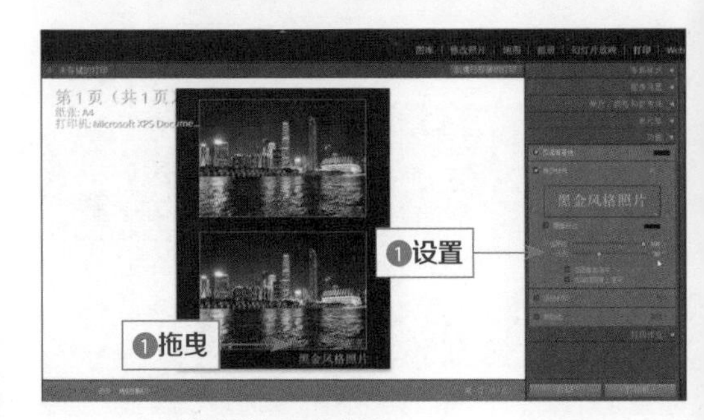

图14-84 调整身份标识的位置

13 展开“打印作业”面板，❶选中“打印分辨率”复选框；❷设置“打印分辨率”为240ppi；❸选中“打印锐化”复选框，设置“打印锐化”模式为“标准”；❹选中“打印调整”复选框，设置“亮度”为60、“对比度”为60，如图14-85所示。

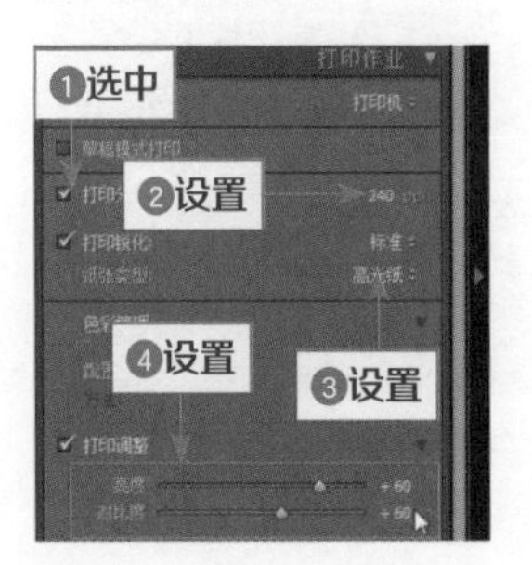

图14-85 设置相应参数

14 单击页面右下角的“打印机”按钮，弹出“打印”对话框，单击“属性”按钮，如图14-86所示。

15 弹出“HP LaserJet 1020属性”对话框，在“纸张/质量”选项卡中设置“尺寸”为“明信片”设置页面尺寸，如图14-87所示。

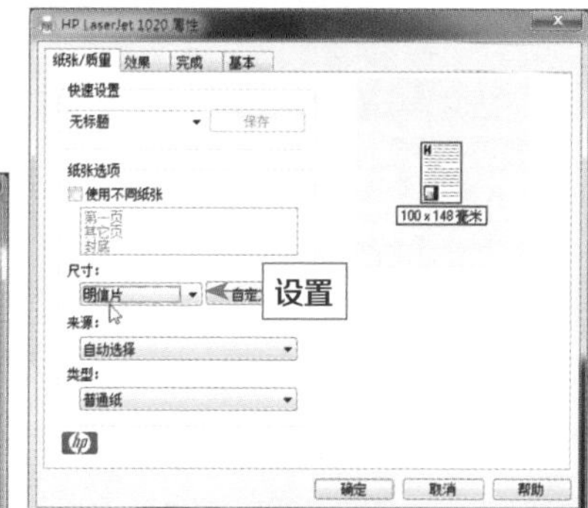

图 14-86 单击“属性”按钮　　　　图 14-87 设置页面尺寸

16 单击“确定”按钮，返回“HP LaserJet 1020属性”对话框，单击“确定”按钮，即可设置打印机属性。单击页面右下角的“打印”按钮，如图14-88所示，即可应用模板打印照片。

图 14-88 单击“打印”按钮

第15章 自然生态：展现自然和谐的画面

花草树木，鱼虫鸟兽，都是大自然中的生灵，它们以自己独特的姿态，展现出不同的美丽。大自然中的植物和动物是摄影师经常拍摄的素材，但是在拍摄过程中，由于环境和拍摄对象的不稳定，容易导致色彩灰暗等问题，通过Lightroom进行后期处理，可以调整植物与动物照片构图、光影和色彩等方面的问题，打造出完美的画面效果。

扫码观看本章
实战操作视频

课堂学习目标

- 《悄悄话》：打造可爱宠物照片
- 《森林之王》：展现威武霸气的王者之风
- 《出双入对》：展现温馨花海之约
- 《长情的陪伴》：突出迷人的树木景色
- 《童年的记忆》：打造唯美的自然风光

15.1 《悄悄话》：打造可爱宠物照片

【作品名称】：《悄悄话》

【作品欣赏】：这张照片展现的是两只关系亲密的宠物狗。狗是一种很聪明的动物，也是大多数人都喜欢的一种宠物。这个场景让人感到毫无违和感，不同品种的狗居然可以这么和睦地相处，就像一对亲密的朋友肩并肩地走在草地上，彼此在悄声诉说着属于自己的小秘密，真是亲蜜极了。本实例效果如图15-1所示。

图15-1 效果

【作品解说】：拍摄这张照片的时候，正巧草地上两只可爱的小狗离开了主人的控制走到了一起，就像是久别重逢的朋友在开心地一起散步，只见一只小狗突然靠近另一只小狗，凑在它的耳边仿佛在说着自己的小秘密，真是奇妙极了。

【前期拍摄】：拍摄这张照片的时候，将两只散步中的宠物狗作为主体，因此运用了情感构图法与景深构图法。将草地虚化，突出两只小狗的身躯，形成背景与主体的虚实区别，这样拍摄通常会让人们忽略模糊的背景，将视线放在画面中清晰的物体上。然后根据两只小狗人性化的互动，展现两只宠物狗的可爱以及它们相处时那种和谐的氛围，最后加上草地的前景，衬托小狗，显得整个画面更有渲染力，如图15-2所示。

图15-2 情感构图法、景深构图法

【主要构图】：情感构图法、景深构图法。

【色彩指导】：拍摄自然风光时，最重要的表现方式就是色彩，不同的色彩可以向人们呈现出不一样的视觉效果。在Lightroom中不仅可以对照片进行整体颜色的调整，还可以改变局部的色彩，在本实例中可以通过Lightroom中的调整画笔工具更改画面局部的颜色，然后通过一些基本的色彩调整对画面进行处理。

【后期处理】：本实例主要运用Lightroom软件进行处理。

15.1.1 运用画笔工具，更改画面局部色调

Lightroom中的调整画笔工具能更改图像任何部位的色调，通过画笔工具在图像上进行涂抹，然后调整各个色调的参数设置，即可更改局部色彩。下面介绍运用画笔工具，更改画面局部色调的方法。

素材位置	素材 > 第 15 章 >15.1.1.jpg
效果位置	效果 > 第 15 章 >15.1.1.jpg
视频位置	视频 > 第 15 章 >15.1.1　运用画笔工具，更改画面局部色调 .mp4

01 在Lightroom中导入一张照片素材，切换至“修改照片”模块，如图15-3所示。

图 15-3 导入一张照片素材

02 ❶在工具栏上选取调整画笔工具；❷选中照片显示区域下方的“显示选定的蒙版叠加”复选框；❸在右侧“调整画笔”选项面板中的“画笔”选项下设置“大小”为10、“羽化”为100，如图15-4所示，在图像的背景区域进行涂抹。

图 15-4 设置相应参数

03 ❶在“画笔”选项下选择“擦除”选项；❷设置“大小”为2、“羽化”为100，如图15-5所示，在图像的背景区域进行涂抹，擦除相应的蒙版区域。

图 15-5 设置相应参数

04 ❶在“调整画笔”选项面板中设置“清晰度”为-100；❷设置“锐化程度”为-100，如图15-6所示。

05 ❶在“调整画笔”选项面板中单击“颜色”右侧的颜色选择框；❷在打开的“选择一种颜色”拾色器中选择需要的颜色，如图15-7所示。

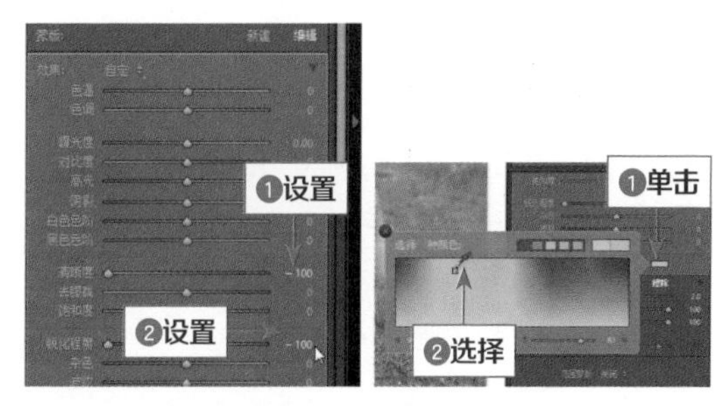

图 15-6 设置相应参数　　图 15-7 选择颜色

06 取消选中图像显示区域下方的“显示选定的蒙版叠加”复选框，在图像显示区域将显示调整颜色后的效果，如图15-8所示。

图 15-8 调整颜色后的效果

07 单击“调整画笔”选项面板上的“新建”按钮，❶选中图像显示区域下方的“显示选定的蒙版叠加”复选框；❷使用调整画笔工具在小狗身上进行涂抹，并运用“擦除”选项修饰蒙版区域，如图15-9所示。

图 15-9 修饰蒙版区域

08 ❶在“调整画笔”选项面板中设置“高光”为26；❷设置“白色色阶”为32；❸设置“清晰度”为36；❹设置“饱和度”为63、“锐化程度”为32，如图15-10所示。

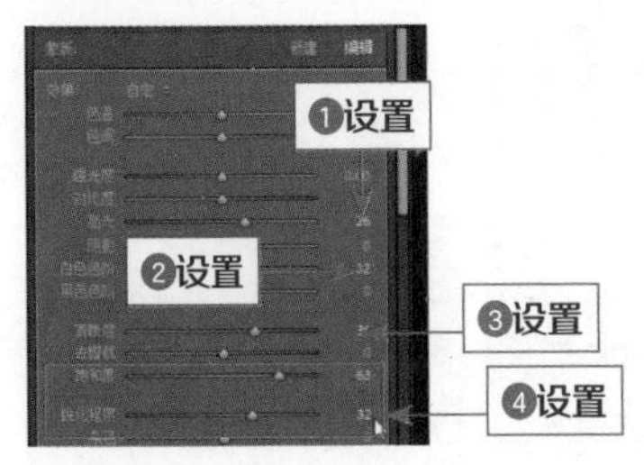

图 15-10 设置相应参数

09 取消选中图像显示区域下方的“显示选定的蒙版叠加”复选框，单击“完成”按钮，在图像显示区域将显示调整颜色后的效果，如图15-11所示。

图 15-11 调整颜色后的效果

15.1.2 运用HSL面板，增强画面局部色调

在Lightroom中除了可以通过一些命令调整图像整体的色彩，还可以通过“HSL/颜色/黑白”面板调整画面局部的色调。下面介绍运用HSL面板，增加画面局部色调的方法。

素材位置	上一个实例效果图
效果位置	效果 > 第 15 章 >15.1.2.jpg
视频位置	视频 > 第 15 章 >15.1.2　运用 HSL 面板，增强画面局部色调 .mp4

01 ❶展开“HSL/颜色/黑白”面板；❷在“HSL”面板中切换至“色相”选项卡；❸设置“红色”为20、“橙色”为-23；❹设置“绿色”为26、“浅绿色”为38，调整画面局部色相，如图15-12所示。

图 15-12 调整画面局部色相

02 ❶切换至“饱和度”选项卡；❷设置“红色”为14、“橙色”为12、“黄色”为22与“绿色”为21，调整画面局部色调饱和度，如图15-13所示。

图 15-13 调整画面局部色调饱和度

03 ❶展开“色调曲线”面板；❷切换至点曲线视图，为曲线添加两个锚点，调整曲线形态，如图15-14所示。

图 15-14 调整曲线形态

04 ❶展开“基本”面板；❷设置“对比度”为13；❸设置“饱和度”为9，调整画面的鲜艳度，使画面看上去更加鲜艳，如图15-15所示。

图 15-15 调整画面的鲜艳度

15.2 《长情的陪伴》：突出迷人的树木景色

【作品名称】：《长情的陪伴》

【作品欣赏】：陪伴是最长情的告白，映入眼帘的是两棵形态不一的树，虽然这两棵树没有垂直生长，主干弯曲、部分枝叶枯竭，但是只要是身边有物陪伴，也可以努力向上，长得灿烂。现实中理想的爱情莫过于此，在最美的芳华中将自己绽放给对方，又相敬如宾，陪伴老去，直到根枯叶烂。本实例效果如图15-16所示。

【作品解说】：拍摄这张照片的时候天气晴朗，看到眼前这两棵枝干弯曲的树，突然想到一句话：人生自古多曲折。但是即使岁月沧桑，只要内心坚强依旧可以过得很精彩。两棵树相辅相成，即使没有紧紧地相依在一起，但是只要一起存在于这片土地上就是最好的陪伴，人生莫过于此。

图 15-16 效果

【前期拍摄】：拍摄这张照片的时候，将两棵大小不一的树作为主体，因此运用了大小对比构图法。在同一画面中呈现出两棵树，一棵比较高大，一棵树干倾斜较矮小，通过这两棵树形成一种大小对比，这样的构图方式使画面显得较为简洁，也会使画面显得更加稳定与和谐，给人一种舒服的感觉。不过由于是在太阳较大的时候进行拍摄的，难免在拍摄过程中受到强烈的光线影响，不过可以通过后期进行处理，让画面更完美，如图15-17所示。

图 15-17 大小对比构图法

【主要构图】：大小对比构图法。

【色彩指导】：色彩是表现一张照片的重要要素，不同的色彩带给人的感受也不一样。本例中的素材文件色彩比较平淡，在后期处理中通过“自然饱和度”“色阶”“色相/饱和度”“可选颜色”“色彩平衡”“通道混合器”等命令的完美搭配，打造出艳丽迷人的树木景色。

【后期处理】：本实例主要运用Lightroom软件进行处理。

15.2.1 分离画面色调，展现迷人天空效果

拍摄自然风光时，摄影师往往只注重到地面上的主要景色，忽略了天空这个绝佳的好画面，但只有将两者相结合，才能展现出美丽的景色效果。摄影师可以运用Lightroom中的渐变滤镜工具，调整天空色彩，本实例运用“分离色调”面板，打造迷人的天空效果。下面介绍分离画面色调，展现迷人天空效果的方法。

素材位置	素材 > 第 15 章 >15.2.1.jpg
效果位置	效果 > 第 15 章 >15.2.1.jpg
视频位置	视频 > 第 15 章 >15.2.1　分离画面色调，展现迷人天空效果 .mp4

01 在Lightroom中导入一张照片素材，切换至“修改照片”模块，如图15-18所示。

图 15-18 导入一张照片素材

02 ❶展开“分离色调”面板；❷在“高光”选项区中设置“色相”为230、“饱和度”为81，如图15-19所示，分离照片的高光色调。

03 在“分离色调”面板的“阴影”选项区中设置“色相”为35、“饱和度”为48，如图15-20所示，分离照片的阴影色调。

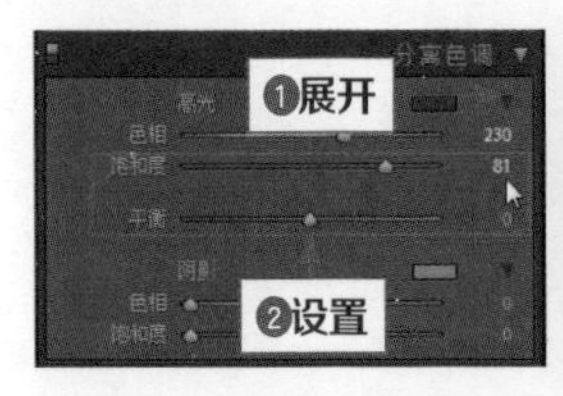

图 15-19 设置相应参数

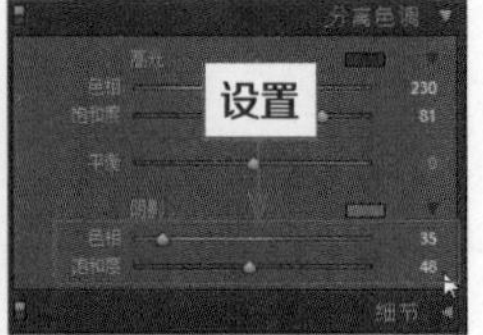

图 15-20 设置相应参数

04 执行上述操作后，即可调整高光与阴影的色调，效果如图15-21所示。

图 15-21 调整高光与阴影色调向的效果

05 ❶展开“基本”面板；❷设置“对比度”为44；❸设置“阴影”为-31、“白色色阶”为-71，调整画面的影调，如图15-22所示。

图 15-22 调整画面的影调

06 在“偏好”选项区中设置“清晰度”为24、“鲜艳度”为15与“饱和度”为49，使画面更加鲜艳，如图15-23所示。

图 15-23 使画面更加鲜艳

15.2.2 修饰图像细节，使画面更加艳丽

上节修饰了天空的颜色，使整体色调恢复正常，不过画面中还有一些细节要进行处理，处理后可以使画面显得更加艳丽迷人。下面介绍基础修饰图像细节，使画

面更加艳丽的方法。

素材位置	上一个实例效果图
效果位置	效果 > 第 15 章 >15.2.2.jpg
视频位置	视频 > 第 15 章 >15.2.2　修饰图像细节，使画面更加艳丽 .mp4

01 ❶展开“HSL/颜色/黑白”面板；❷在“HSL”面板中切换至“色相”选项卡；❸设置“橙色”为-4、“黄色”为-2；❹设置“蓝色”为-4，调整画面局部色相，如图15-24所示。

图 15-24　调整画面局部色相

02 ❶切换至“饱和度”选项卡；❷设置“蓝色”为80，调整画面局部色调饱和度，如图15-25所示。

图 15-25　调整画面局部色调饱和度

03 ❶切换至“明亮度”选项卡；❷设置“橙色”为9、“黄色”为30；❸设置“蓝色”为-6，调整画面局部色调明亮度，如图15-26所示。

图 15-26　调整画面局部色调明亮度

04 ❶展开“细节”面板，❷单击“锐化”后面的倒三角按钮，将放大显示窗口展示出来，如图15-27所示。

05 在“锐化”选项区中设置“数量”为52、“半径”为1.5、“细节”为15、“蒙版”为35，如图15-28所示，对照片进行锐化处理。

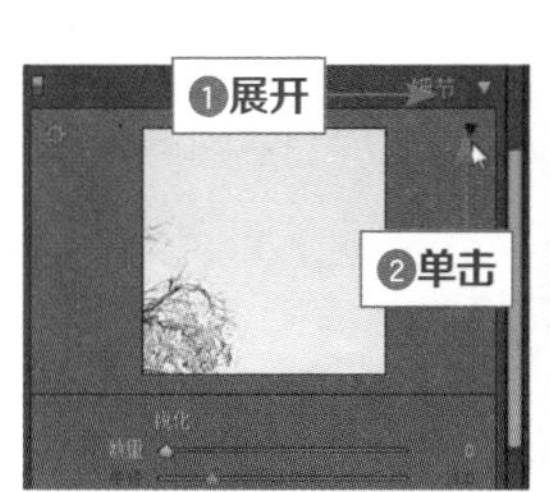

图 15-27　显示放大窗口

图 15-28　设置相应参数

06 ❶在工具栏上选取调整画笔工具；❷选中照片显示区域下方的“显示选定的蒙版叠加”复选框；❸在右侧“调整画笔”选项面板中的“画笔”选项下设置“大小”为5、“羽化”为100；❹涂抹左侧树根，如图15-29所示。

图 15-29　涂抹左侧树根

07 在“调整画笔”选项面板中设置“高光”为43、“阴影”为49、“白色色阶”为35，如图15-30所示。

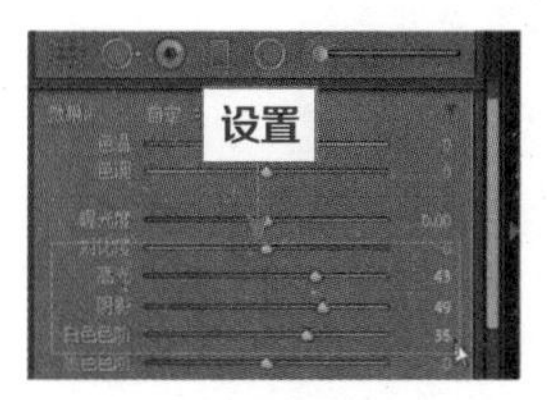

图 15-30　设置相应参数

08 取消选中图像显示区域下方的“显示选定的蒙版叠加”复选框，单击“完成”按钮，在图像显示区域将显示调整颜色后的效果，如图15-31所示。

图 15-31 调整颜色后的效果

15.3 《森林之王》：展现威武霸气的王者之风

【作品名称】：《森林之王》

【作品欣赏】：森林中最大的霸主绝对是老虎，老虎有着矫健的身躯，巨大锋利的獠牙，看，它仰起头张开血盆大口，可以清楚地看到锋利的牙齿，不知它现在是纯粹打个呵欠还是在向其他动物示威，为了展现它的王者之风，不得不说考虑真是霸气侧漏，本实例效果如图15-32所示。

图 15-32 效果

【作品解说】：拍摄这张照片的时候天气晴朗，各种小动物都纷纷出来活动，连森林之王也不例外，在太阳的照射下老虎舒服地张开大口，为了接下来的活动开始做准备，如果忽略它嘴巴里长长的牙齿，还莫名有一种可爱的感觉。

【前期拍摄】：拍摄这张照片的时候，将张开大口的老虎作为主体，因此运用了特写构图法进行拍摄，老虎的身躯很庞大，拍摄整体的话很难让照片出彩，所以根据老虎的动作抓拍它面部的表情，这个特写镜头很容易让观赏者被画面所吸引，因为特写可以让照片的主题更清晰不受任何干扰，如图15-33所示。

图 15-33 特写构图法

【主要构图】：特写构图法。

【色彩指导】：拍摄动物时很容易因为了抓拍一个好镜头而导致画面暗淡，本实例通过径向滤镜工具虚化背景，使主题更突出，然后运用Lightroom中的“基本”面板调整画面影调，再运用“HSL/颜色/黑白”面板调整画面局部的色调，最后进行锐化使画面更清晰。

【后期处理】：本实例主要运用Lightroom软件进行处理。

15.3.1 运用径向滤镜，虚化背景图像

拍摄室外照片时，若拍摄背景过于杂乱可以将照片的背景进行虚化，这样可以更好地体现拍摄主体，显得画面简洁又好看。运用Lightroom中的径向滤镜工具，就可以实现这一个目的。下面介绍运用径向滤镜，虚化背景图像的方法。

素材位置	素材 > 第 15 章 >15.3.1.jpg
效果位置	效果 > 第 15 章 >15.3.1.jpg
视频位置	视频 > 第 15 章 >15.3.1　运用径向滤镜，虚化背景图像 .mp4

01 在Lightroom中导入一张照片素材，切换至“修改照片”模块，如图15-34所示。

图 15-34　导入一张照片素材

02 ❶在工具栏上选取径向滤镜工具；❷在图像预览窗口中单击并进行拖曳，创建圆形的编辑区域，如图15-35所示。

图 15-35　创建圆形的编辑区域

03 完成径向滤镜应用范围的编辑后，选中照片显示区域下方的“显示选定的蒙版叠加”复选框，如图15-36所示。

图 15-36　选中相应复选框

04 ❶在右侧设置“清晰度”为-100；❷设置“锐化程度”为-100、“杂色”为-100，如图15-37所示。

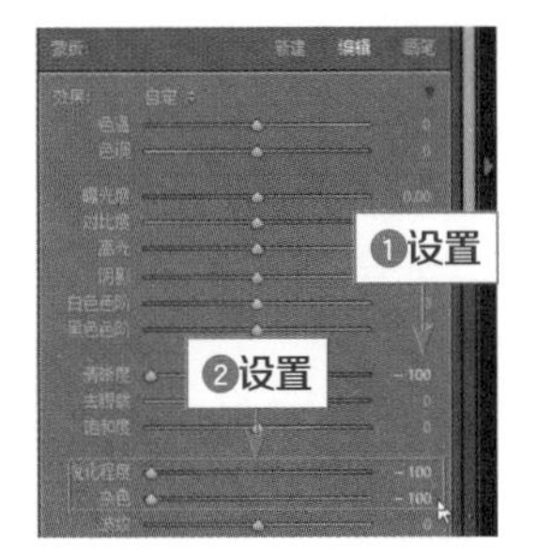

图 15-37　设置相应参数

05 完成参数的设置后，取消选中图像显示区域下方的“显示选定的蒙版叠加”复选框，在图像预览窗口中可以看到圆形区域以外的图像显示出朦胧的效果，如图15-38所示。

图 15-38　图像显示出朦胧的效果

06 ❶单击“颜色”选项右侧的颜色选择框；❷在打开的颜色拾取器中选择需要的颜色，如图15-39所示。

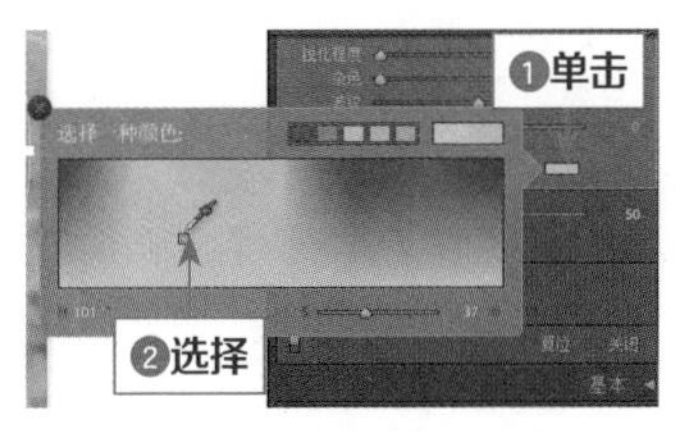

图 15-39　选择需要的颜色

07 执行操作后，单击“完成”按钮，即可应用径向滤镜，如图15-40所示。

图 15-40 应用径向滤镜

15.3.2 运用径向滤镜，虚化背景图像

对于拍摄动物照片而言，要时刻注意抓拍动物的每一个特色表现，这是拍好动物类照片的关键，为了让老虎的形象显得更加夸张，可以在画面上加深颜色，仔细描画细节。下面介绍加深画面色彩，夸张动物形象的方法。

素材位置	上一个实例效果图
效果位置	效果 > 第 15 章 >15.3.2.jpg
视频位置	视频 > 第 15 章 >15.3.2　加深画面色彩，夸张动物形象 .mp4

01 ❶展开“基本”面板；❷设置“曝光度”为0.2、“对比度”为21、“高光”为21、“阴影”为9，调整画面的影调，如图15-41所示。

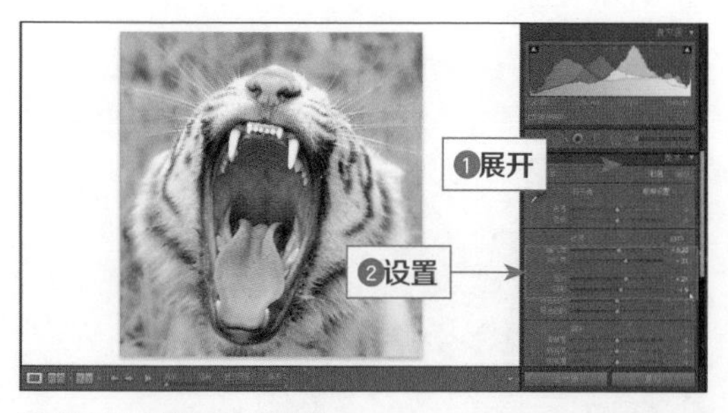

图 15-41 调整画面的影调

02 在“偏好”选项区中设置“鲜艳度”为27、“饱和度”为15，加深照片色彩，使画面更鲜艳，如图15-42所示。

图 15-42 加深照片色彩

03 ❶展开“HSL/颜色/黑白”面板；❷在“HSL”面板中切换至“色相”选项卡；❸设置“红色”为-32；❹设置“绿色”为12、“浅绿色”为16、“洋红”为14，调整画面局部色相，如图15-43所示。

图 15-43 调整画面局部色相

04 ❶切换至“饱和度”选项卡；❷设置“红色”为57、“橙色”为63、“黄色”为62、“绿色”为47，调整画面局部色调饱和度，如图15-44所示。

图 15-44 调整画面局部色调饱和度

05 ❶切换至“明亮度”选项卡；❷设置“红色”为20、“橙色”为23、“黄色”为48与“绿色”为47，调整画面局部色调明亮度，如图15-45所示。

图 15-45 调整画面局部色调明亮度

06 ❶展开“细节”面板；❷在“锐化”选项区中设置“数量”为70、“半径”为1.5，对照片进行锐化处理，如图15-46所示。

图 15-46 对照片进行锐化处理

07 在“噪点消除”选项区中设置“明亮度”为35，消除图像噪点，如图15-47所示。

图 15-47 消除图像噪点

08 展开“效果”面板，在“裁剪后暗角”选项区中设置“数量”为-60、“中点”为55，在照片中添加暗角效果，如图15-48所示。

09 ❶展开“相机校准”面板；❷在“红原色”选项区中设置“色相”为-10、“饱和度”为15，如图15-49所示。

图 15-48 在照片中添加暗角效果

图 15-49 设置相应参数

10 在“绿原色”选项区中设置“色相”为9、“饱和度”为-12，使画面的色彩更加艳丽，如图15-50所示。

图 15-50 使画面的色彩更加艳丽

15.4 《童年的记忆》：打造唯美的自然风光

【作品名称】：《童年的记忆》

【作品欣赏】：童年对于很多人来说是一个美好的回忆，尤其是在乡下生活的日子，满山遍野的花草树木，都是大自然的馈赠，印象最深的便是那一簇簇的芦苇，每到芦苇开花的时候都会去欣赏那美丽的景色，看着芦苇花迎着微风轻轻地荡漾，就像一个调皮的小孩与风儿玩着游戏一般，你推着我我推着你。实例效果如图

15-51所示。

图 15-51 效果

【作品解说】：拍摄这张照片的时候，芦苇花开得正好，眼前一片片的芦苇花努力地释放着自己的美，那毛茸茸的芦苇花从远处看一片雪白，但是走近后发现其实也不是一种颜色，有白的、微红的，在太阳的照射下随着微风轻轻摇荡，我静静地看着，思绪仿佛回到了小时候，和同伴一起漫步林中，一起嬉笑玩乐，真是充满了活力与幸福感。

【前期拍摄】：拍摄这张照片的时候，运用了棋盘式构图法。洁白的芦苇花在这一片绿中显得特别突出，绿色的背景就像是一个棋盘，而芦苇花就相当于棋子，棋子作为主体置于画面中，这样便形成了棋盘式构图。这样的构图既可以丰富画面，也可以达到吸引人目光的效果，不过因为环境对于这类构图的影响比较大，背景元素过多或者过于杂乱都会影响对主体的表达，因此为了让画面尽可能变得简洁，让拍摄主体与环境更加搭配，让主体更为突出，可以对画面进行后期处理，如图15-52所示。

图 15-52 棋盘式构图法

【主要构图】：棋盘式构图法。

【色彩指导】：在林中拍摄动态植物时最重要的就是背景的选择以及画面的抓拍，在室外拍摄很容易导致画面色彩不强，使画面看上去过于暗淡，此时可以通过Lightroom中的预设调整画面色调，再运用基础设置调整画面影调。

【后期处理】：本实例主要运用Lightroom软件进行处理。

15.4.1 运用Lightroom预设，改变照片格调

Lightroom中提供了多种预设选项，用户可以根据拍摄的画面需要选择合适的预设，快速更改照片的格调。下面介绍运用Lightroom预设，改变照片格调的方法。

素材位置	素材 > 第 15 章 >15.4.1.jpg
效果位置	效果 > 第 15 章 >15.4.1.jpg
视频位置	视频 > 第 15 章 >15.4.1　运用 Lightroom 预设，改变照片格调 .mp4

01 在Lightroom中导入一张照片素材，切换至“修改照片”模块，如图15-53所示。

图 15-53 导入一张照片素材

02 展开左侧的“预设”面板，在下方的列表框中选择“Lightroom常规预设”|“中对比度曲线”选项，如图15-54所示。

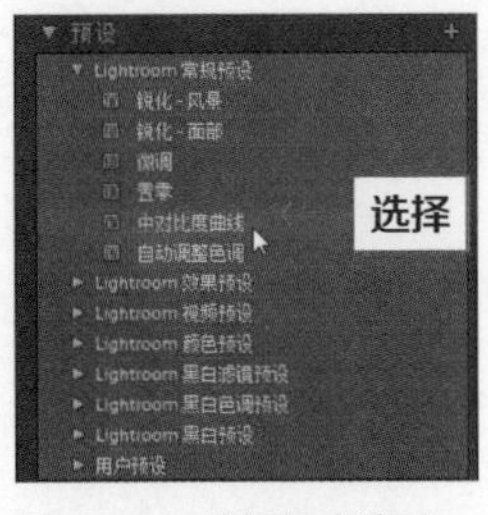

图 15-54 选择相应选项

03 执行操作后，即可加深照片的对比效果，如图15-55所示。

图 15-55　加深照片的对比效果

04 在“预设”面板中选择“Lightroom颜色预设”|“跨进程1”选项，如图15-56所示。

图 15-56　选择相应选项

05 执行操作后，即可应用“跨进程1”预设色调，效果如图15-57所示。

图 15-57　应用“跨进程 1”预设色调

15.4.2 调整画面色彩，使图像变得更唯美

使用Lightroom预设最大的特点就是可以快速改变照片的风格，但是有的时候画面中的一些色彩会显得比较浓厚，此时可以通过进一步调整色彩让画面变得更加唯美。下面介绍调整画面色彩，使图像变得更唯美的方法。

素材位置	上一个实例效果图
效果位置	效果 > 第 15 章 >15.4.2.jpg
视频位置	视频 > 第 15 章 >15.4.2　调整画面色彩，使图像变得更唯美 .mp4

01 ❶展开“基本”面板；❷设置“对比度”为15、“高光”为19、“阴影”为-26与“白色色阶”为26，调整画面的影调效果，如图15-58所示。

图 15-58　调整画面的影调

02 在“偏好”选项区中设置“清晰度”为15与“鲜艳度”为-14，修饰画面色彩，如图15-59所示。

图 15-59　修饰画面色彩

03 ❶展开“分离色调”面板；❷在“高光”选项区中设置“色相”为58、“饱和度”为77，调整照片中的高光色调，如图15-60所示。

图 15-60　调整照片中的高光色调

04 在“阴影”选项区中设置“色相”为174、“饱和度”为15，调整照片中的阴影色调，如图15-61所示。

图15-61 调整照片中的阴影色调

05 展开“细节”面板，在“锐化”选项区中设置“数量”为100，使图像更清晰，如图15-62所示。

图15-62 使图像更清晰

06 展开“相机校准”面板，在“红原色”选项区中设置“色相”为-14、“饱和度”为-40，如图15-63所示。

图15-63 设置相应参数

07 在“绿原色”选项区中设置“色相”为18、“饱和度”为19，如图15-64所示。

图15-64 设置相应参数

08 在“蓝原色”选项区中设置“色相”为-32、“饱和度”为10，如图15-65所示。

图15-65 设置相应参数

15.5 《出双入对》：展现温馨花海之约

【作品名称】：《出双入对》

【作品欣赏】：最美的事情不过是陪你看尽风花雪月，陪你游遍大好河山。画面中的两只白鹅就衍生出了这种情感氛围，一片花海中两只鹅静静地观赏着这美丽景色，真是令人感到羡慕。在生活中因为快节奏的生活很难让两个好朋友或者恋人抽出时间去欣赏美丽的自然风光，不得不说这两只鹅的生活过得让人很羡慕。本实例效果如图15-66所示。

图15-66 效果

【作品解说】：闲来无事便随处走了走，突然映入眼帘的是一片美丽的花海，更美妙的是两只白鹅慢悠悠的一起走在花海中，于是便拿起相机快速地记录下了这一幕，它们就像是一对恋人，仿佛这一片花海就是为它们而存在的。“最美的不过是与你一起共赏这美好景色”，这句话一点都不假，在它们身上体现得淋漓尽致。

【前期拍摄】：拍摄这张照片的时候，运用了呼应式构图法，呼应式构图法是指画面中的主体元素之间有联系、相互呼应，对画面主体起到一个诠释作用。画面中的两只白鹅之间就存在一种联系，突出画面的氛围，对于画面中的二次构图，可以通过后期的裁剪使画面形成左三分线构图，将主体置于画面左三分线的位置，背景为一片花草，可以使主体显得更加突出。画面不够亮丽的问题可以通过后期进行处理，如图15-67所示。

图 15-67　呼应式构图法

【主要构图】：呼应式构图法。

【色彩指导】：拍摄花草时要想使画面变得更加突出，可以运用裁剪叠加工具对照片进行裁剪，使画面形成左三分线构图状态，再运用Lightroom修饰画面的影调与色调，使画面更加亮丽。

【后期处理】：本实例主要运用Lightroom软件进行处理。

15.5.1 二次裁剪图片，更改照片构图

在户外拍摄小动物时，由于动物的动向随时可能发生变化，摄影师必须抓住时机进行拍摄，有时候为了抓住某一镜头拍摄出来的照片构图可能不明显或者是稍有偏差，这时候就可以使用Lightroom中的裁剪叠加工具进行裁剪，更改照片的构图。下面介绍二次裁剪图片，更改照片构图的方法。

素材位置	素材 > 第 15 章 >15.5.1.jpg
效果位置	效果 > 第 15 章 >15.5.1.jpg
视频位置	视频 > 第 15 章 >15.5.1　二次裁剪图片，更改照片构图 .mp4

01 在Lightroom中导入一张照片素材，切换至“修改照片”模块，如图15-68所示。

图 15-68　导入一张照片素材

02 单击工具栏上的“裁剪叠加”按钮，沿照片创建裁剪框，如图15-69所示。

图 15-69　创建裁剪框

03 运用裁剪叠加工具拖曳裁剪框，确认裁剪框范围，如图15-70所示。

图 15-70　确认裁剪框范围

04 单击预览窗口右下角的“完成”按钮，完成图像的

裁剪，更改画面的构图，效果如图15-71所示。

图 15-71 更改画面的构图

15.5.2 修饰影调色调，展现迷人画面

照片的影调与色调直接可以影响到照片的美感。很多时候在拍摄过程中没有达到自己想要的画面效果，这个问题可以通过后期进行画面处理。下面介绍修饰影调色调，展现迷人画面的方法。

素材位置	上一个实例效果图
效果位置	效果 > 第 15 章 >15.5.2.jpg
视频位置	视频 > 第 15 章 >15.5.2　修饰影调色调，展现迷人画面 .mp4

01 ❶展开“基本”面板；❷单击白平衡选择器工具，如图15-72所示。

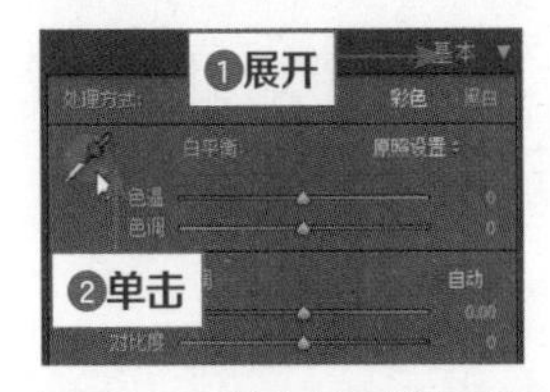

图 15-72 单击白平衡选择器工具

02 在图像预览窗口中的白鹅身上单击，选择最佳的取样点对照片的白平衡进行调整，如图15-73所示。

图 15-73 选择最佳的取样点

03 执行操作后，在图像预览窗口中可以看到照片的颜色变化，效果如图15-74所示。

图 15-74 照片的颜色变化

04 ❶展开“基本”面板；❷设置“对比度”为51、“高光”为-19、“阴影”为17、“白色色阶”为31、“黑色色阶”为-27，调整画面影调，如图15-75所示。

图 15-75 调整画面影调

05 在“偏好”选项区中设置“清晰度”为19、“鲜艳度”为37与“饱和度”为10，加强照片色彩，如图15-76所示。

图 15-76 加强照片色彩

06 展开“HSL/颜色/黑白”面板，❶在“HSL”面板中切换至“色相”选项卡；❷设置“红色”为28、“橙色”为-43、“绿色”为27、“浅绿色”为-17、“紫

色”为11，调整画面局部色相，如图15-77所示。

图 15-77　调整画面局部色相

07 ❶切换至“饱和度”选项卡；❷设置“橙色”为4、“绿色”为-100；❸设置“紫色”为5，调整画面局部饱和度，如图15-78所示。

图 15-78　调整画面局部饱和度

08 ❶切换至“明亮度”选项卡；❷设置“绿色”为-100、“浅绿色”为-100，调整画面局部明亮度，如图15-79所示。

图 15-79　调整画面局部明亮度

09 ❶展开“分离色调”面板；❷在“高光”选项区中设置“色相”为69、“饱和度”为33，分离画面的高光色调，如图15-80所示。

图 15-80　分离画面的高光色调

10 ❶展开“细节”面板；❷在“锐化”选项区中设置“数量”为85、“半径”为2，使画面细节变得更清晰，如图15-81所示。

图 15-81　画面细节变得更清晰

11 在“噪点消除”选项区中设置“明亮度”为60、“细节”为57，减少画面的噪点，如图15-82所示。

图 15-82　减少画面的噪点

12 ❶展开“相机校准”面板；❷在“阴影”选项区中设置“色调”为-23，如图15-83所示。

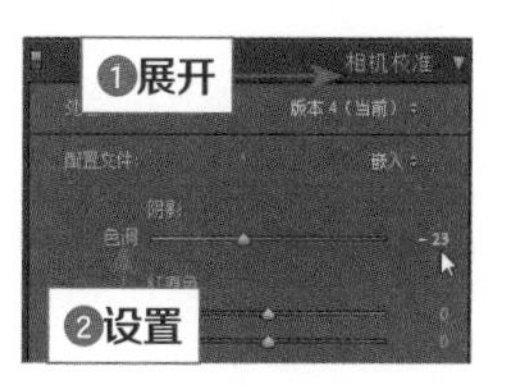

图 15-83　设置相应参数

13 在“绿原色”选项区中设置“色相”为-19、“饱和度”为21，如图15-84所示。

14 ❶展开“色调曲线”面板，切换至点曲线视图；❷单击“点曲线”右侧的按钮，如图15-85所示。

图 15-84 设置相应参数

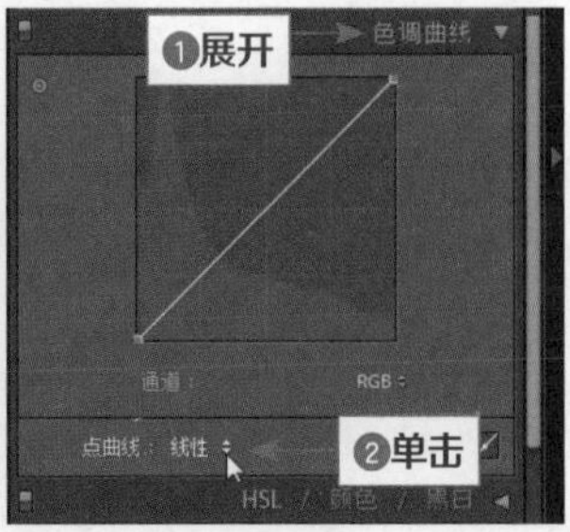

图 15-85 单击“点曲线”右侧的按钮

15 弹出列表框，选择“强对比度”选项，如图15-86所示。

16 执行上述操作后，即可调整色调曲线，使画面的对比度更加和谐，效果如图15-87所示。

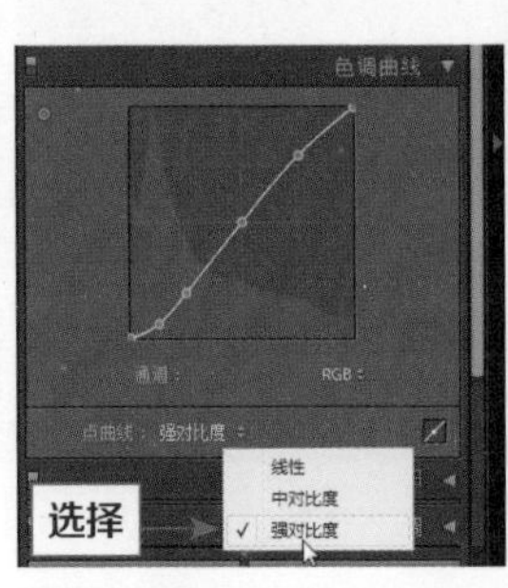

图 15-86 选择“强对比度”选项

图 15-87 最终效果